비주얼 수학

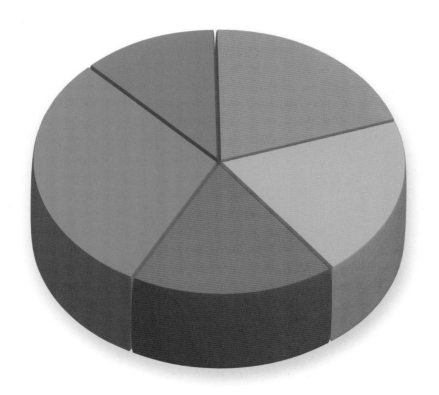

눈으로 보고 바로 이해하는

비주얼 수학

캐롤 보더먼 외 지음 박유진 옮김

눈으로 보고 바로 이해하는
비주얼 수학

1판 1쇄 찍은날 2016년 12월 1일
1판 2쇄 펴낸날 2017년 12월 29일

지은이 캐롤 보더먼 외
옮긴이 박유진
펴낸이 정종호
펴낸곳 (주)청어람미디어

책임편집 윤정원
디자인 이원우
마케팅 김상기
제작·관리 정수진

등록 1998년 12월 8일 제22-1469호
주소 03908 서울 마포구 월드컵북로 375(상암동 DMC 이안상암 1단지) 402호
전화 02-3143-4006~8
팩스 02-3143-4003
이메일 chungaram@naver.com
블로그 www.chungarammedia.com

ISBN 979-11-5871-034-7 04410
         979-11-5871-032-3 (세트)

이 도서의 국립중앙도서관 출판시도서목록(CIP)은 e-CIP 홈페이지(http://www.nl.go.kr/ecip)와
국가자료공동목록시스템(http://www.nl.go.kr/kolisnet)에서 이용하실 수 있습니다.
(CIP제어번호 : CIP2016021114)

Original Title: Help Your Kids with Maths
Copyright © 2010, 2014 Dorling Kindersley Limited
A Penguin Random House Company

A WORLD OF IDEAS:
SEE ALL THERE IS TO KNOW

캐롤 보더먼(CAROL VORDERMAN, 케임브리지 대학 석사, 대영제국 훈작사)은 뛰어난 수학 실력으로 유명한 영국의 인기 TV 진행자다. BBC, ITV, 채널 4에서 〈캐롤 보더먼의 베터 홈스(Carol Vorderman's Better Homes)〉와 〈프라이드 오브 브리튼 시상식(The Pride of Britain Awards)〉 같은 가벼운 오락물부터 〈미래 세계(Tomorrow's World)〉 같은 과학 교양물에 이르기까지 여러 프로그램을 진행해 왔다. 채널 4의 퀴즈 쇼 〈카운트다운(Countdown)〉을 26년간 공동으로 진행하고, 2000년대에 영국에서 논픽션 베스트셀러 작가가 되었다. 데이비드 캐머런 총리에게 영국 수학 교육의 미래에 대해 조언할 만큼 수학을 쉽고 재미있게 설명하는 일에 자신의 모든 열정을 쏟고 있다. 2010년에 직접 개설한 온라인 수학 교실(www.themathsfactor.com)에서는 학부모와 자녀들에게 수학 잘하는 법을 가르치고 있다.

배리 루이스(BARRY LEWIS, 수·기하학·삼각법·대수학)는 대학에서 수학을 전공하고 1등급 우등 학위를 받으며 졸업했다. 이후 저자와 편집자로 수년간 출판업에 종사하며, 일반인들에게 어려워 보이는 수학이라는 분야를 쉽고 흥미롭게 시각적으로 소개하는 책에 대한 열정을 키워 왔다. 그런 책 중 하나인 『재미있는 현대 수학(Diversions in Modern Mathematics)』은 『Matemáticas Modernas. Aspectos recreativos』라는 제목의 스페인어판으로도 나왔다. 루이스는 영국 정부의 요청으로 '수학의 해 2000년(Maths Year 2000)'이라는 대대적인 운동을 주도하기도 했는데, 이는 수학적 성취를 기념하며 수학에 대한 관심을 키우고 거부감을 줄이기 위한 활동이었다. 루이스는 2001년에 수학 협회(Mathematical Association) 회장이 되었으며, 수학을 대중화한 업적을 인정받아 응용수학연구소(Institute of Mathematics and its Applications)의 특별 연구원으로도 선출되었다. 지금은 수학 협회의 자문 위원장으로 활동하며, 수학 분야의 전문적인 연구 주제 및 대중화 방안에 대한 글과 책을 정기적으로 발표하고 있다.

앤드루 제프리(ANDREW JEFFREY, 확률)는 수학 교육에 대한 열정으로 유명한 수학 컨설턴트다. 교사 및 장학사로 20년 넘게 일해 온 그는 현재 교사들을 교육하고 지도하며 지원하는 한편, 유럽 곳곳의 다양한 단체를 대상으로 강연도 하고 있다. 쓴 책으로는 『어린이들을 위한 마법 같은 수학(Magic Maths for Kids)』, 『20가지 수학 디스플레이(Top 20 Maths Displays)』, 『수학 선생님들을 위한 100가지 비법(100 Top Tips for Top Maths Teachers)』, 『수학의 마술사(Be a Wizard With Numbers)』 등이 있다. 제프리는 '수학 마술' 공연을 하는 수학 마술사(www.andrewjeffrey.co.uk)로 여러 학교에 더 잘 알려져 있기도 하다.

마커스 윅스(MARCUS WEEKS, 통계)는 책을 여러 권 썼으며, DK의 『과학: 최고의 비주얼 가이드(Science: The Definitive Visual Guide)』와 『어린이 백과사전(Children's Illustrated Encyclopedia)』 같은 백과사전의 집필에도 참여했다.

숀 매카들(SEAN MCARDLE, 자문 위원)은 초등학교 두 곳에 교장으로 재직한 바 있으며, 교육 평가학 석사 학위를 가지고 있다. 100여 권의 어린이용 수학 교과서와 교사용 평가서를 집필했다.

박유진은 서울대학교에서 생물학을 전공하고 서울재즈아카데미에서 음악을 공부했다. 현재 바른번역에서 전문 번역가로 활동하고 있다. 옮긴 책으로 『당근, 트로이 전쟁을 승리로 이끌다』, 『미적분 다이어리』, 『과학의 책』, 『철학의 책』, 『심리의 책』, 『위대한 예술』, 『위대한 세계사』, 『위대한 정치』, 『수학, 영화관에 가다』, 『뉴턴과 화폐 위조범』, 『일상적이지만 절대적인 스포츠 속 수학 지식 100』 등이 있다.

차례

1 수

2 기하학

머리말

독자 여러분, 안녕하세요.

멋진 수학의 세계에 오신 것을 환영합니다. 연구 결과를 보면, 부모가 자녀의
공부를 돕는 것이 얼마나 중요한지 알 수 있습니다. 숙제를 함께 해내고 수학
같은 과목을 즐길 줄 아는 것은 자녀의 발달 과정에서 매우 중요한 일입니다.

하지만 수학 숙제는 여러 가정에서 곤란한 상황을 빚어내기도 합니다.
새로운 수학 과정이 도입되었지만 효과가 없었습니다. 지금도 자녀의 수학
공부를 돕지 못하는 부모가 많으니까요.

우리는 부모들이 수학의 기초를 이해하고 나아가 좀 더 깊이 있는 수학을
즐기는 데 이 책이 길잡이가 되길 바랍니다.

부모로서 저는 자녀가 어떤 때 힘겨워하고 어떤 때 두각을 나타내는지를
알아차리는 것이 얼마나 중요한 일인지 잘 알고 있습니다. 수학을 제대로
이해한다면 그런 판단을 좀 더 올바르게 내릴 수 있겠지요.

30여 년간 거의 날마다 저는 수학과 산수에 대한 사람들의 솔직한 견해를
들어볼 수 있었습니다. 그중에는 수학을 그다지 잘 배우지 못했거나 재미있게
배우지 못한 사람이 많았습니다. 당신도 그런 사람 가운데 한 명이라면,
이 책이 당신의 상황을 개선하는 데 도움이 되고, 나아가 제가 그랬던 것처럼
수학의 세계에 커다란 흥미를 느끼게 되기를 바랍니다.

캐롤 보더먼

Carol Vorderman

캐롤은 별도로 온라인 수학 교실을 운영하고 있다.
www.themathsfactor.com

Π=**3.14**1592653589793238462643383
2795028841971693993751058209749
4459230781640628620899862803485
3421170679821480865132823066470
9384460955058223172535940812848
1117450284102701938521105559644
6229489549303819644288109756659
3344612847564823378678316527120
1909145648566923460348610454326
6482133936072602491412737245870
0660631558817488152092096282925
4091715364367892590360011330530
5488204665213841469519415116094
3305727036575959195309218611738
1932611793105118548074462379962
7495673518857527248912279381830
119491

들어가며

이 책에서는 9~16세에 학교에서 배우는 수학을 집중적으로 다루고 있습니다. 아주 흥미진진하고 시각적인 방법으로 말입니다. 목적은 수학을 은근슬쩍 가르쳐주는 데 있습니다. 이 책은 수학적 개념, 기법, 절차를 바로바로 배워 이해할 수 있도록 알려줍니다. 독자가 어디를 펼쳐 보든 "아하, 이제 알겠네" 하는 말이 나오도록 정리되어 있습니다. 학생들이 혼자 봐도 좋고, 부모가 수학을 이해하고 학습해서 자녀를 도와줄 수도 있을 것입니다. 부모들 또한 그런 과정에서 뭔가를 얻게 된다면 더없이 좋은 일이겠지요.

새 천 년이 시작될 무렵 저는 영광스럽게도 '수학의 해 2000년(Maths Year 2000)'이라는 운동의 책임자가 되었습니다. 그것은 수학적 성취를 기념하고 수학에 대한 인식을 고취하기 위한 국제적 활동이었습니다. 정부가 후원했고 캐롤 보더먼도 함께 참여했었지요. 캐롤은 영국의 여러 대중 매체에서 수학의 중요성을 역설하기도 했는데, 마치 수(數)가 절친한 친구라도 되는 것처럼 수를 놀랍도록 잘 다루는 것으로 유명하지요. 제 경우에도 일을 하든 집에 있든 언제나 수학에 몰두하여, 이 세상에 존재하는 모든 것들이 어떤 방식으로 수에 기초하여 조화를 이루며 성립하는지 알아내기 위해 많은 시간을 보내고 있습니다. 캐롤과 저를 오랫동안 이어준 것은 바로 수학 자체에 대한, 그리고 수학이 우리 모두의 경제·문화·일상 생활에 도움이 되게 하기 위한 공통된 열정이었습니다.

어째서 점점 더 수에 지배당하고 있는 세계에서 수학이 위험에 처해 있을까요? 때때로 저는 우리가 수의 바다에 빠져 있다는 생각이 들기도 합니다.

우리는 한 사람의 직업인으로서 목표치, 통계 자료, 노동 인구 비율, 예산에 따라 수치로 평가되기도 하고, 한편으로는 한 사람의 소비자로서 온갖 소비 행위에 따라 통계에 잡히기도 합니다. 그리고 우리가 소비하는 상품들은 대부분

매우 세세한 개별적 통계 자료와 함께 제공되고(예컨대 콩 통조림에는 내용물의 열량과 염분 함유량 등이 적혀 있지요), 신문에 실린 기사와 통계 자료는 세상에서 일어나고 있는 일들을 해석하고 풀이하고 단순화합니다. 매일 매시 매분 우리 인간은 생명 유지에 도움이 되는 장치에서 갈수록 많은 수치를 얻어 기록하고 활용하기도 하지요. 바로 이런 식으로 우리는 세계를 이해하려 애쓰고 있지만, 문제는 우리가 얻는 수치가 많아질수록 점점 더 많은 진실이 손가락 사이로 빠져나간다는 데 있습니다.

심각한 것은 그런 온갖 수가 우리 세계와 갈수록 많이 연관되어 가는데도 수학이 뒤처지고 있다는 사실입니다. 수를 다루는 능력이야 충분하다고 생각하는 사람이 분명 많을 것입니다. 하지만 그렇지 않습니다. 개개인도 인류 전체도 그렇지가 않습니다. 수는 수학을 구성하며 그 안에서 빛나는 자잘한 점들입니다. 그런 수가 없다면 우리는 칠흑 같은 어둠 속에서 지내게 되겠지요. 수가 있기에 우리는 그것이 없었다면 보지 못했을 반짝이는 보물들을 볼 수 있는 것입니다.

이 책에서는 바로 이런 문제를 찾아내서 해결하고자 합니다.
수학은 누구나 시도할 수 있는 분야이기 때문이지요.

배리 루이스

수학 협회 전 회장

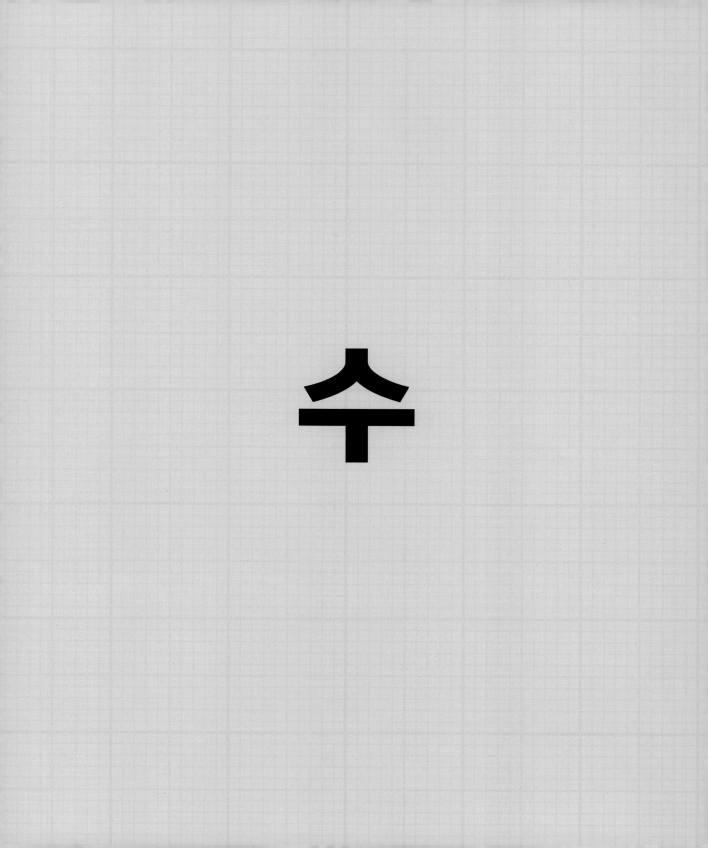

2 수의 세계로

셈과 수는 수학의 기반을 이룹니다.

수는 합계와 양을 기록하는 방법으로 개발된 기호이지만, 여러 세기에 걸쳐 수학자들은
새로운 정보를 알아내기 위해 수를 이용하고 해석하는 방법을 발견해 왔습니다.

수란 무엇인가?

수란 기본적으로는 양을 나타내는 일단의 표준 부호, 즉
우리에게 친숙한 0부터 9까지를 말합니다. 그런 정수 외에
분수(48~55쪽 참조)와 소수(小數, 44~45쪽 참조)도 있습니다.
또 수는 0보다 작은 음수일 수도 있습니다(34~35쪽 참조).

△ 수의 종류
여기서 1은 양의 정수이고 −2는 음의 정수다. $\frac{1}{3}$ 이라는
부호는 분수로 전체를 세 개로 나눈 것 중의 한 부분을
나타낸다. 소수는 분수를 표현하는 또 다른 방법이다.

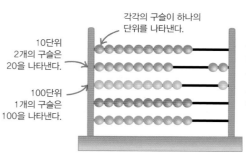

◁ 주판
주판(수판)은 수를
나타내는 여러 구슬로
구성된 전통적인 계산
도구다. 여기 나타나 있는
수는 120이다.

각각의 구슬이 하나의
단위를 나타낸다.

10단위
2개의 구슬은
20을 나타낸다.

100단위
1개의 구슬은
100을 나타낸다.

▽ 맨 처음 수
1은 소수가 아니다. 이 수는
'곱셈의 항등원'이라고 불리는데, 어떤
수든 1을 곱하면 결과 값으로 곱한 수가
그대로 나오기 때문이다.

▽ 짝수인 소수
2는 유일하게 짝수이면서 소수다.
소수란 그 수 자신과 1로만
나눠떨어지는 수(26~27쪽 참조)
를 말한다.

△ 완전수
6은 가장 작은 완전수다.
완전수란 그 자신의 수를 제외한
모든 양의 약수를 합한 값이 되는
수를 말한다. 이 경우에는
1+2+3=6이다.

△ 제곱의 합이 아닌 수
7은 세 정수의 제곱의 합으로
나타낼 수 없는 가장 작은 수다.

자세히 보기

영(0, zero)

0이라는 기호를 사용한 것은 수 표기법 역사상 매우 중요한
단계로 여겨집니다. 0 기호가 사용되기 전에는 빈칸이 계산
에 쓰였지요. 하지만 빈칸을 쓰면 의미가 모호해져 수를 혼
동하기 쉬웠습니다. 예를 들면 400, 40, 4라는 숫자는 0이
없으면 모두 4로 쓸 수밖에 없었지요. 0 기호는 인도 철학
자들이 숫자의 자리를 맞추기 위해 사용하던 점(.)에서 발전
한 것이라고 합니다.

◁ 읽기 쉽다
0이 십의 자리가 비어
있음을 나타내기 때문에
분의 숫자와 구별하기가
쉽다.

0은 시간을
표시하는 데 중요한
역할을 한다.

실제 세계

숫자

여러 문명에서 저마다 나름대로 수를 나타내는 기호를 개발했습니다. 우리가 지금 쓰는 아라비아 숫자를 비롯하여 몇 가지 기호가 아래에 나와 있습니다. 현대 숫자 체계의 큰 장점 중 하나는 복잡한 구식 숫자 체계를 쓸 때보다 곱셈과 나눗셈 같은 계산이 훨씬 쉽다는 것입니다.

현대 아라비아 숫자	1	2	3	4	5	6	7	8	9	10
마야 숫자	•	••	•••	••••	—	•̣	••	•••	••••	═
고대 중국 숫자	一	二	三	四	五	六	七	八	九	十
고대 로마 숫자	I	II	III	IV	V	VI	VII	VIII	IX	X
고대 이집트 숫자			||	|||	||	|||	||	|||	||	|||	||	|||	∩
바빌로니아 숫자	𒁹	𒈫	𒐊	𒐼	𒐽	𒐾	𒐿	𒑀	𒑁	⟨

▽ **삼각수**

3은 가장 작은 삼각수다. 삼각수란 1부터 이어지는 정수를 더한 값에 해당하는 양의 정수를 말한다. 즉, 1+2=3의 경우다.

▽ **합성수**

4는 가장 작은 합성수다. 합성수란 다른 수들의 곱에 해당하는 수로 2×2=4가 된다.

▽ **소수**

일의 자릿수가 5인 유일한 소수다. 또한 오각형은 변의 수와 대각선의 수가 같은 유일한 도형이다.

△ **피보나치 수**

8은 세제곱 수(2^3=8)이며, 1을 제외하면 유일하게 양의 피보나치 수(171쪽 참조)이면서 세제곱 수이기도 하다.

△ **가장 큰 한 자릿수**

9는 한 자릿수 중 가장 큰 정수이자 십진법에서 가장 큰 한 자릿수다.

△ **기수**

서양의 수 체계는 10을 기수(基數)로 한다. 이것은 인간이 손가락과 발가락을 셈에 사용한 데서 비롯된 듯하다.

덧셈

수들을 더하면 합계가 나옵니다. 그 결과 값을 합이라고 부릅니다.

참조	
뺄셈 ▷	**17**
양수와 음수	▷ **34~35**

더하기

두 수의 합을 계산하는 쉬운 방법 중 하나는 수직선(數直線)을 이용하는 것입니다. 수직선은 수를 일직선으로 배열한 것인데, 이를 이용하면 더하고 빼는 계산을 쉽게 할 수 있습니다. 이 수직선에서는 1에 3을 더합니다.

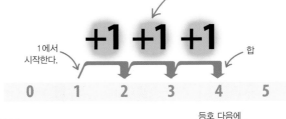

오른쪽으로 세 단계 나아간다.

1에서 시작한다.

합

◁ **수직선 이용하기**

1에 3을 더하려면, 1에서 시작해 수직선을 따라 세 번 나아가면 된다. 즉, 처음에는 2로, 그다음에는 3으로, 또 그다음에는 4로 이동하는 것이다. 마지막의 4가 바로 답이다.

▷ **그 의미는?**

출발점의 1에 3을 더한 결과는 4다. 이는 1과 3의 합이 4라는 뜻이다.

덧셈 부호

등호 다음에 답을 적는다.

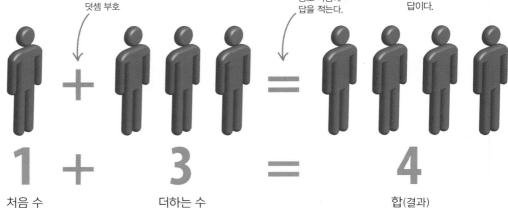

1 + **3** = **4**

처음 수   더하는 수   합(결과)

큰 수 더하기

두 자리 이상의 수를 더할 때는 세로셈으로 계산합니다. 먼저 일의 자릿수끼리, 그다음 십의 자릿수끼리, 그다음에 백의 자릿수끼리 등의 순서로 더해 나갑니다. 그러면서 각 세로 열의 합을 해당 열 아래에 적습니다. 그런 합이 두 자리수이면, 그중 앞의 숫자를 다음 열로 올려 적어둡니다.

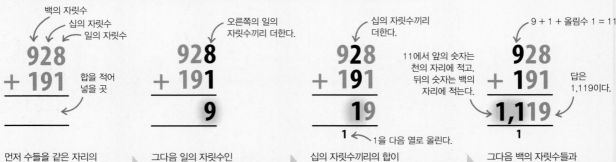

백의 자릿수
십의 자릿수
일의 자릿수

오른쪽의 일의 자릿수끼리 더한다.

십의 자릿수끼리 더한다.

9 + 1 + 올림수 1 = 11

11에서 앞의 숫자는 천의 자리에 적고, 뒤의 숫자는 백의 자리에 적는다.

답은 1,119이다.

합을 적어 넣을 곳

1을 다음 열로 올린다.

먼저 수들을 같은 자리의 숫자끼리 세로로 나란히 위치하도록 적는다.

그다음 일의 자릿수인 8과 1을 더해 그 합인 9를 일의 자리 열 아래에 적는다.

십의 자릿수끼리의 합이 11로 두 자리수이므로, 뒤의 숫자는 바로 아래에 적고 앞의 숫자는 다음 열로 올려 적어둔다.

그다음 백의 자릿수들과 올림수를 더한다. 그 합이 두 자리수이므로, 그중 앞의 숫자를 천의 자리에 적는다.

뺄셈

참조
16 ◁ 덧셈
양수와 ▷ 34~35 음수

어떤 수에서 다른 수를 빼면 그 나머지를 알 수 있습니다. 그 값을 차(差)라고 부릅니다.

빼기

수직선은 뺄셈하는 법을 보여주는 데에도 이용할 수 있습니다. 처음 수에서 수직선을 따라 왼쪽으로 이동해보세요. 여기서는 4에서 3을 뺍니다.

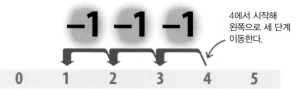

4에서 시작해 왼쪽으로 세 단계 이동한다.

◁ **수직선 이용하기**
4에서 3을 빼려면, 4에서 시작해 수직선을 따라 세 단계 이동하면 된다. 즉, 처음에는 3으로, 그다음에는 2로, 그다음에는 1로 거꾸로 가는 것이다.

빼기 부호

등호 다음에 답을 적는다.

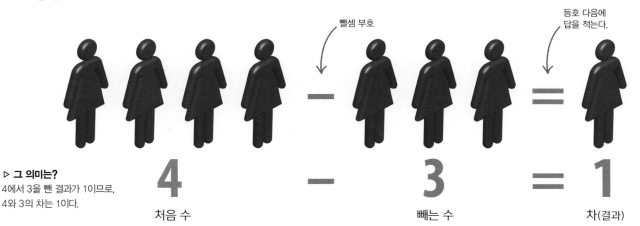

▷ **그 의미는?**
4에서 3을 뺀 결과가 1이므로, 4와 3의 차는 1이다.

4 처음 수

− 3 빼는 수

= 1 차(결과)

큰 수 빼기

두 자리 이상의 수로 뺄셈을 할 때도 세로셈으로 계산합니다. 먼저 일의 자릿수끼리, 그다음 십의 자릿수끼리, 그다음 백의 자릿수끼리 등의 순서로 계산해 나갑니다. 경우에 따라서는 앞의 열에서 수를 빌려 오기도 합니다.

먼저 수들을 같은 자리의 숫자끼리 세로로 나란히 위치하도록 적는다.

▶ 일의 자릿수 8에서 1을 뺀 값인 7을 바로 아래에 적는다.

▶ 십의 자리에서는 2에서 9를 뺄 수 없으므로, 백의 자릿수에서 1을 빌려 와 9를 8로, 2를 12로 고쳐 적는다.

▶ 백의 자리에서는 이제 8로 줄어든 수에서 1을 뺀다.

곱셈

곱셈에서는 수 자신을 어떤 수의 횟수만큼 더하는 것입니다.
그렇게 수들을 곱한 결과를 곱이라고 부릅니다.

참조	
16~17 ◁	덧셈과 뺄셈
나눗셈 ▷	22~25
소수 ▷	44~45

곱셈이란 무엇인가?

곱셈식에서 첫 번째 수는 덧셈의 대상이고, 두 번째 수는
첫 번째 수를 몇 번 더할지를 나타냅니다. 여기서는 각 열의
사람 수를 열의 수만큼 거듭 더합니다. 이런 곱셈을 하면
총인원 수를 알 수 있습니다.

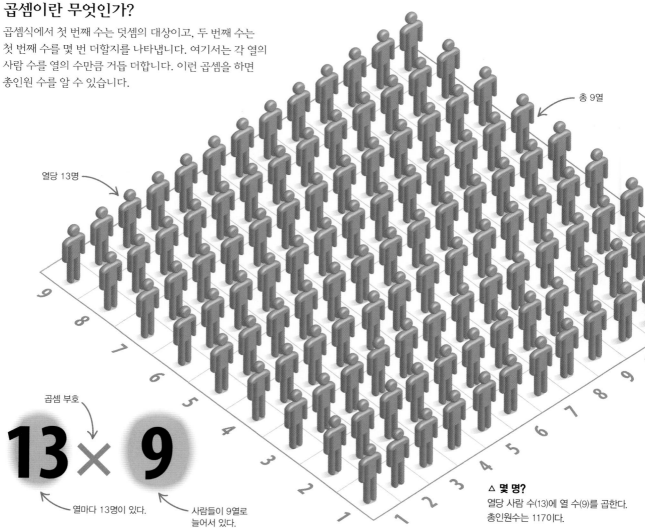

총 9열

열당 13명

곱셈 부호

13 × 9

열마다 13명이 있다.

사람들이 9열로
늘어서 있다.

△ 몇 명?
열당 사람 수(13)에 열 수(9)를 곱한다.
총인원수는 117이다.

이 계산식은 13을 9번 더한다는 뜻이다.

13 × 9 = 13 + 13 + 13 + 13 + 13 + 13 + 13 + 13 + 13 = **117**

13과 9의 곱은 117이다.

계산 순서를 바꿔도 된다

곱셈식에서는 수를 어떤 순서로 적든 상관없습니다. 순서에 상관없이 답은 같을 것이기 때문입니다.
같은 곱셈을 두 가지 방법으로 살펴보겠습니다.

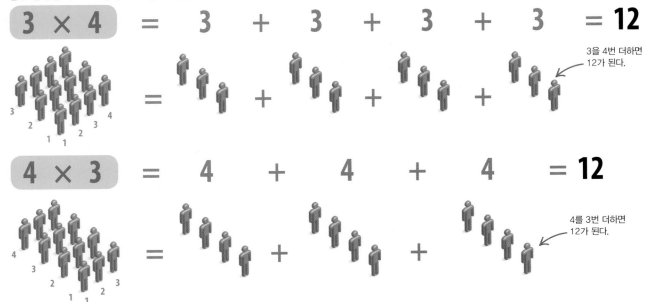

3×4 = 3 + 3 + 3 + 3 = **12**

3을 4번 더하면
12가 된다.

4×3 = 4 + 4 + 4 = **12**

4를 3번 더하면
12가 된다.

10배, 100배, 1,000배

정수에 10, 100, 1000 등을 곱하면 첫 번째 수의
오른쪽에 0이 붙습니다. 10이면 1개(0), 100이면
2개(00), 1000이면 3개(000)와 같은 식입니다.

첫 번째 수 오른쪽에 0이 붙는다.

$34 \times 10 = $ **340**

첫 번째 수 오른쪽에 00이 붙는다.

$72 \times 100 = $ **7,200**

첫 번째 수 오른쪽에 000이 붙는다.

$18 \times 1,000 = $ **18,000**

곱셈 패턴

곱셈을 빨리 하는 방법이 몇 가지 있습니다. 이런 방법은 기억하기도 쉽답니다.
아래 표를 보면서 2, 5, 6, 9, 12, 20의 곱셈과 관련된 패턴을 알아보세요.

곱셈 패턴		
곱하는 수	방법	예
2	그 수 자신을 더한다.	$11 \times 2 = 11 + 11 = 22$
5	곱의 일의 자릿수가 5, 0, 5, 0······이 반복된다.	5, 10, 15, 20
6	6에 짝수를 곱하면 답의 일의 자릿수가 곱한 짝수의 일의 자릿수와 같게 나온다.	$6 \times 12 = 72$ $6 \times 8 = 48$
9	10을 해당 수와 곱한 다음, 그 수를 뺀다.	$9 \times 7 = 10 \times 7 - 7 = 63$
12	어떤 수에 12를 곱할 때는 그 수에 10을 곱한 것과 그 수에 2를 곱한 값을 더하면 된다. 예: 16×12=192	$16 \times 10 = 160$ $16 \times 2 = 32$ $160 + 32 = 192$
20	해당 수에 10을 곱한 다음, 그 곱에 2를 곱한다.	$14 \times 20 = $ $14 \times 10 = 140$ $140 \times 2 = 280$

배수

어떤 수에 정수를 곱할 때, 그 결과(곱)를 배수라고 부릅니다. 예를 들어, 2×1=2, 2×2=4, 2×3=6, 2×4=8, 2×5=10, 2×6=12이기 때문에 2의 배수를 가장 작은 것부터 6개 나열하면 2, 4, 6, 8, 10, 12입니다.

3의 배수

$3 \times 1 = 3$
$3 \times 2 = 6$
$3 \times 3 = 9$
$3 \times 4 = 12$
$3 \times 5 = 15$

3의 배수 중 가장 작은 5개

8의 배수

$8 \times 1 = 8$
$8 \times 2 = 16$
$8 \times 3 = 24$
$8 \times 4 = 32$
$8 \times 5 = 40$

8의 배수 중 가장 작은 5개

12의 배수

$12 \times 1 = 12$
$12 \times 2 = 24$
$12 \times 3 = 36$
$12 \times 4 = 48$
$12 \times 5 = 60$

12의 배수 중 가장 작은 5개

공배수

둘 이상의 수에 공통되는 배수들을 공배수라고 합니다. 오른쪽 표와 같이 숫자를 배열하면, 공배수를 찾는 데 도움이 되기도 합니다. 이런 공통 배수 중 가장 작은 수를 최소공배수라고 부릅니다.

최소공배수
청록색은 3의 배수, 보라색은 8의 배수다. 3과 8의 공배수는 주황색으로 표시했다. 3과 8의 공통 배수 중 가장 작은 수인 24가 최소공배수다.

3의 배수

8의 배수

3과 8의 공배수

▷ **공배수 찾기**
이 격자에는 3의 배수와 8의 배수가 표시되어 있다. 3과 8의 배수 가운데 공통되는 배수는 주황색으로 표시했다.

1	2	3	4	5	6	7	8	9	10
11	12	13	14	15	16	17	18	19	20
21	22	23	24	25	26	27	28	29	30
31	32	33	34	35	36	37	38	39	40
41	42	43	44	45	46	47	48	49	50
51	52	53	54	55	56	57	58	59	60
61	62	63	64	65	66	67	68	69	70
71	72	73	74	75	76	77	78	79	80
81	82	83	84	85	86	87	88	89	90
91	92	93	94	95	96	97	98	99	100

짧은 곱셈

큰 수에 한 자릿수를 곱하는 계산을 짧은 곱셈이라고 부릅니다. 그 작은 수는 큰 수 아래, 큰 수의 일의
자리 열에 맞춰 적고 계산합니다.

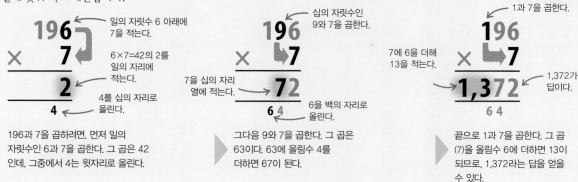

일의 자릿수 6 아래에 7을 적는다.

6×7=42의 2를 일의 자리에 적는다.

4를 십의 자리로 올린다.

196과 7을 곱하려면, 먼저 일의 자릿수인 6과 7을 곱한다. 그 곱은 42 인데, 그중에서 4는 윗자리로 올린다.

십의 자릿수인 9와 7을 곱한다.

7을 십의 자리 열에 적는다.

그다음 9와 7을 곱한다. 그 곱은 63이다. 63에 올림수 4를 더하면 67이 된다.

백의 자릿수인 1과 7을 곱한다.

7에 6을 더해 13을 적는다.

1,372가 답이다.

끝으로 1과 7을 곱한다. 그 곱 (7)을 올림수 6에 더하면 13이 되므로, 1,372라는 답을 얻을 수 있다.

긴 곱셈

두 자리 이상의 두 수를 곱하는 계산을 긴 곱셈이라고 부릅니다. 두 수는 같은 자리의
숫자끼리 세로로 나란히 위치하도록 적습니다.

428에 1을 곱한다.

먼저 428에 일의 자릿수인 1을 곱한다. 오른쪽에서 왼쪽 방향으로 한 자리씩, 즉 8×1, 2×1, 4×1의 순서로 계산해 나간다.

428에 10을 곱한다.

10을 곱할 때는 결과 값에 0을 붙인다.

428의 각 자릿수에 십의 자릿수 1을 차근차근 곱해 나간다. 10을 곱할 때는 그 곱에 0을 붙인다.

428에 100을 곱한다.

100을 곱할 때는 결과 값에 00을 붙인다.

428의 각 자릿수에 백의 자릿수 1을 곱해 나간다. 100을 곱할 때는 그 곱에 00을 붙인다.

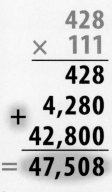

세 곱셈의 결과 값을 더한다. 답은 47,508이다.

자세히 보기

격자 곱셈법

428과 111의 긴 곱셈은 격자를 이용해 간단한 곱셈으로 쪼개어 계산할 수도 있습니다. 이 방법에서는 두 수를 각각 백의 자릿수, 십의 자릿수, 일의 자릿수로 쪼갠 다음 서로 곱합니다.

▷ **최종 단계**
9개의 결과 값을 더하면 답이 나온다.

428의 백, 십, 일의 자릿수			
	400	**20**	**8**
100	400 × 100 = 40,000	20 × 100 = 2,000	8 × 100 = 800
10	400 × 10 = 4,000	20 × 10 = 200	8 × 10 = 80
1	400 × 1 = 400	20 × 1 = 20	8 × 1 = 8

(세로 레이블: 111의 백, 십, 일의 자릿수)

```
 40,000
  2,000
    800
  4,000
    200
     80
    400
     20
+     8
= 47,508
```

이것이 최종 답이다.

나눗셈

나눗셈에서는 어떤 수가 다른 수에 몇 번 들어가는지 알아내는 것입니다.

나눗셈에 대해 생각하는 방법은 두 가지가 있습니다. 하나는 동전 10개를 2명에게 고루 나눠주면 5개씩 돌아가는 것처럼 어떤 수를 똑같이 나눠준다고 보는 것입니다. 다른 하나는 동전 10개를 2개씩 쌓으면 5등분이 되는 것처럼 어떤 수를 같은 크기의 덩어리로 가른다고 보는 것입니다.

참조
16~17 ◁ 덧셈과 뺄셈
18~21 ◁ 곱셈
비와 ▷ 56~59 비례

나눗셈의 원리

어떤 수를 다른 수로 나누면, 두 번째 수(제수)가 첫 번째 수(피제수)에 몇 번 들어가는지 알 수 있습니다. 예컨대 10을 2로 나누면 2가 10에 몇 번 들어가는지 알아보는 것이죠. 그런 나눗셈의 결과를 몫이라고 합니다.

◁ 나눗셈 부호

많이 쓰이는 나눗셈 부호는 세 가지가 있는데, 의미는 모두 같다. 예를 들어, '6 나누기 3'은 $6 \div 3$, $6/3$, $\frac{6}{3}$ 중 어느 것으로 써도 좋다.

▽ 분배 개념의 나눗셈

똑같이 나누는 것도 나눗셈의 일종이다. 사탕 4개를 2명에게 고루 나눠 주면, 두 사람 모두 사탕을 같은 수만큼, 즉 2개씩 받게 된다.

피제수
다른 수에 나눠지는 수

제수
피제수를 나누는 수

4 사탕 **÷ 2** 명 **= 2** 개씩

자 세 히 보 기

나눗셈과 곱셈의 관계

나눗셈은 곱셈과 정반대되는 계산, 즉 역산입니다. 이 두 셈은 항상 서로 관련이 있습니다. 나눗셈의 답을 알면 그에 따라 곱셈식을 세울 수 있고, 곱셈의 답을 알면 그에 따라 나눗셈식을 세울 수 있습니다.

◁ 다시 원래대로

10(피제수)을 2(제수)로 나누면, 답(몫)은 5이다. 그 몫(5)에 원래 나눗셈의 제수(2)를 곱하면 결과 값으로 원래의 피제수(10)가 나온다.

10 ÷ 2 = 5   5 × 2 = 10

나눗셈에 대한 또 다른 접근법

나눗셈은 어떤 수의 분배로도 볼 수 있지만, 두 번째 수(제수)만큼씩 묶은 그룹이 첫 번째 수(피제수)에 몇 개 포함되는지 알아내는 계산으로도 볼 수 있습니다. 나눗셈을 분배로 보든, 묶음으로 보든 계산식에는 달라질 것이 없습니다.

이 예에서는 축구공 30개를 3개씩 묶어 가르고자 한다.

3개씩 묶은 그룹

축구공을 3개씩 묶은 그룹이 정확히 10개 나오고 나머지가 없으므로, 30÷3=10이다.

10개의 사탕

▽ **나머지란?**
이 예에서는 사탕 10개를 소녀 3명에게 나눠 주려고 한다. 하지만 10은 3으로 나눠떨어지지 않는다. 10에는 3이 세 번 들어가고, 1이 남는다. 나눗셈에서 그렇게 남는 수를 나머지라고 부른다.

3명의 소녀

나누기

3개씩

1개 남은 사탕

나눗셈의 결과

나머지 1
피제수가 제수로
나눠떨어지지 않을 때
남는 수

제수	피제수가 나눠떨어지는 경우	예
	나눗셈 요령	
2	일의 자릿수가 짝수다.	12, 134, 5000
3	각 자릿수의 합이 3으로 나눠떨어진다.	18 1+8 = 9
4	마지막 두 자리의 수가 4로 나눠떨어진다.	732 32÷4 = 8
5	일의 자릿수가 5이거나 0이다.	25, 90, 835
6	일의 자릿수가 짝수이고, 각 자릿수의 합이 3으로 나눠떨어진다.	3426 3+4+2+6 = 15
7	나눠떨어지는지 간단히 알아볼 방법이 없다.	
8	마지막 세 자리의 수가 8로 나눠떨어진다.	7,536 536÷8 = 67
9	각 자릿수의 총합이 9로 나눠떨어진다.	6,831 6+8+3+1 = 18
10	일의 자릿수가 0이다.	30, 150, 4270

짧은 나눗셈

짧은 나눗셈은 어떤 수(피제수, 나눠지는 수)를 10보다 작은 정수(제수, 나누는 수)로 나눌 때 쓰는 방법입니다.

나누는 수 3을 왼쪽에 둔다.

몫은 132이다.

나눗셈 선

$$3 \overline{)396}$$

$$13 \atop 3 \overline{)396}$$

$$132 \atop 3 \overline{)396}$$

396이 나눠지는 수다.

▷ 나누는 수 3은 백의 자릿수 3 안에 1번 들어가고 나머지는 없으므로 백의 자릿수 3 위에 1이라고 적는다.

▷ 십의 자릿수 9 안에 3은 3번 들어가고 나머지가 없으므로 십의 자릿수 9 위에 3이라고 적는다.

▷ 마지막 일의 자릿수 6에는 3이 두 번 들어가고 나머지가 없으므로 일의 자릿수 6 위에 2라고 적는다.

받아내림이 있는 나눗셈

나눗셈의 결과로 몫과 나머지가 나오면, 나머지를 나눠지는 수의 바로 아랫자리에 내립니다.

왼쪽에서 계산을 시작한다.

나누는 수

$$5 \overline{)2,765}$$

2,765가 나눠지는 수다.

5로 계산을 시작한다. 5는 2보다 큰 수여서 2에 들어가지 않는다. 5로 나눠지는 수의 첫 두 자릿수를 나눠야 한다.

27을 5로 나눈다.

나머지 2를 바로 아랫자리로 내린다.

$$5 \atop 5 \overline{)2,7^2 6 5}$$

▷ 5로 27을 나눈다. 결과로 몫 5와 나머지 2가 나온다. 5를 7 바로 위에 적고 나머지를 내린다.

나머지 1을 나눠지는 수의 바로 아랫자리로 내린다.

$$55 \atop 5 \overline{)2,7^2 6^2 5^1}$$

▷ 5로 26을 나눈다. 결과로 몫 5와 나머지 1이 나온다. 5를 6 바로 위에 적고 나머지 1을 나눠지는 수의 바로 아랫자리로 내린다.

몫은 5530이다.

$$553 \atop 5 \overline{)2,7^2 6^2 5^1}$$

▷ 5로 15를 나누면 세 번 들어가고 나머지가 없으므로, 3을 5 바로 위에 적는다.

나머지 전환하기

피제수가 제수로 나눠떨어지지 않으면, 답에 나머지가 딸리게 됩니다. 나머지는 아래에서처럼 소수로 표시할 수도 있습니다.

나머지

$$4 \overline{)90} \cdots 2$$

$$22. \atop 4 \overline{)90.^1 0}$$

나머지 2를 지우고 22만 남겨둔다. 몫과 나눠지는 수에 소수점을 찍고 나눠지는 수의 소수점 뒤에 0을 붙인다.

$$22. \atop 4 \overline{)90.^1 0^2}$$

나머지(2)를 선 아래로 내려 새로 덧붙여둔 0 앞에 적는다. 20으로 여기고 나눠준다.

$$22.5 \atop 4 \overline{)90.^1 0^2}$$

4로 20을 나눈다. 다섯 번 들어가고 나머지가 없으므로, 5를 새로 붙인 0 바로 위, 몫의 소수점 뒤에 적는다.

나눗셈을 더 간단하게 만들기

나누는 수를 작은 수로 쪼개기(인수로 분해)도 합니다. 그렇게 하면 나눗셈을 더 간단하게 할 수 있습니다.

816÷6 ← 나누는 수 6은 2×3이다. 6을 2와 3으로 쪼개면 계산이 더 간단해진다.

결과는 136이다.

$$816 \div 2 = 408 \implies 408 \div 3 = 136$$

나누는 수 6을 쪼갠 2

나누는 수 6을 쪼갠 3

나누는 수를 작은 수로 분해해서 계산하는 이 방법은 좀 더 어려운 나눗셈에도 적용할 수 있다.

405÷15 ← 15를 5와 3으로 분해하면 (5×3=15) 계산이 더 간단해진다.

결과는 270이다.

$$405 \div 5 = 81 \implies 81 \div 3 = 27$$

나누는 수 15를 쪼갠 5

나누는 수 15를 쪼갠 3

긴 나눗셈

긴 나눗셈은 보통 나누는 수가 두 자리
이상이고 나눠지는 수가 세 자리 이상일 때
사용하는 방법입니다. 이 방법에서는 짧은
나눗셈과는 달리 모든 계산 과정을 빠짐없이
나눗셈 선 아래에 적습니다. 그리고 곱셈과
뺄셈을 이용해 나머지를 구합니다. 오른쪽
긴 나눗셈 문제를 함께 풀어봅시다.

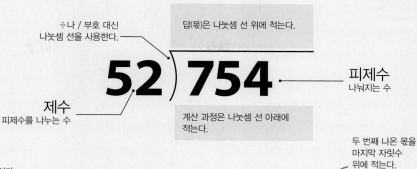

÷나 / 부호 대신
나눗셈 선을 사용한다.

답(몫)은 나눗셈 선 위에 적는다.

$$52\overline{)754}$$

제수
피제수를 나누는 수

피제수
나눠지는 수

계산 과정은 나눗셈 선 아래에
적는다.

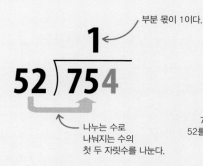

부분 몫이 1이다.

$$52\overline{)754}$$

나누는 수로
나눠지는 수의
첫 두 자릿수를 나눈다.

먼저 나눠지는 수의 첫 두 자릿수 75를 나누는
수 52로 나눈다. 75에 52가 한 번 들어가므로
1을 5 위에 적는다.

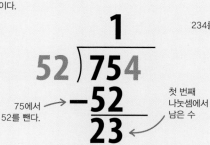

$$52\overline{)754}$$
$$-52$$
$$23$$

75에서
52를 뺀다.

첫 번째
나눗셈에서
남은 수

첫 번째 부분 나머지를 계산한다. 75는
52로 나눠떨어지지 않는다. 남는 수(나머지)를
계산하려면 75에서 52를 빼면 된다.
나머지는 23이다.

두 번째 나온 몫을
마지막 자릿수
위에 적는다.

234를 52로 나눈다.

$$52\overline{)754}$$
$$-52$$
$$234$$

나눠지는 수의
마지막 자릿수를
아래로 내려
나머지에
붙인다.

다음은 나눠지는 수의 마지막 자릿수를
아래로 내려 나머지 바로 옆에 적고 234를
52로 나눈다. 네 번 들어가므로, 1 옆에
4라고 적는다.

$$\begin{array}{r} 14 \\ 52\overline{)754} \\ -52 \\ \hline 234 \\ -208 \\ \hline 26 \end{array}$$

방금 적은 4와
52를 곱한 값
208을 적는다.

두 번째
나눗셈에서
남은 수

234는 52로 나눠떨어지지 않는다.
그 나머지를 계산하기 위해 4와 52를 곱해
208을 얻는다. 234에서 208을 빼면 26이
남는다.

소수점을 찍고
0을 붙인다.

$$\begin{array}{r} 14 \\ 52\overline{)754.0} \\ -52 \\ \hline 234 \\ -208 \\ \hline 260 \end{array}$$

0을 아래로 내려
나머지에 붙인다.

아래로 내릴 정수가 더 이상 없으므로,
나눠지는 수 뒤에 소수점을 찍고 0을 붙인다.
그 0을 아래로 내려 나머지 26에 붙여
260을 얻는다.

몫에도 소수점을
찍어 넣는다.

$$\begin{array}{r} 14.5 \\ 52\overline{)754.0} \\ -52 \\ \hline 234 \\ -208 \\ \hline 260 \end{array}$$

마지막 계산의
결과를 소수점
뒤에 적는다.

14 뒤에 소수점을 찍는다. 그리고 260을
52로 나눈다. 다섯 번 들어가고 나머지가
없으므로, 새로 붙여둔 0의 위에 5라고
적는다.

11 소수(素數)

그 수 자신과 1 이외의 수로는 나눠떨어지지 않는, 1보다 큰 정수.

참조	
18~21 ◁	곱셈
22~25 ◁	나눗셈

소수란?

2,000여 년 전에 고대 그리스의 수학자 유클리드(Euclid)는 그 수 자신이나 1로만 나눠떨어지는 수들이 있다는 사실을 알아차렸습니다. 그런 수들을 소수라고 합니다. 소수가 아닌 수는 합성수라고 부릅니다. 합성수는 더 작은 소수들을 곱해서 얻을 수 있는데, 그런 소수를 합성수의 소인수라고 합니다.

1은 소수도 아니고 합성수도 아니다.

2는 유일하게 짝수인 소수다. 다른 짝수들은 모두 2로 나눠떨어지므로 소수가 아니다.

1~100에서 수를 하나 골라보라.

? 그 수가 2나 3이나 5나 7인가? 아니오 / 네

? 2로 나눠떨어지는 수인가? 아니오 / 네

? 3으로 나눠떨어지는 수인가? 아니오 / 네

? 5로 나눠떨어지는 수인가? 아니오 / 네

? 7로 나눠떨어지는 수인가? 아니오 / 네

그 수는 소수가 아니다.

그 수는 소수다.

△ **소수일까 아닐까?**
위 흐름도를 이용하면 1과 100 사이의 수 중에 어떤 수가 소수인지 아닌지 판정할 수 있다. 소수 2, 3, 5, 7로 나눠떨어지는지 확인하면 된다.

▷ **1부터 100까지**
오른쪽 표는 정수 1~100 중에 어떤 수가 소수인지를 보여준다.

기호 풀이

17 — **소수**
파란 칸에 들어 있는 수는 소수다.
그 수 자신과 1 이외에는 약수가 없다.

42 — **합성수**
노란 칸에 들어 있는 수는 합성수다.
그 수 자신과 1 이외의 수로도 나눠떨어진다.
2 3 7

작은 숫자들은 해당 수가 2, 3, 5, 7 중
어떤 수로 나눠떨어지는지 보여준다.

6	7	8	9	10
2 3		2	3	2 5
16	**17**	**18**	**19**	**20**
2		2 3		2 5
26	**27**	**28**	**29**	**30**
2	3	2 7		2 3 5
36	**37**	**38**	**39**	**40**
2 3		2	3	2 5
46	**47**	**48**	**49**	**50**
2		2 3	7	2 5
56	**57**	**58**	**59**	**60**
2 7	3	2		2 3 5
66	**67**	**68**	**69**	**70**
2 3		2	3	2 3 7
76	**77**	**78**	**79**	**80**
2	7	2 3		2 5
86	**87**	**88**	**89**	**90**
2	3	2		2 3 5
96	**97**	**98**	**99**	**100**
2 3		2 7	3	2 5

소인수

1 이외의 모든 정수는 소수이거나 소수들의 곱입니다. 소인수 분해는 합성수를 그 수의 인수인 소수들로 분해하는 것을 말합니다. 합성수를 구성하는 소수를 소인수라고 합니다.

소인수 →
← 나머지 인수

$$30 = 5 \times 6$$

30의 소인수들을 알아내려면, 먼저 30의 인수 중 가장 큰 소수를 찾아본다. 그 소수는 5이다. 나머지 인수는 6인데(5×6=30), 이 수도 소수들로 분해해야 한다.

가장 큰 소인수 →

$$6 = 3 \times 2$$

이어서 그 나머지 인수인 6의 가장 큰 소수와 그보다 작은 소수를 모두 찾아본다. 6의 인수인 소수는 3과 2이다.

소인수를 큰 수에서 작은 수 순서로 나열한다. →

$$30 = 5 \times 3 \times 2$$

이제 30이 소수 5, 3, 2의 곱이라는 사실을 알 수 있다. 따라서 30의 소인수는 5, 3, 2이다.

현 실 세 계

암호화

은행이나 상점의 거래의 대부분은 인터넷 등의 통신 시스템을 사용해 이루어집니다. 거래를 하는 데 쓰이는 정보를 보호하기 위해 그 정보들은 거대한 두 소수의 곱으로 암호화됩니다. 어떤 해커라도 인수가 그렇게 큰 수라면 인수분해를 할 수 없기 때문입니다.

▷ **데이터 보호**
더 강력한 보안을 제공하기 위해 수학자들은 보다 큰 미지의 소수를 지금도 계속 찾고 있다.

측정 단위

측정 단위는 시간, 질량, 길이를 재는 데 사용하는 표준 크기입니다.

참조
부피 ▷ 154~155
공식 ▷ 177~179
참고 자료 ▷ 242~245

기본 단위

단위란 합의된 또는 표준화된 측정값을 말합니다. 단위가 있으면 여러가지 수량을 정확하게 측정할 수 있습니다. 기본적으로 단위에는 시간, 무게(질량) 단위, 길이 단위 이렇게 세 종류가 있습니다.

△ 시간

시간은 밀리초, 초, 분, 시간, 일, 주, 달, 년으로 측정한다. 나라와 문화권에 따라, 새해가 시작되는 때가 다른 역법이 쓰이기도 한다.

△ 무게와 질량

무게는 어떤 물체가 얼마나 무거운가 하는 정도를 말하며 그 물체에 작용하는 중력과 관계가 있다. 질량은 물체를 구성하는 물질의 양이다. 둘 다 같은 단위, 그램(g)과 킬로그램(kg), 온스(oz)와 파운드(lb) 등으로 측정한다.

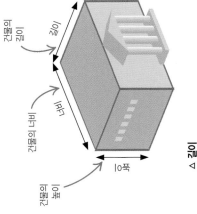

이 두 단위는 상대적으로 가볍다.

이 세 단위는 상대적으로 무겁다.

△ 길이

길이는 물체가 얼마나 긴가 하는 정도다. 미터법의 센티미터(cm), 미터(m), 킬로미터(km)나 야드파운드법의 인치(inch), 피트(ft), 야드(yd), 마일(mile)로 측정한다(242~245쪽 참조).

건물의 길이

건물의 너비

건물의 높이

길이

너비

높이

10픽

자세히 보기 거리

거리는 두 점 사이의 간격입니다. 거리는 길이를 나타내지만 이동 과정을 설명하는 데도 쓰이는데, 그런 과정이 항상 두 점 사이의 최단 경로인 것은 아닙니다.

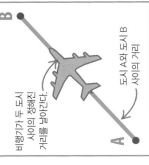

비행기가 두 도시 사이의 거리를 날아간다.

도시 A와 도시 B 사이의 거리

A

B

복합 단위

복합 단위는 2개 이상의 단위로 구성되는데, 한 가지 단위를 거듭 사용하는 경우도 있습니다. 예로는 넓이, 부피, 속도, 밀도 등입니다.

△ 넓이

넓이는 제곱된 단위로 측정한다. 사각형의 넓이는 가로와 세로의 곱으로, 둘 다 미터로 측정하면 넓이의 단위는 m×m, 즉 m^2가 된다. 이 단위는 m^2로 쓴다.

넓이=가로×세로

가로와 세로 모두 길이 단위이므로, 넓이는 길이 단위 2개로 이루어진다.

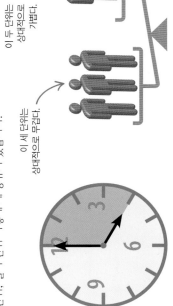

가로

세로

△ 부피

부피는 세제곱된 단위로 측정한다. 직육면체의 부피는 가로, 세로, 높이 길이의 곱이다. 모두 미터로 측정하면 부피의 단위는 m×m×m, 즉 m^3가 된다.

부피=가로×세로×높이

가로, 세로, 높이 모두 길이 단위이므로, 부피는 길이 단위 3개로 이루어진다.

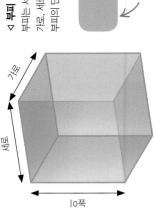

가로

세로

10픽

속도

속도는 정해진 시간 동안 이동하는 거리(길이)를 나타냅니다. 따라서 속도를 계산하는 공식은 '거리÷시간'입니다. 둘을 각각 킬로미터(km)와 시간(h)으로 측정하면, 속도의 단위는 km/h가 됩니다.

$$\text{속도} = \frac{\text{거리}}{\text{시간}}$$

▷ 속도 공식 삼각형

속도(S), 거리(D), 시간(T)의 관계를 삼각형으로 나타낼 수 있다. 삼각형 안에서의 위치는 하나를 구하기 위해 나머지 두 개를 어떻게 사용하여 계산하는지를 보여준다.

$S = \dfrac{D}{T}$

$D = S \times T$ 거리=속도×시간

$S = \dfrac{D}{T}$ 속도=거리÷시간

$T = \dfrac{D}{S}$ 시간=거리÷속도

이 선은 곱셈 기호의 역할을 한다.

이 선은 나눗셈 기호의 역할을 한다.

▷ 속도 구하기

20km

자동차 한 대가 20분 동안 20km를 간다고 했을 때 이 자동차의 속도(km/h)를 구할 수 있다.

20분을 60분으로 나누면 시간으로 환산할 수 있다.

$$20\text{분} = \frac{20}{60} = \frac{1}{3}\ \text{시간}$$

거리는 20km이다.

시간은 $\frac{1}{3}$시간이다.

먼저 분을 시간으로 환산한다. 분을 시간으로 환산하려면, 분 단위의 값을 60으로 나누면 된다. 그러면 분수를 얻는다. 즉, 분자와 분모를 20으로 나누는 것이다. 그러면 $\frac{1}{3}$시간이라는 답이 나온다.

$$S = \frac{D}{T} = 60\text{km/h}$$

거리 값과 시간 값을 속도 공식에 넣는다. 거리(20km)를 시간($\frac{1}{3}$시간)으로 나누면 속도를 구할 수 있는데, 이 경우 속도는 60km/h이다.

밀도

밀도는 어떤 물체의 정해진 부피 안에 물질이 얼마나 많이 빽빽하게 들어차 있는지를 나타냅니다. 그 정도는 질량과 부피라는 두 가지 단위와 관련이 있습니다. 밀도를 계산하는 공식은 '질량÷부피'입니다. 둘을 각각 그램(g)과 세제곱센티미터(cm³)로 측정하면, 밀도의 단위는 g/cm³가 됩니다.

$$\text{밀도} = \frac{\text{질량}}{\text{부피}}$$

▷ 밀도 공식 삼각형

밀도(D), 질량(M), 부피(V)의 관계를 삼각형으로 나타낼 수 있다. 삼각형 안에서의 위치는 하나를 구하기 위해 나머지 두 개를 어떻게 사용하는지를 보여준다.

$D = \dfrac{M}{V}$

$M = D \times V$ 질량=밀도×부피

$D = \dfrac{M}{V}$ 밀도=질량÷부피

$V = \dfrac{M}{D}$ 부피=질량÷밀도

이 선은 곱셈 기호의 역할을 한다.

이 선은 나눗셈 기호의 역할을 한다.

▷ 부피 구하기

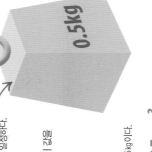

0.5kg

납의 밀도가 0.0113kg/cm³이다. 이 값을 이용하면 질량이 0.5kg인 납추의 부피를 구할 수 있다.

납의 밀도는 질량과 상관없이 일정하다.

질량은 0.5kg이다.

밀도는 0.0113kg/cm³이다.

$$V = \frac{M}{D} = 44.25\text{cm}^3$$

△ 공식 이용하기

질량 값과 밀도 값을 부피 공식에 넣는다. 질량(0.5kg)을 밀도(0.0113kg/cm³)로 나누면 부피를 구할 수 있는데, 이 경우 부피는 44.25cm³이다.

시계 보는 법

참조
14~15 ◁ 수의 세계로
28~29 ◁ 측정 단위

시간은 전 세계에서 같은 방법으로 측정합니다. 주로 쓰이는 단위는 초, 분, 시간입니다.

시계 보는 법은 아침은 몇 시에 먹지? 내 생일까지는 얼마나 남았지?
어떤 길이 가장 빠르지? 등의 문제에 답하는 데 쓰이는 중요한 기술입니다.

시간 측정하기

시간의 단위는 사건이 얼마나 오랫동안 일어나는지, 사건들 사이의 간격이
얼마나 되는지를 나타냅니다. 어떤 경우에는 시간을 정확히 측정하는 일이
중요합니다. 이를테면 과학 실험을 할 때입니다. 하지만 우리가 친구 집에
놀러 갈 때처럼 시간을 정확히 재는 것이 그다지 중요하지 않은 경우도
있습니다. 수천 년간 사람들은 해와 달, 별의 움직임을 관찰해 시간을
측정했지만, 지금 우리는 매우 정확한 시계를 사용합니다.

더 큰 시간 단위

초, 분, 시, 일보다 더 큰 시간 단위들입니다.
'올림피아드'라는 단위도 있는데 이는 하계
올림픽이 열리는 해의 1월 1일부터 시작되는
4년간의 기간을 말합니다.

7일은 **1주**다.
▼
15일은 **보름**이다.
▼
28~31일은 **1달**이다.
▼
365일은 **1년**이다.
(윤년은 366일)
▼
100년은 **1세기**다.
▼
1,000년은 **1밀레니엄**이다.

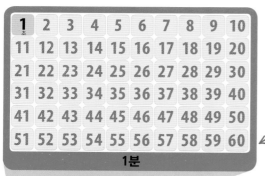

◁ **시간의 단위**
전 세계에서 사용하는 단위들은
국제 원자시로 측정한 1초에
기초한다. 하루는 86,400초다.

1분은
60초다.

1시간은
60분이다.

하루는 24시간이다.

1초 / 1분 / 1시간 / 1일

시간 읽기

시간은 시계의 바늘이 어디를 가리키는지 보면 알 수 있습니다. 시침은 상대적으로 짧고, 천천히 돌아갑니다. 분침은 시침보다 길고, 시간마다 몇 분이 지났는지 또는 그다음 시까지 몇 분이 남았는지를 보여줍니다. 시계판은 대체로 5분 단위로 두드러지게 표시되어 있습니다. 그리고 1분 단위는 자잘한 눈금으로 표시돼 있습니다. 초침은 보통 길고 가늘며 1분마다 시계판을 빠르게 한 바퀴씩 돌아 60초가 지났음을 나타냅니다.

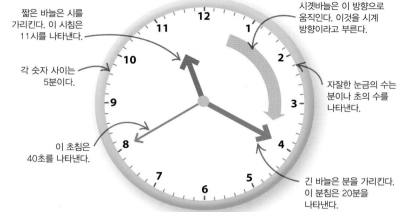

짧은 바늘은 시를 가리킨다. 이 시침은 11시를 나타낸다.

각 숫자 사이는 5분이다.

이 초침은 40초를 나타낸다.

시곗바늘은 이 방향으로 움직인다. 이것을 시계 방향이라고 부른다.

자잘한 눈금의 수는 분이나 초의 수를 나타낸다.

긴 바늘은 분을 가리킨다. 이 분침은 20분을 나타낸다.

△ 시계판
시계판은 시각을 쉽고 분명하게 보여준다. 시계판에는 여러 종류가 있다.

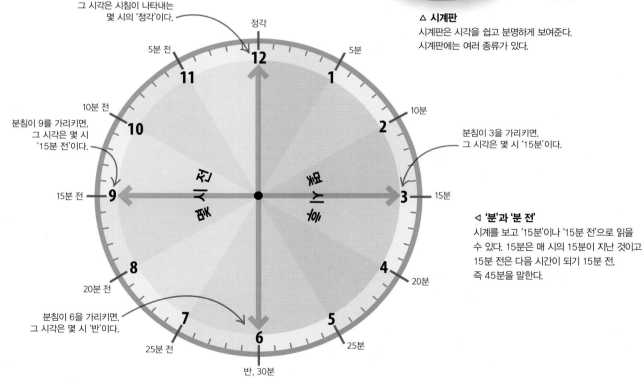

분침이 12를 가리키면, 그 시각은 시침이 나타내는 몇 시의 '정각'이다.

정각

5분 전

5분

10분 전

10분

분침이 9를 가리키면, 그 시각은 몇 시 '15분 전'이다.

분침이 3을 가리키면, 그 시각은 몇 시 '15분'이다.

15분 전

몇 시 전

몇 시

15분

20분 전

20분

분침이 6을 가리키면, 그 시각은 몇 시 '반'이다.

25분 전

반, 30분

25분

◁ '분'과 '분 전'
시계를 보고 '15분'이나 '15분 전'으로 읽을 수 있다. 15분은 매 시의 15분이 지난 것이고 15분 전은 다음 시간이 되기 15분 전, 즉 45분을 말한다.

10시 정각

1시 15분

3시 반

7시 15분 전

아날로그식 시간 표시

시계는 대부분 12시간까지 나타내지만, 하루는 24시간입니다.
오전과 오후의 차이를 나타내기 위해 우리는 AM과 PM을 사용합니다.
낮의 한가운데(12시 정각)를 한낮 또는 정오라고 부릅니다.

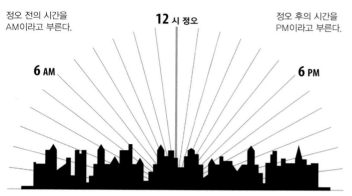

정오 전의 시간을
AM이라고 부른다.

12 시 정오

정오 후의 시간을
PM이라고 부른다.

6 AM

6 PM

△ **AM과 PM**
AM과 PM은 라틴어 'ante meridiem'과 'post meridiem'의 머리글자로 각각 오전과
오후를 의미한다. 0시부터 12시까지를 AM이라 부르고, 12시부터 24시까지를 PM이라
부른다.

디지털식 시각 표시

전통적인 시계판은 시곗바늘로 보여주지만, 지금은 디지털 방식도 흔히
쓰입니다. 특히 컴퓨터, 텔레비전, 휴대폰 같은 전자 기기에서는 디지털
표시법이 많이 쓰입니다. 디지털 표시 장치 중에는 시각을 24시간제로
나타내는 것이 있고, 12시간제로 AM이나 PM과 함께 표시하는 것도
있습니다.

△ **시와 분**
디지털시계에서는 맨 앞에 시가
표시되고 콜론 다음에 분이 표시된다.
어떤 표시 장치는 초를 보여주기도
한다.

△ **24시간제 디지털 표시 장치**
시나 분이 한 자릿수이면, 0 하나가
시간 왼쪽에 표시된다.

△ **자정**
자정이 되면, 시계는 00:00으로
초기화된다. 자정(子正)은 '자시(子
時)의 한가운데', 즉 밤 12시 정각을
이르는 말이다.

△ **12시간제 디지털 표시 장치**
이런 종류의 표시 장치는 오전이냐
오후냐에 따라 AM과 PM 중
하나를 두드러지게 보여준다.

24시간제 시각

24시간제는 오전과 오후 시각이 헷갈리지 않도록
만들어진 것으로, 24시까지 수를 늘려서 세는
방식입니다. 컴퓨터, 군대, 시간표에서 많이 쓰입니다.
12시간제를 24시간제로 바꾸려면 오후 시간에 12시간을
더하면 됩니다. 예컨대 PM 11시는 23:00(11+12)가 되고
PM 8:45은 20:45(8+12)가 됩니다.

12시간제 시각	24시간제 시각
12:00 자정	00:00
1:00 AM	01:00
2:00 AM	02:00
3:00 AM	03:00
4:00 AM	04:00
5:00 AM	05:00
6:00 AM	06:00
7:00 AM	07:00
8:00 AM	08:00
9:00 AM	09:00
10:00 AM	10:00
11:00 AM	11:00
12:00 정오	12:00
1:00 PM	13:00
2:00 PM	14:00
3:00 PM	15:00
4:00 PM	16:00
5:00 PM	17:00
6:00 PM	18:00
7:00 PM	19:00
8:00 PM	20:00
9:00 PM	21:00
10:00 PM	22:00
11:00 PM	23:00

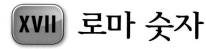 **XVII** 로마 숫자

고대 로마인들이 개발한 숫자는 로마자의 일부를 이용합니다.

참조
14~15 ◁ 수의 세계로

로마 숫자 이해하기

로마 숫자 체계에서는 0을 사용하지 않고, 일곱 문자를 조합하여 수를 나타냅니다.
다음은 그 일곱 문자와 각각의 값입니다.

I	V	X	L	C	D	M
1	5	10	50	100	500	1000

수 표기하기

고대 로마인들은 일곱 문자로 수를 표현하기 위해 몇 가지 기본 원칙을 지킵니다.

첫째 원칙 작은 수가 큰 수 뒤에 올 때, 큰 수에 작은 수를 더한다.

$$XI = X + I = 11 \qquad XVII = X + V + I + I = 17$$

둘째 원칙 작은 수가 큰 수 앞에 올 때, 큰 수에서 작은 수를 뺀다.

$$IX = X - I = 9 \qquad CM = M - C = 900$$

셋째 원칙 각 문자는 최대 세 번까지 반복해서 적을 수 있다.

$$XX = X + X = 20 \qquad XXX = X + X + X = 30$$

로마 숫자 사용하기

오늘날 로마 숫자는 널리 쓰이진 않지만, 일부 시계나 군주와 교황의 이름, 중요한
날짜를 나타내는 데 아직도 사용됩니다.

시간

이름

Henry VIII

헨리 8세

날짜

MMXIV

2014

수	로마 숫자
1	I
2	II
3	III
4	IV
5	V
6	VI
7	VII
8	VIII
9	IX
10	X
11	XI
12	XII
13	XIII
14	XIV
15	XV
16	XVI
17	XVII
18	XVIII
19	XIX
20	XX
30	XXX
40	XL
50	L
60	LX
70	LXX
80	LXXX
90	XC
100	C
500	D
1000	M

 # 양수와 음수

양수는 0보다 큰 수이고, 음수는 0보다 작은 수입니다.

양수는 바로 앞에 플러스 부호(+)를 붙이기도 하고 생략하기도 합니다.
음수이면, 그 수 바로 앞에 마이너스 부호(-)가 붙습니다.

참조	
14~15 ◁ 수의 세계로	
16~17 ◁ 덧셈과 뺄셈	

왜 양수와 음수를 사용할까?

양수는 어떤 수를 0에서부터 올라가며 셀 때 쓰고, 음수는
0에서부터 내려가며 셀 때 씁니다. 예를 들어, 은행 계좌에 돈이
들어 있으면 그 금액은 양수이지만, 들어 있는 돈보다 더 많이
빼내면 그 계좌에 들어 있는 금액은 음수가 됩니다.

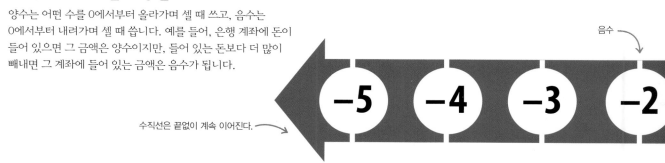

음수

수직선은 끝없이 계속 이어진다.

양수와 음수의 덧셈과 뺄셈

수직선을 이용해 양수와 음수의 덧셈과 뺄셈을 해봅시다. 수식의 첫 번째 수를 수직선 위에서 찾은
다음, 두 번째 수만큼 이동하세요. 덧셈에서는 오른쪽으로, 뺄셈에서는 왼쪽으로 이동하면 됩니다.

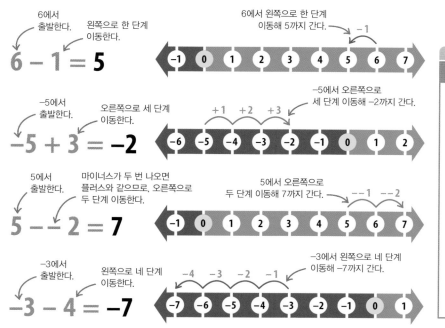

6에서
출발한다.

왼쪽으로 한 단계
이동한다.

6 – 1 = 5

6에서 왼쪽으로 한 단계
이동해 5까지 간다.

-5에서
출발한다.

오른쪽으로 세 단계
이동한다.

-5 + 3 = -2

-5에서 오른쪽으로
세 단계 이동해 -2까지 간다.

5에서
출발한다.

마이너스가 두 번 나오면
플러스와 같으므로, 오른쪽으로
두 단계 이동한다.

5 – – 2 = 7

5에서 오른쪽으로
두 단계 이동해 7까지 간다.

-3에서
출발한다.

왼쪽으로 네 단계
이동한다.

-3 – 4 = -7

-3에서 왼쪽으로 네 단계
이동해 -7까지 간다.

자세히 보기

이중 마이너스

양수에서 음수를 빼면 마이너스 부호가 두
개 연달아 나옵니다. 마이너스와 마이너스
가 만나면 마이너스 효과가 없어지고 플러
스와 같게 됩니다. 예를 들어 '5 빼기 -2'는
'5 더하기 2'와 같습니다.

△ 같은 부호 2개는 플러스
연달아 나오는 같은 부호 2개는 플러스에
해당한다. 연달아 나오는 서로 다른 부호 2개는
마이너스에 해당한다.

▽ 수직선(數直線)

수직선은 양수와 음수를 이해하는 데 효과적인 방법
중 하나다. 0의 오른쪽에는 양수를 적고, 0의 왼쪽에는
음수를 적어보자. 거기에 색깔까지 넣으면, 양수와
음수를 구별하기가 더 쉬워진다.

현 실 세 계

온도계

음수는 온도를 기록할 때 필요합니다. 겨울에는
온도가 어는점인 0℃보다 한참 밑으로 떨어지기
도 하기 때문이지요. 역사상 최저 온도는 남극 대
륙에서 기록된 −89.2℃입니다.

0은 아무 값도 없다는 뜻이다.
0을 경계로 양수와 음수가 갈린다.

양수

수직선은 끝없이
계속 이어진다.

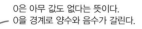

−1　0　1　2　3　4　5

곱셈과 나눗셈

곱셈이나 나눗셈을 할 때는 각 수가 양수인지 음수인지 여부를
무시하고 계산한 다음, 오른쪽의 도표를 이용해 답이 양수인지
음수인지를 알아내면 됩니다.

$$2 \times 4 = 8$$

+×+=+이므로
8은 양수다.

$$-1 \times 6 = -6$$

−×+=−이므로
−6은 음수다.

$$-4 \div 2 = -2$$

−÷+=−이므로
−2는 음수다.

$$-2 \times 4 = -8$$

−×+=−이므로
−8은 음수다.

$$-2 \times -4 = 8$$

−×−=+이므로
8은 양수다.

$$-10 \div -2 = 5$$

−÷−=+이므로
5는 양수다.

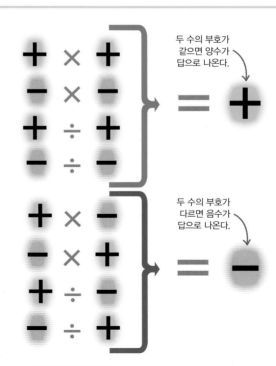

두 수의 부호가
같으면 양수가
답으로 나온다.

두 수의 부호가
다르면 음수가
답으로 나온다.

△ **양수인가 음수인가**
답의 부호는 계산에 사용된 수의 부호가
서로 같은가 다른가에 따라 결정된다.

제곱과 제곱근

제곱은 같은 수를 거듭 곱하는 것을 말합니다.
어느 수의 제곱근이란 제곱했을 때 주어진 수가 되는 수를 말합니다.

참조	
18~21 ◁	곱셈
22~25 ◁	나눗셈
표준형 ▷	42~43
계산기 ▷ 사용하기	72~73

제곱이란?

제곱은 같은 수를 거듭 곱하는 것입니다. 제곱하는 횟수는 오른쪽 위에 작은
숫자를 덧붙여 써서 나타내는데, 이 작은 숫자를 지수라고 부릅니다.
같은 수를 두 개 곱할 때 그 수를 '제곱한다'고 하고, 같은 수를 세 개 곱할 때
그 수를 '세제곱한다'고 합니다.

5^4

이 숫자는 제곱하는 횟수를 나타내는
지수다($5^4=5×5×5×5$를 의미한다).

이 숫자는 제곱하는
수를 뜻한다.

$$5 × 5 = 5^2$$
$$= 25$$

이 숫자가 지수다.
5^2은 '5의 제곱' 또는
'5의 2승'이라고 읽는다.

△ **제곱 계산**
어떤 수에 그 수 자신을 곱하면 제곱을 얻게 된다.
제곱의 지수는 2이다. 예를 들면 5^2은 5를 2개
곱한다($5×5$)는 뜻이다.

▷ **제곱수**
이 그림을 보면, 5^2을 구성하는 단위가
얼마나 많은지 알 수 있다.
5개씩 5열이 있으므로,
총 $5×5=25$
개이다.

5개씩 5열

$$5 × 5 × 5 = 5^3$$
$$= 125$$

이 숫자가 지수다.
5^3은 '5의 세제곱' 또는
'5의 3승'이라고 읽는다.

△ **세제곱 계산**
어떤 수를 세 개 곱하면 세제곱을 얻게 된다.
세제곱의 지수는 3이다. 예를 들어 5^3은 5를
3개 곱한다($5×5×5$)는 뜻이다.

세로 5열

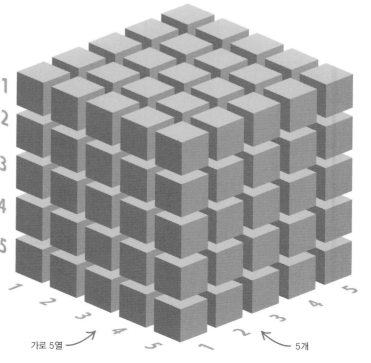

▷ **세제곱수**
이 그림을 보면, 5^3을 구성하는 단위가 얼마나
많은지 알 수 있다. 가로 5열에 5개씩, 세로로 5열씩
있으므로, 총 $5×5×5=125$이다.

가로 5열

5개

제곱근과 세제곱근

어떤 수 a를 제곱했을 때 b라는 수가 나왔다면 a를 b의
제곱근이라고 합니다. 예를 들어 4의 제곱근 중 하나는 2입니다.
2×2=4이기 때문입니다. 2의 또 다른 제곱근은 −2입니다.
(−2)×(−2) 또한 4가 되기 때문이지요. 제곱근은 양수일 수도
있고 음수일 수도 있습니다. 어떤 수 c를 세제곱했을 때 d라는
수가 나왔다면 c를 d의 세제곱근이라고 합니다. 27의 세제곱근은
3입니다. 3×3×3=27이기 때문입니다.

제곱근을
나타내는 기호

이 수의 제곱근을
구하는 것이다.

세제곱근을
나타내는 기호

이 수의 세제곱근을
구하는 것이다.

제곱근 기호

25의 제곱근

$$\sqrt{25} = 5$$

왜냐하면

$$5 \times 5 = 25$$

25는 5²이다.

△ **제곱근 계산**
어떤 수의 제곱근은 제곱하면
제곱근 기호 안의 그 수가 된다.

세제곱근 기호

125의 세제곱근

$$\sqrt[3]{125} = 5$$

왜냐하면

$$5 \times 5 \times 5 = 125$$

125는
5³이다.

△ **세제곱근 계산**
어떤 수의 세제곱근은 세제곱하면
세제곱근 기호 안의 그 수가 된다.

자주쓰는 제곱근		
제곱근 안의 수	제곱근	
1	1	1×1=1
4	2	2×2=4
9	3	3×3=9
16	4	4×4=16
25	5	5×5=25
36	6	6×6=36
49	7	7×7=49
64	8	8×8=64
81	9	9×9=81
100	10	10×10=100
121	11	11×11=121
144	12	12×12=144
169	13	13×13=169

자 세 히   보 기

계산기 사용하기

제곱과 제곱근은 계산기로도 구할 수 있습니다. 보통 계산기에는 제곱과 세제곱을 계산하
는 버튼, 제곱근과 세제곱근을 구하는 버튼, 어떤 수의 몇 승이든 계산할 수 있는 지수 버
튼이 있습니다.

 X^y

△ **지수**
이 버튼을 사용하면
어떤 수의 몇 승이든지
구할 수 있다.

$$3^5 = \boxed{3}\ \boxed{X^y}\ \boxed{5}$$
$$= 243$$

◁ **지수 버튼 사용하기**
제곱할 수를 입력한 다음,
지수 버튼을 누른 후,
지수를 입력한다.

√

△ **제곱근**
이 버튼을 사용하면
어떤 수의 제곱근이든지
구할 수 있다.

$$25 = \boxed{\sqrt{}}\ \boxed{25}$$
$$= 5$$

◁ **제곱근 버튼 사용하기**
대부분의 계산기에서는 먼저
제곱근 버튼을 누른 다음 어떤
수를 입력하면 그 수의 제곱근을
구할 수 있다.

같은 수의 제곱 곱하기

같은 수의 제곱을 곱셈할 때는
지수들을 더하기만 하면 됩니다.
답의 지수는 곱하는 수의 지수들의
합입니다.

지수를 더한다.

첫 번째 지수   **+**   두 번째 지수

$$6^2 \times 6^3 = 6^5$$

답의 지수는 2+3=5이다.

왜냐하면

▷ **풀어쓰기**
제곱수의 곱셈식을 풀어서
써보면, 왜 곱셈을 할 때
지수를 더하기만 하면 되는지
이해할 수 있다.

$$(6 \times 6) \times (6 \times 6 \times 6) = 6 \times 6 \times 6 \times 6 \times 6$$

6^2은 6×6이다. 6^3은 $6 \times 6 \times 6$이다. $6 \times 6 \times 6 \times 6 \times 6$은 6^5이다.

같은 수의 제곱 나누기

같은 수의 제곱을 나눗셈할 때는
첫 번째 지수에서 두 번째 지수를 빼면
됩니다. 답의 지수는 첫 번째 지수와
두 번째 지수의 차입니다.

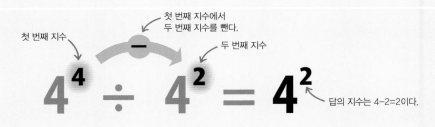

첫 번째 지수에서
두 번째 지수를 뺀다.

첫 번째 지수   **−**   두 번째 지수

$$4^4 \div 4^2 = 4^2$$

답의 지수는 4−2=2이다.

왜냐하면

▷ **풀어쓰기**
제곱수의 나눗셈을 분수로 풀어서
써보면, 왜 지수끼리 뺄셈을 하기만
해도 되는지 이해할 수 있다.

4^4은 $4 \times 4 \times 4 \times 4$이다.

$$\frac{4 \times 4 \times 4 \times 4}{4 \times 4} \Rightarrow \frac{\cancel{4} \times \cancel{4} \times 4 \times 4}{\cancel{4} \times \cancel{4}} = 4 \times 4$$

4^2은 4×4이다.   분수를 약분해서 최대한 간단하게 정리한다. 4×4는 4^2이다.

자 세 히 보 기

0승

어떤 수라도 0승이면 1이 됩니다. 같은 수에
지수도 같은 두 수를 나누면 지수가 0이 되고
답은 1이 됩니다.

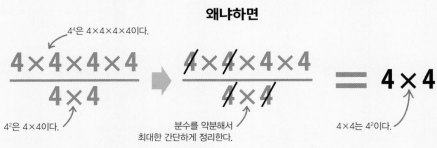

첫 번째 지수   두 번째 지수   답의 지수는 3−3=0이다.

$$8^3 \div 8^3 = 8^0 = 1$$

모든 수의 0승은 1이다.

왜냐하면

▷ **풀어쓰기**
같은 두 제곱수의 나눗셈을 풀어서 써보면,
왜 모든 수의 0승이 1일 수밖에 없는지
분명히 이해할 수 있다.

$$\frac{8 \times 8 \times 8}{8 \times 8 \times 8} = \frac{512}{512} = 1$$

8^3은 $8 \times 8 \times 8$이다.

어떤 수든 같은
두 수를 나누면
1이 된다.

어림셈으로 제곱근 구하기

머릿속으로 짐작하여 계산하는 어림셈으로 제곱근을 구할 수도 있습니다. 어떤 수를 골라 제곱한 다음, 그 제곱값이 큰가 작은가에 따라 조정해 나가는 방법입니다.

$$\sqrt{32} = \text{?}$$

$\sqrt{25} = 5$이고 $\sqrt{36} = 6$이므로, 답은 5와 6 사이의 어떤 값일 것이다. 일단 두 수의 가운데값인 5.5로 시작해보자.

$5.5 \times 5.5 = 30.25$　⬇ 너무 작다.

$5.75 \times 5.75 = 33.0625$　⬆ 너무 크다.

$5.65 \times 5.65 = 31.9225$　⬇ 매우 가깝다.

$5.66 \times 5.66 = \mathbf{32.0356}$

↖ 32의 제곱근은 약 5.66이다.　↗ 반올림하면 32가 된다.

$$\sqrt{1{,}000} = \text{?}$$

$\sqrt{1{,}600} = 40$이고 $\sqrt{900} = 30$이므로, 답은 40과 30 사이에 있을 것이다. 1,000은 1,600보다 900에 더 가까우므로, 30에 더 가까운 수, 이를테면 32로 시작해보자.

$32 \times 32 = 1{,}024$　⬆ 너무 크다.

$31 \times 31 = 961$　⬇ 너무 작다.

$31.5 \times 31.5 = 992.25$　⬇ 너무 작다.

$31.6 \times 31.6 = 998.56$　⬇ 너무 작다.

$31.65 \times 31.65 = 1{,}001.72$　⬆ 매우 가깝다.

$31.62 \times 31.62 = \mathbf{999.8244}$

1,000의 제곱근은 약 31.62이다. ↗　↖ 가장 가까운 정수로 반올림하면 1,000이 된다.

어림셈으로 세제곱근 구하기

세제곱근도 계산기 없이 어림셈할 수 있습니다. 일단 어림수를 세제곱해본 다음, 그 값을 이용해 최종 답에 접근하면 됩니다.

$$\sqrt[3]{32} = \text{?}$$

$3 \times 3 \times 3 = 27$이고 $4 \times 4 \times 4 = 64$이므로, 답은 3과 4 사이의 어떤 값일 것이다. 일단 두 수의 가운데값인 3.5로 시작해보자.

$3.5 \times 3.5 \times 3.5 = 42.875$　⬆ 너무 크다.

$3.3 \times 3.3 \times 3.3 = 35.937$　⬆ 너무 크다.

$3.1 \times 3.1 \times 3.1 = 29.791$　⬇ 너무 작다.

$3.2 \times 3.2 \times 3.2 = 32.768$　⬆ 매우 가깝다.

$3.18 \times 3.18 \times 3.18 = \mathbf{32.157432}$

↖ 32의 세제곱근은 약 3.180이다.　↖ 소수점 이하 첫째 자리까지 반올림하면 32.2가 된다.

$$\sqrt[3]{800} = \text{?}$$

$9 \times 9 \times 9 = 729$이고 $10 \times 10 \times 10 = 1{,}000$이므로, 답은 9와 10 사이의 어떤 값일 것이다. 800이 1,000보다 729에 더 가까우므로 일단 9에 더 가까운 수, 이를테면 9.1로 시작해보자.

$9.1 \times 9.1 \times 9.1 = 753.571$　⬇ 너무 작다.

$9.3 \times 9.3 \times 9.3 = 804.357$　⬆ 너무 크다.

$9.27 \times 9.27 \times 9.27 = 796.5979$　⬇ 너무 작다.

$9.28 \times 9.28 \times 9.28 = 799.1787$　⬆ 매우 가깝다.

$9.284 \times 9.284 \times 9.284 = \mathbf{800.2126}$

↖ 800의 세제곱근은 약 9.284이다.　↖ 반올림하면 800이 된다.

부진근수

참조
36~39 ◁ 제곱과 제곱근
분수 ▷ 48~55

부진근수는 정수로 적을 수 없는 제곱근입니다.
이런 수는 소수점 이하의 숫자가 무한히 많습니다.

부진근수란?

어떤 제곱근은 정수여서 간단히 적을 수 있지만 어떤 제곱근은 소수점 이하 부분이 무한히
계속되는 무리수인 경우도 있습니다. 그런 수는 소수 부분을 전부 적을 수 없으니 √ (근호,
루트)를 써서 나타냅니다.

무리수

$$\sqrt{5} = 2.2360679774...$$

유리수
$$\sqrt{4} = 2$$

△ **부진근수**
5의 제곱근은 소수점 이하 부분이 한없이 계속되는 무리수이다.
이 수는 소수 부분을 전부 정확히 적기가 불가능하므로,
부진근수 √5로 나타내는 것이 가장 간단하다.

△ **부진근수가 아닌 수**
4의 제곱근은 2로 부진근수가 아니다.
2는 정수이므로 유리수이기도 하다.

부진근수 단순화하기

부진근수는 정수로 적을 수 있는 제곱근을 근호(루트, √) 밖으로 빼냄으로써
더 간단한 형태로 만들 수 있습니다. 몇 가지 간단한 원칙을 알려 드리겠습니다.

▷ **제곱근**
제곱근을 제곱하면 근호가
없어지고 그 안의 수가 된다.

$$\sqrt{a} \times \sqrt{a} = a$$

$$\sqrt{3} \times \sqrt{3} = 3$$

부진근수를 제곱하면
근호 안의 수가 된다.

▷ **제곱근 곱셈**
두 수를 곱한 값의 제곱근은
각 두 수의 제곱근을 곱한 것과
같다.

$$\sqrt{ab} = \sqrt{a} \times \sqrt{b}$$

√16=4이므로, √48은
4×√3으로 적을 수 있다.

$$\sqrt{48} = \sqrt{16 \times 3} = \sqrt{16} \times \sqrt{3} = 4 \times \sqrt{3}$$

제곱수의 인수를 찾는다.

48은 16×3으로
적을 수 있다.

16의 제곱근은
정수 4다.

3의 제곱근은
무리수이므로 부진근수의
형태로 둔다.

▷ **제곱근 나눗셈**

한 수를 다른 수로 나눈 값의 제곱근은 첫 번째 수의 제곱근을 두 번째 수의 제곱근으로 나눈 값과 같다.

$$\sqrt{\frac{a}{b}} = \frac{\sqrt{a}}{\sqrt{b}}$$

$$\sqrt{\frac{7}{16}} = \frac{\sqrt{7}}{\sqrt{16}} = \frac{\sqrt{7}}{4}$$

$\sqrt{7}$은 무리수(2.6457……)이므로 부진근수의 형태로 둔다.

16은 4의 제곱이다.

▷ **더 단순화하기**

제곱근으로 나눗셈을 할 때는 분자와 분모를 더 간단한 형태로 만들 수 있다.

$$\sqrt{\frac{8}{9}} = \frac{\sqrt{8}}{\sqrt{9}} = \frac{\sqrt{8}}{3} = \frac{2 \times \sqrt{2}}{3}$$

$\sqrt{9} = 3(3 \times 3 = 9)$

단순화된 최종 형태

$$\sqrt{8} = \sqrt{4} \times \sqrt{2} = 2 \times \sqrt{2}$$

8은 4×2이다.

4는 2의 제곱이다.

분수에 들어 있는 부진근수

분수에 부진근수가 들어 있을 때는 부진근수가 분모가 아닌 분자에 있도록 하는 것이 좋습니다. 이것을 유리화라고 합니다. 유리화를 하려면 분모의 부진근수를 분모와 분자에 곱하면 됩니다.

▷ **유리화**

분모와 분자에 같은 수를 곱하면 분수의 값은 변하지 않는다.

$$\frac{1}{\sqrt{2}} = \frac{1 \times \sqrt{2}}{\sqrt{2} \times \sqrt{2}} = \frac{\sqrt{2}}{2}$$

부진근수 $\sqrt{2}$는 이제 분자에 있다.

분모와 분자에 부진근수 $\sqrt{2}$를 곱한다.

▷ **더 단순화하기**

어떤 분수는 유리화한 다음에도 좀 더 간단한 형태로 만들 수 있다.

12와 15는 둘 다 3으로 나눠 더 간단한 형태로 만들 수 있다.

$$\frac{12}{\sqrt{15}} = \frac{12 \times \sqrt{15}}{\sqrt{15} \times \sqrt{15}} = \frac{12 \times \sqrt{15}}{15} = \frac{4 \times \sqrt{15}}{5}$$

분모와 분자에 $\sqrt{15}$를 곱한다.

$\sqrt{15} \times \sqrt{15} = 15$

표준형

표준형은 아주 큰 수와 아주 작은 수를 간편하게 적는 방법입니다.

참조	
18~21 ◁	곱셈
22~25 ◁	나눗셈
36~39 ◁	제곱과 제곱근

표준형이란?

표준형은 아주 크거나 아주 작은 수를 이해하기 쉽도록
'어떤 수 × 10의 거듭제곱'의 형태로 나타내는 방법입니다.
이 방법이 유용한 이유는 10의 지수를 보면 이 수가
얼마나 큰지 짐작할 수 있기 때문입니다.

이 수가 10의
지수다.

$$4 \times 10^{3}$$

◁ **표준형 사용하기**
4,000을 표준형으로 적으면
왼쪽과 같다. 4,000의 소수점은
4의 오른쪽 셋째 자리에 있게 된다.

수를 표준형으로 적는 법

수를 표준형으로 적으려면, 소수점을 몇 자리 옮겨야 1 이상 10 미만의 수를 만들 수 있는지
알아내야 합니다. 수에 소수점이 없으면 마지막 자리 뒤에 소수점을 찍으면 됩니다.

▷ **수를 선택한다.**
표준형은 보통 아주 크거나 아주
작은 수를 적는 데 사용한다.

아주 큰 수
1,230,000

아주 작은 수
0.0006

▷ **소수점을 찍는다.**
수에 소수점이 있으면 그 위치를
확인한다. 수에 소수점이 없으면
마지막 자리 바로 다음에 소수점을
찍는다.

소수점을 찍는다.
1,230,000.

소수점이 이미 여기에 있다.
0.0006

▷ **소수점을 옮긴다.**
수를 따라 소수점을 몇 자리 옮겨야
1과 10 사이의 수를 만들 수 있는지
따져본다.

6 5 4 3 2 1
1,230,000.

소수점을 왼쪽으로
여섯 자리 옮겨야 한다.

1 2 3 4
0.0006

소수점을 오른쪽으로
네 자리 옮겨야 한다.

▷ **표준형으로 적는다.**
우선 '1 이상 10 미만의 수 × 10'의
형태로 적는다. 그리고 10의 오른쪽
위에 적을 작은 숫자, 즉 '지수'는
1 이상 10 미만의 수를 만들기 위해
소수점을 몇 자리 옮겼는지 세어서
알아낸다.

지수가 6인 이유는 소수점을 여섯 자리
옮겼기 때문이고, 지수가 양수인 이유는
소수점을 왼쪽으로 옮겼기 때문이다.

$$1.23 \times 10^{6}$$

앞부분의 수는 반드시
1 이상 10 미만의 수여야 한다.

지수가 음수인 이유는 소수점을
오른쪽으로 옮겼기 때문이다.

$$6 \times 10^{-4}$$

지수가 4인 이유는 소수점을
네 자리 옮겼기 때문이다.

표준형의 실제 적용

자릿수가 너무 많아 수의 크기를 비교하기 힘든 경우도 있습니다. 표준형을 사용하면
한눈에 비교할 수 있답니다.

지구의 질량은 5,974,200,000,000,000,000,000,000kg이다.

5,974,200,000,000,000,000,000,000.0 kg

소수점을 왼쪽으로 24자리 옮긴다.

화성의 질량은 다음과 같다.

641,910,000,000,000,000,000,000.0 kg

소수점을 왼쪽으로 23자리 옮긴다.

이런 수는 표준형으로 적으면 비교하기가 훨씬 쉬워진다.
지구의 질량은 표준형으로 적으면 다음과 같다.

$$5.9742 \times 10^{24} \text{ kg}$$

화성의 질량은 표준형으로 적으면 다음과 같다.

$$6.4191 \times 10^{23} \text{ kg}$$

▷ **행성 질량 비교하기**
10^{24}이 10^{23}보다 열 배 더 크므로,
지구의 질량이 화성보다 크다는
사실을 바로 확인할 수 있다.

표준형의 실례		
예	십진형	표준형
달 질량	73,600,000,000,000,000,000,000 kg	7.36×10^{22} kg
세계 인구	6,800,000,000	6.8×10^{9}
빛의 속도	300,000,000 m/sec	3×10^{8} m/sec
달과 지구의 거리	384,000 km	3.8×10^{5} km
엠파이어 스테이트 빌딩의 무게	365,000 t	3.65×10^{5} t
적도의 길이	40,075 km	4×10^{4} km
에베레스트 산의 높이	8,850 m	8.850×10^{3} m
총알의 속도	710 m/sec	7.1×10^{2} m/sec
달팽이의 속도	0.001 m/sec	1×10^{-3} m/sec
적혈구의 너비	0.00067 cm	6.7×10^{-4} cm
바이러스의 길이	0.000 000 009 cm	9×10^{-9} cm
먼지 입자의 무게	0.000 000 000 753 kg	7.53×10^{-10} kg

자 세 히 보 기

표준형과 계산기

계산기의 지수 버튼을 사용
하면 어떤 수의 몇 승이든 간
단히 계산할 수 있습니다. 계
산기에서 아주 큰 수인 답은
표준형으로 표시됩니다.

△ **지수 버튼**
계산기의 이 버튼을 사용하면
어떤 수의 몇 승이든 계산할 수
있다.

지수 버튼을 사용해
4×10^{2} 을 입력하려면 이렇게 누르면 된다.

4 × 10 X^y 2

어떤 계산기에는 답이 다음과 같이 표준형으로 표시된다.

1234567 × 89101112 =
1.100012925 × 10^14

따라서 답은 약
110,001,292,500,000이다.

소수(小數)

0보다 크고 1보다 작은 수를 소수라고 부르고, 정수와 소수의 합을 대소수라고 부릅니다.

참조	
18~21 ◁	곱셈
22~25 ◁	나눗셈
계산기 ▷ 72~73	
사용하기	

대소수

대소수에서 소수점 왼쪽의 수는 정수이고 소수점 오른쪽의 수는 정수가 아닙니다.
소수점 오른쪽의 첫째 자리, 둘째 자리 등은 각각 십분의 일의 자리, 백분의 일의
자리입니다. 그런 부분을 소수부라고 부릅니다.

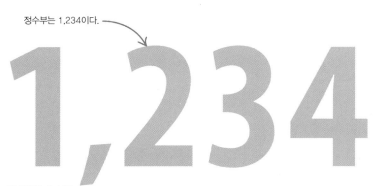

정수부는 1,234이다.

소수부는 56이다.

소수점을 경계로 (왼쪽의) 정수부와
(오른쪽의) 소수부가 나뉜다.

△ **정수부와 소수부**
정수부 숫자들의 위치는 소수점에서 왼쪽으로 가면서 각각 일, 십, 백, 천의
자리에 해당한다. 소수부 숫자들의 위치는 소수점에서 오른쪽으로 가면서
각각 십분의 일, 백분의 일의 자리에 해당한다.

곱셈

대소수를 곱셈하려면, 일단 소수점을 없애야 합니다. 그다음 두 수의 곱셈을 한 후,
답에 소수점을 다시 찍어 넣습니다. 여기에서는 1.9(대소수)에 7(정수)을 곱해봅니다.

소수점을
없애둔다.

9와 7을 곱한다.

9×7=63인데,
앞자리의 6은
십의 자리 열로
올린다.

6을 십의 자리
열로 올린다.

1과 7을 곱한다.

1×7+6=13
이므로 13으로
적는다.

소수점을 다시
찍어 넣는다.

133 ➡ **13.3**

일단 소수점을 모두 없애고
두 수를 정수처럼 만들어둔다.

▶ 두 수를 곱하는데, 일의 자릿수부터
계산한다. 두 자릿수가 나오면 십의
자리로 올린다.

▶ 이어서 십의 자리 수를 곱한다.
7에 올림수 6을 더하면 13이 된다.

▶ 끝으로 원래 수의 소수부 자릿수를
센다. 이 경우에는 한 자리이므로
답도 소수부가 한 자릿수가 되도록
소수점을 찍는다.

나눗셈

나눗셈을 하면 소수로 답이 나올 때가 많습니다. 경우에 따라서는 소수를 정수로 바꾼 후에 나눗셈을 하는 편이 더 쉬울 때도 있습니다.

짧은 나눗셈

한 수가 다른 수로 나눠떨어지지 않을 때는 나눠지는 수에 소수점을 찍은 후, 그 점 뒤에 0을 덧붙여가며 계산합니다. 6을 8로 나눠보겠습니다.

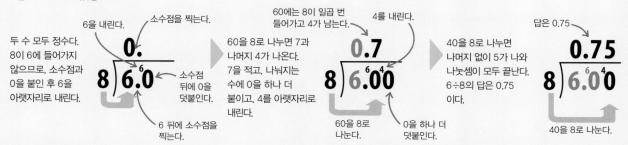

두 수 모두 정수다. 8이 6에 들어가지 않으므로, 소수점과 0을 붙인 후 6을 아랫자리로 내린다.

소수점을 찍는다.

6을 내린다.

소수점 뒤에 0을 덧붙인다.

6 뒤에 소수점을 찍는다.

60을 8로 나누면 7과 나머지 4가 나온다. 7을 적고, 나눠지는 수에 0을 하나 더 붙이고, 4를 아랫자리로 내린다.

60에는 8이 일곱 번 들어가고 4가 남는다.

60을 8로 나눈다.

0을 하나 더 덧붙인다.

4를 내린다.

40을 8로 나누면 나머지 없이 5가 나와 나눗셈이 모두 끝난다. 6÷8의 답은 0.75 이다.

답은 0.75

40을 8로 나눈다.

긴 나눗셈

짧은 나눗셈이 아닌 긴 나눗셈을 이용해도 같은 결과를 얻을 수 있습니다.

6에 8이 0번 들어가므로, 0이라고 적는다.

8과 0을 곱하면 0이 된다.

8은 6에 0번 들어가므로, 6 위에 0이라고 적고 8과 0을 곱한 결과(0)를 6 아래에 적는다.

소수점을 찍는다.

0을 아래로 내린다.

60을 8로 나눈다.

6에서 0을 빼 6을 얻고, 0을 아래로 내린다. 60을 8로 나누고, 그 결과인 7을 소수점 뒤에 적는다.

8과 7을 곱하면 56이 나온다.

나머지는 4

8과 7을 곱하고 그 곱을 60에서 빼, 나머지를 구한다. 나머지는 4이다.

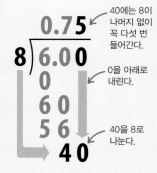

40에는 8이 나머지 없이 꼭 다섯 번 들어간다.

0을 아래로 내린다.

40을 8로 나눈다.

0을 아래로 내려 4에 붙이고, 그 값을 8로 나눈다. 다섯 번 들어가고 나머지가 없으므로, 나눗셈 선 위에 5라고 적는다. 답은 0.75.

끝나지 않는 소수

나눗셈의 답이 끝없이 되풀이되는 소수로 나오기도 합니다. 그런 수를 '순환' 소수라고 부릅니다. 예로 1을 3으로 나눠봅시다. 이 나눗셈에서는 두 번째 단계 이후로 계산 과정도, 몫도 계속 똑같이 나오기 때문에, 답에서 소수부의 숫자가 끝없이 되풀이 됩니다.

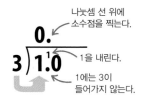

나눗셈 선 위에 소수점을 찍는다.

1을 내린다.

1에는 3이 들어가지 않는다.

1에는 3이 들어가지 않으므로, 나눗셈 선 위에 0이라고 적는다. 0 뒤에 소수점을 찍고, 1을 아랫자리로 내린다.

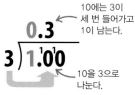

10에는 3이 세 번 들어가고 1이 남는다.

10을 3으로 나눈다.

10을 3으로 나누면, 몫 3과 나머지 1이 나온다. 나눗셈 선 위에 3이라고 적고, 1을 아랫자리로 내린다.

10에는 3이 세 번 들어가고 1이 남는다.

순환 마디를 나타내는 기호

10을 3으로 나누면, 바로 앞 단계와 똑같은 결과가 나온다. 이 답은 무한히 되풀이된다. 이런 순환 소수는 되풀이되는 숫자(순환 마디) 위에 점을 찍어서 표현한다.

10101

이진수

수는 보통 십진법으로 적지만, 몇 진법으로든지 적을 수 있습니다.

참조	
14~15 ◁	수의 세계로
33 ◁	로마 숫자

이진수란?

십진법에서는 0부터 9까지의 숫자를 모두 사용하지만, 이진법에서는 두 숫자 0과 1만을 사용합니다. 이진수는 십진수처럼 다루면 안 됩니다. 예를 들어 10은 십진법에서 '십'이라고 읽지만, 이진법에서는 '일 영'이라고 읽어야 합니다. 이는 십진수와 이진수의 '자리'별 값이 다르기 때문입니다.

십진수

0 1 2 3 4 5 6 7 8 9

이진수

0 1

이진수에서는 한 자리를 '비트(bit)'라고 부르는데, 이는 'binary digit(이진 숫자)'를 줄인 말이다.

십진법으로 셈하기

십진법으로 셈을 할 때는 숫자를 오른쪽에서 왼쪽 순서로(자릿값이 작은 열에서 자릿값이 큰 열의 순서로) 적습니다. 왼쪽으로 갈수록 자리값이 열 배로 커집니다.

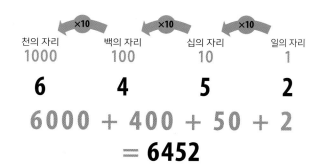

천의 자리	백의 자리	십의 자리	일의 자리
×10	×10	×10	
1000	100	10	1
6	**4**	**5**	**2**

$$6000 + 400 + 50 + 2$$
$$= 6452$$

이진법으로 셈하기

이진법에서는 왼쪽으로 갈수록 자릿값이 두 배로 커지지만, 0은 십진법에서와 마찬가지로 값이 없는 수를 나타냅니다. 자릿값은 십진수로 매기기도 하지만, 숫자를 쓸 때는 꼭 0과 1만 사용합니다.

삼십이의 자리	십육의 자리	팔의 자리	사의 자리	이의 자리	일의 자리
×2	×2	×2	×2	×2	
32	16	8	4	2	1
1	**1**	**1**	**0**	**0**	**1**

$$32 + 16 + 8 + 0 + 0 + 1$$
$$= 57 \leftarrow 십진법으로 적은 수$$

십진수	이진수	
0	0	0
1	1	1×1
2	1 0	1×2
3	1 1	1×2+1×1
4	1 0 0	1×4
5	1 0 1	1×4+1×1
6	1 1 0	1×4+1×2
7	1 1 1	1×4+1×2+1×1
8	1 0 0 0	1×8
9	1 0 0 1	1×8+1×1
10	1 0 1 0	1×8+1×2
11	1 0 1 1	1×8+1×2+1×1
12	1 1 0 0	1×8+1×4
13	1 1 0 1	1×8+1×4+1×1
14	1 1 1 0	1×8+1×4+1×2
15	1 1 1 1	1×8+1×4+1×2+1×1
16	1 0 0 0 0	1×16
17	1 0 0 0 1	1×16+1×1
18	1 0 0 1 0	1×16+1×2
19	1 0 0 1 1	1×16+1×2+1×1
20	1 0 1 0 0	1×16+1×4
50	1 1 0 0 1 0	1×32+1×16+1×2
100	1 1 0 0 1 0 0	1×64+1×32+1×4

이진수 덧셈

이진법으로 적은 수들도 십진수 덧셈과 비슷한 방식으로 더할 수 있습니다.
이진수의 세로 덧셈은 다음과 같이 할 수 있습니다.

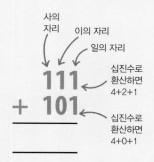

사의 자리
이의 자리
일의 자리
십진수로 환산하면 4+2+1
111
+101
십진수로 환산하면 4+0+1

1+1=2 (이진수로는 10)
111
+101
0
1 ← 1을 올린다.

1+0+1=2 (이진수로는 10)
111
+101
00
1 ← 1을 올린다.

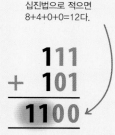

십진법으로 적으면 8+4+0+0=12다.
111
+101
1100
1 ← 1을 팔의 자리 열로 올려 적는다.

십진수 덧셈에서처럼 두 수를 자릿값이 같은 숫자끼리 세로로 나란히 위치하도록 적는다. 이진수가 익숙하지 않으면 숫자 위에 자릿값을 적어보면 도움이 된다.

▶ 일의 자리 열을 더한다. 답은 2이고 이진법으로는 10이다. 1은 다음 열로 올리고, 0은 일의 자리에 적는다.

▶ 이의 자리수들을, 일의 자리 열에서 올려놓은 1과 함께 더한다. 그 합은 2이고 이진수로는 10이므로, 1은 다음 열로 올리고, 0은 이의 자리에 적는다.

▶ 사의 자리에 있는 1과 1, 그리고 올림수 1을 더하면 3(이진수로는 11)이 나온다. 1은 팔의 자리 열로 올려 답을 적어 넣는다.

이진수 뺄셈

이진수 뺄셈은 십진수 뺄셈과 비슷한 방식으로 진행되지만, 윗자리에서 빌려 오는 수의 단위가 다릅니다. 이진수 뺄셈에서는 10단위가 아닌 2단위로 빌려 옵니다.

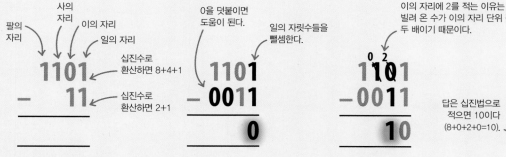

팔의 자리
사의 자리
이의 자리
일의 자리
십진수로 환산하면 8+4+1
1101
− 11
십진수로 환산하면 2+1

0을 덧붙이면 도움이 된다.
일의 자릿수들을 뺄셈한다.
1101
−0011
0

이의 자리에 2를 적는 이유는 빌려 온 수가 이의 자리 단위 값의 두 배이기 때문이다.
0 2
1101
−0011
10

0 2
1101
−0011
1010
답은 십진법으로 적으면 10이다 (8+0+2+0=10).

십진수 뺄셈에서처럼 두 수를 자릿값이 같은 숫자끼리 세로로 나란히 위치하도록 적는다.

▶ 0을 덧붙여 두 수의 개수를 맞춘다. 일의 자리부터 뺄셈을 시작한다. 1 빼기 1은 0이므로, 0을 적어 넣는다.

▶ 0에서 1을 뺄 수 없으므로, 사의 자리에 있는 1을 0으로 고치고 빌려 온다. 이의 자리 위에 2라고 적고 2에서 아래의 1을 뺀다. 답으로 1이 나온다.

▶ 사의 자리를 뺄셈하면, 0이 나온다. 팔의 자리 1에서 0을 빼고 답으로 1을 적는다.

분수

분수는 정수의 한 부분을 나타내며, 한 숫자가 다른 숫자 위에 있는 모양으로 적습니다.

분수 적기

분수에서 위에 있는 숫자, 분자는 전체 중 몇 부분에 해당하는지를 나타내고, 아래에 있는 숫자, 분모는 전체를 몇 등분으로 나눴는지를 나타냅니다.

분자
전체 중에서 부분의 개수

가로줄
'/'로 적기도 한다.

분모
전체를 나눈 수

4분의 1
$\frac{1}{4}$은 사등분된 전체 중 한 부분을 나타낸다.

8분의 1
$\frac{1}{8}$은 팔등분된 전체 중 한 부분

16분의 1
$\frac{1}{16}$은 십육등분된 전체 중 한 부분

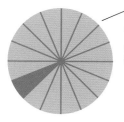

32분의 1
$\frac{1}{32}$은 삼십이등분된 전체 중 한 부분

64분의 1
$\frac{1}{64}$은 육십사등분된 전체 중 한 부분

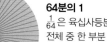

▷ **몇 등분?**
오른쪽 원을 보면, 전체를 어떻게 나누느냐에 따라 다양한 분수가 생긴다는 사실을 알 수 있다.

분수의 종류

분자가 분모보다 작은 분수를 진분수라고 합니다.
분자가 분모보다 큰 분수는 가분수라고 하고
대분수 형태로 적을 수 있습니다.

분자가 분모보다 작다.

$\dfrac{1}{4}$

◁ **진분수**
등분한 전체 중 한 부분으로,
1보다 작다.

분자가 분모보다 크다.

$\dfrac{35}{4}$

◁ **가분수**
분자가 분모보다 크다는 것은
전체의 개수가 두 개
이상이라는 뜻이다.

정수

분수

$10\ \dfrac{1}{3}$

◁ **대분수**
정수와 진분수를
조합해서 나타낸다.

2분의 1
$\dfrac{1}{2}$ 은 이등분된
전체 중 한 부분

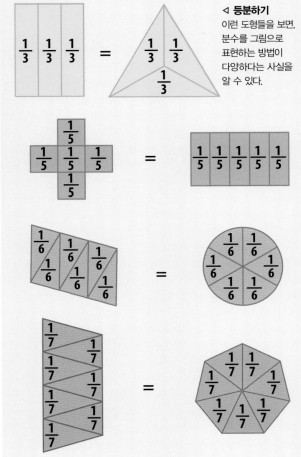

분수를 그림으로 보자

분수는 도형을 이용해 다양한 방법으로 표현할 수 있습니다.

◁ **등분하기**
이런 도형들을 보면,
분수를 그림으로
표현하는 방법이
다양하다는 사실을
알 수 있다.

가분수를 대분수로 바꾸기

가분수를 대분수로 바꾸려면 분자를 분모로 나누면 됩니다.

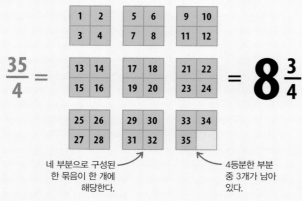

$$\frac{35}{4} = \quad = 8\frac{3}{4}$$

네 부분으로 구성된 한 묶음이 한 개에 해당한다.

4등분한 부분 중 3개가 남아 있다.

네 부분씩 묶어서 그려보자. 그런 각 묶음은 전체 한 개를 나타낸다. 이 분수는 정수 8과 나머지 $\frac{3}{4}$으로 표시할 수 있다.

분자

정수 몫 8과 나머지 3이 나온다.

$$\frac{35}{4} = 35 \div 4 = 8 \cdots 3 = 8\frac{3}{4}$$

분모

분자를 분모로 나눈다. 이 경우에는 35를 4로 나눈다.

결과는 정수 몫 8과 나머지 3(4등분 중 3개)으로 구성된 대분수 $8\frac{3}{4}$ 이다.

대분수를 가분수로 바꾸기

대분수를 가분수로 바꾸려면, 정수에 분모를 곱하고 그 결과를 분자에 더하면 됩니다.

$$10\frac{1}{3} = \quad = \frac{31}{3}$$

세 부분으로 구성된 묶음이 한 개에 해당한다.

전체 한 개의 $\frac{1}{3}$ 이 남는다.

이 분수를 세 부분으로 된 묶음 열 개와 나머지 한 부분으로 그릴 수 있다. 그렇게 하면 이 분수에 31개의 부분이 있음을 확인할 수 있다.

정수

정수에 분모를 곱한다.

분자에 더한다.

$$10\frac{1}{3} = \frac{10 \times 3 + 1}{3} = \frac{31}{3}$$

분모

정수에 분모를 곱한다. 이 경우에는 10×3=30이 된다. 이어서 그 값을 분자에 더한다.

결과는 분자(31)가 분모(3)보다 큰 가분수 $\frac{31}{3}$ 이다.

동치 분수

같은 분수를 여러 가지 방법으로 적을 수 있습니다. 이들은 형태가 다르긴 하지만
값은 같은 동치 분수라고 부릅니다.

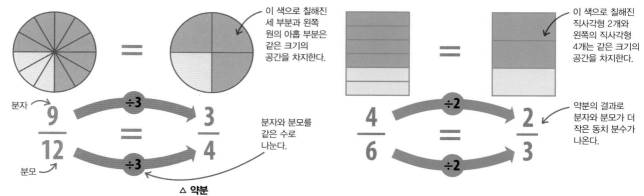

이 색으로 칠해진
세 부분과 왼쪽
원의 아홉 부분은
같은 크기의
공간을 차지한다.

분자 → $\dfrac{9}{12}$ ÷3 = ÷3 $\dfrac{3}{4}$ ← 분모

분자와 분모를
같은 수로
나눈다.

이 색으로 칠해진
직사각형 2개와
왼쪽의 직사각형
4개는 같은 크기의
공간을 차지한다.

$\dfrac{4}{6}$ ÷2 = ÷2 $\dfrac{2}{3}$

약분의 결과로
분자와 분모가 더
작은 동치 분수가
나온다.

△ **약분**
약분은 좀 더 간단한 형태의 동치 분수를 구하는 데 사용하는 방법이다.
분수를 약분하려면 분자와 분모를 같은 수로 나누면 된다.

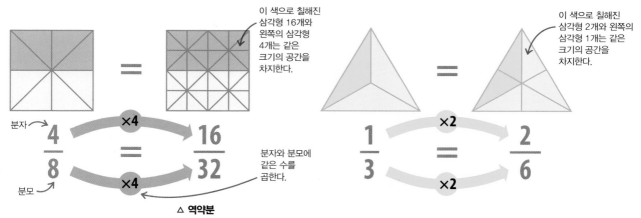

이 색으로 칠해진
삼각형 16개와
왼쪽의 삼각형
4개는 같은
크기의 공간을
차지한다.

분자 → $\dfrac{4}{8}$ ×4 = ×4 $\dfrac{16}{32}$ ← 분모

분자와 분모에
같은 수를
곱한다.

이 색으로 칠해진
삼각형 2개와 왼쪽의
삼각형 1개는 같은
크기의 공간을
차지한다.

$\dfrac{1}{3}$ ×2 = ×2 $\dfrac{2}{6}$

△ **역약분**
분자와 분모에 같은 수를 곱하는 것을 거꾸로 하는 약분, 즉 역약분이라고
부른다. 그러면 분자와 분모가 더 큰 동치 분수가 나온다.

동치 분수 표

$^1/_1$ =	$^2/_2$	$^3/_3$	$^4/_4$	$^5/_5$	$^6/_6$	$^7/_7$	$^8/_8$	$^9/_9$	$^{10}/_{10}$
$^1/_2$ =	$^2/_4$	$^3/_6$	$^4/_8$	$^5/_{10}$	$^6/_{12}$	$^7/_{14}$	$^8/_{16}$	$^9/_{18}$	$^{10}/_{20}$
$^1/_3$ =	$^2/_6$	$^3/_9$	$^4/_{12}$	$^5/_{15}$	$^6/_{18}$	$^7/_{21}$	$^8/_{24}$	$^9/_{27}$	$^{10}/_{30}$
$^1/_4$ =	$^2/_8$	$^3/_{12}$	$^4/_{16}$	$^5/_{20}$	$^6/_{24}$	$^7/_{28}$	$^8/_{32}$	$^9/_{36}$	$^{10}/_{40}$
$^1/_5$ =	$^2/_{10}$	$^3/_{15}$	$^4/_{20}$	$^5/_{25}$	$^6/_{30}$	$^7/_{35}$	$^8/_{40}$	$^9/_{45}$	$^{10}/_{50}$
$^1/_6$ =	$^2/_{12}$	$^3/_{18}$	$^4/_{24}$	$^5/_{30}$	$^6/_{36}$	$^7/_{42}$	$^8/_{48}$	$^9/_{54}$	$^{10}/_{60}$
$^1/_7$ =	$^2/_{14}$	$^3/_{21}$	$^4/_{28}$	$^5/_{35}$	$^6/_{42}$	$^7/_{49}$	$^8/_{56}$	$^9/_{63}$	$^{10}/_{70}$
$^1/_8$ =	$^2/_{16}$	$^3/_{24}$	$^4/_{32}$	$^5/_{40}$	$^6/_{48}$	$^7/_{56}$	$^8/_{64}$	$^9/_{72}$	$^{10}/_{80}$

공통분모 구하기

둘 이상의 분수의 크기를 비교할 때, 공통분모를 구하면 비교가 훨씬 쉬워집니다. 공통분모는 각 분수의 분모로 나눠떨어지는 수, 즉 공배수입니다. 일단 그 값을 찾고 나면, 분자의 크기로 분수의 크기를 비교할 수 있습니다.

▷ **분수 비교하기**
분수들의 상대적 크기를 알아내려면, 분모가 같아지도록 분수의 형태를 바꿔야 한다. 우선 비교할 분수의 분모를 살펴보자.

$$\frac{2}{3}$$ 분모 $$\frac{5}{8}$$ 분모 $$\frac{7}{12}$$ 분모

▷ **목록 만들기**
각 분모의 배수를 나열해본다. 적당히 100까지의 배수를 찾아본다.

3의 배수
3, 6, 9, 12, 15, 18, 21, 24, 27, 30…

8의 배수
8, 16, 24, 32, 40, 48, 56, 64, 72…

12의 배수
12, 24, 36, 48, 60, 72, 84, 96…

▷ **최소공통분모 찾기**
세 목록 모두에 들어 있는 배수들만 찾아본다. 이 수들을 공통분모라고 부른다. 그중 가장 작은 값을 찾는다.

3, 8, 12의 최소공통분모   공통분모
24, 48, 72, 96…

▷ **통분하기**
원래의 분모를 몇 배하면 공통분모가 되는지 알아낸다. 그 수를 분자에도 곱한다. 이제는 분수들을 비교할 수 있다.

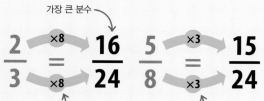

가장 큰 분수
$$\frac{2}{3} \xlongequal{\times 8}_{\times 8} \frac{16}{24}$$

$$\frac{5}{8} \xlongequal{\times 3}_{\times 3} \frac{15}{24}$$

가장 작은 분수
$$\frac{7}{12} \xlongequal{\times 2}_{\times 2} \frac{14}{24}$$

원래 분모 3의 8배가 24이므로 위아래 모두에 8을 곱한다.

원래 분모를 3배 하면 24가 되므로 위아래 모두에 3을 곱한다.

12×2=24이므로 위아래 모두에 2를 곱한다.

분수의 덧셈과 뺄셈

정수와 마찬가지로 분수도 덧셈과 뺄셈을 할 수 있습니다. 계산 방법은 분모가 같은가 다른가에 따라 달라집니다.

분모가 같은 분수의 덧셈과 뺄셈

분모가 같은 분수를 더하거나 빼려면, 분자끼리 덧셈하거나 뺄셈해서 답을 구하면 됩니다. 분모는 원래대로 둡니다.

$$\frac{1}{4} + \frac{2}{4} = \frac{3}{4}$$

분모가 같은 분수를 더할 때는 분자만 더하면 된다. 분모는 바뀌지 않는다.

$$\frac{7}{8} - \frac{4}{8} = \frac{3}{8}$$

분모가 같은 분수를 뺄 때는 앞의 분자에서 뒤의 분자를 뺀다. 분모는 바뀌지 않는다.

분모가 다른 분수의 덧셈

분모가 다른 분수를 덧셈하려면, 분모가 같아지도록 바꿔야 합니다. 그러려면 공통분모를 구해야 합니다(52쪽 참조).

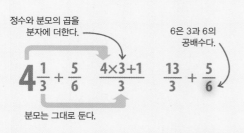

정수와 분모의 곱을 분자에 더한다.

$$4\frac{1}{3} + \frac{5}{6} \quad \frac{4\times3+1}{3} \quad \frac{13}{3} + \frac{5}{6}$$

분모는 그대로 둔다.

6은 3과 6의 공배수다.

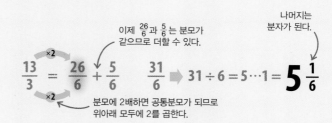

이제 $\frac{26}{6}$ 과 $\frac{5}{6}$ 는 분모가 같으므로 더할 수 있다.

$$\frac{13}{3} = \frac{26}{6} + \frac{5}{6} \quad \frac{31}{6} \implies 31 \div 6 = 5 \cdots 1 = 5\frac{1}{6}$$

나머지는 분자가 된다.

분모에 2배하면 공통분모가 되므로 위아래 모두에 2를 곱한다.

먼저 대분수를 모두 가분수로 바꾼다.

▶ 분모가 다른 분수를 바로 덧셈하기는 어려우므로, 공통분모를 구한다.

▶ 분모, 분자에 같은 수를 곱해 분모를 같게 만든다.

▶ 결과로 나온 가분수를 다시 대분수로 바꾸기 위해 분자를 분모로 나눈다.

분모가 다른 분수의 뺄셈

분모가 다른 분수를 뺄셈하려면, 반드시 공통분모를 구해야 합니다.

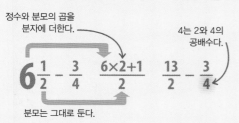

정수와 분모의 곱을 분자에 더한다.

$$6\frac{1}{2} - \frac{3}{4} \quad \frac{6\times2+1}{2} \quad \frac{13}{2} - \frac{3}{4}$$

분모는 그대로 둔다.

4는 2와 4의 공배수다.

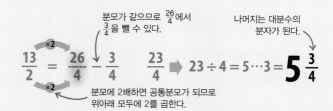

분모가 같으므로 $\frac{26}{4}$ 에서 $\frac{3}{4}$ 을 뺄 수 있다.

$$\frac{13}{2} = \frac{26}{4} - \frac{3}{4} \quad \frac{23}{4} \implies 23 \div 4 = 5 \cdots 3 = 5\frac{3}{4}$$

나머지는 대분수의 분자가 된다.

분모에 2배하면 공통분모가 되므로 위아래 모두에 2를 곱한다.

먼저 대분수를 모두 가분수로 바꾼다.

▶ 두 분수의 분모가 다르므로, 공통분모를 구해야 한다.

▶ 분모, 분자에 같은 수를 곱해 분모를 같게 만든다.

▶ 분자를 분모로 나눠 가분수를 다시 대분수로 바꾼다.

분수의 곱셈

분수에 분수를 곱할 수 있습니다. 분수에 대분수나 정수를 곱하려면, 우선 가분수 꼴로 바꿔야 합니다.

이등분된 한 부분

$\frac{1}{2}$에 3을 곱하는 것은 $\frac{1}{2}$과 $\frac{1}{2}$과 $\frac{1}{2}$을 더하는 것과 같다.

정수는 자신을 분자로, 1을 분모로 하는 가분수로 바꾼다.

나머지는 대분수의 분자가 된다.

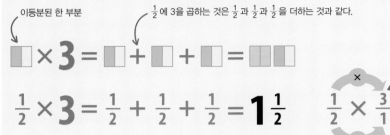

$$\frac{1}{2} \times 3 = \frac{1}{2} + \frac{1}{2} + \frac{1}{2} = \mathbf{1\frac{1}{2}}$$

$$\frac{1}{2} \times \frac{3}{1} = \frac{3}{2} \Rightarrow 3 \div 2 = 1 \cdots 1 = \mathbf{1\frac{1}{2}}$$

분모는 원래대로 적는다.

두 가지로 생각해보자. 먼저 분수에 정수를 곱하는 것은 그 분수를 정수만큼 더하는 것과 같다고 볼 수 있다. 또는 정수의 몇 분의 몇인가(여기서는 3의 $\frac{1}{2}$)로 생각해볼 수 있다.

정수를 분수로 바꾼다. 그리고 분자끼리 곱하고, 분모끼리 곱한다.

분자를 분모로 나눠서, 답을 대분수 꼴로 적는다.

두 진분수의 곱셈

진분수와 진분수를 곱할 수도 있습니다. 이때 곱셈 부호가 '~의 몇 분의 몇인가'를 의미한다고 생각하면 도움이 됩니다. 이를테면 아래의 예는 '$\frac{3}{4}$의 $\frac{1}{2}$은 얼마인가?' 또는 '$\frac{1}{2}$의 $\frac{3}{4}$은 얼마인가?'에 대한 계산이라고 할 수 있습니다.

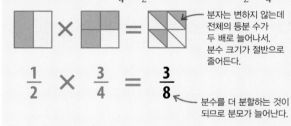

분자는 변하지 않는데 전체의 등분 수가 두 배로 늘어나서, 분수 크기가 절반으로 줄어든다.

$$\frac{1}{2} \times \frac{3}{4} = \frac{3}{8}$$

분수를 더 분할하는 것이 되므로 분모가 늘어난다.

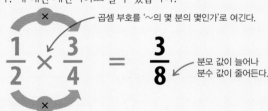

곱셈 부호를 '~의 몇 분의 몇인가'로 여긴다.

$$\frac{1}{2} \times \frac{3}{4} = \frac{3}{8}$$

분모 값이 늘어나 분수 값이 줄어든다.

시각적으로 보면, 진분수에 진분수를 곱할 경우 분자가 차지하는 공간이 줄어든다.

분자는 분자끼리 분모는 분모끼리 곱한다. 그 결과로 나오는 분수는 '$\frac{3}{4}$의 $\frac{1}{2}$은 얼마인가?' 또는 '$\frac{1}{2}$의 $\frac{3}{4}$은 얼마인가?' 하는 문제에 대한 답이다.

대분수의 곱셈

진분수와 대분수를 곱하려면, 우선 대분수를 가분수 꼴로 바꿔야 합니다.

가장 간단한 형태로 적기 위해 분자와 분모를 5로 나눠 $\frac{5}{6}$로 적는다.

나머지는 대분수의 분자가 된다.

정수에 분모를 곱한다.

$$3\frac{2}{5} \times \frac{5}{6} \quad \frac{3 \times 5 + 2}{5}$$

분자에 더한다.

$$\frac{17}{5} \times \frac{5}{6} = \frac{85}{30} \Rightarrow 85 \div 30 = 2 \cdots 25 = \mathbf{2\frac{25}{30}}$$

분모는 변하지 않는다.

먼저 대분수를 가분수 꼴로 바꾼다.

그다음 분자는 분자끼리, 분모는 분모끼리 곱해서 새로운 분수를 얻는다.

새로 얻은 가분수의 분자를 분모로 나눈다. 답을 대분수 꼴로 적는다.

분수의 나눗셈

분수를 정수로 나눗셈하려면 정수를 분수 꼴로 바꾼 다음 분수를 뒤집어서 처음의 분수에 곱하면 됩니다.

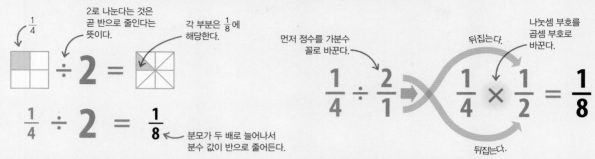

분수를 정수로 나누는 것을, 등분하여 줄이는 것으로 생각할 수 있다. 위 예에서는 $\frac{1}{4}$이 반으로 줄어들어 결과적으로 전체의 등분 수가 두 배로 늘어난다.

분수에 정수를 곱하려면, 정수를 분수 꼴로 바꾸고, 그 분수를 뒤집어 분자는 분자끼리 분모는 분모끼리 곱하면 된다.

두 진분수의 나눗셈

진분수끼리의 나눗셈은 역산을 이용하면 됩니다. 곱셈과 나눗셈은 서로 반대되는 역산 관계에 있습니다.

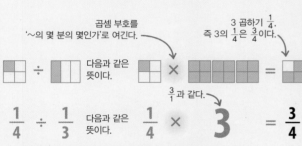

어떤 분수를 다른 분수로 나눗셈하려면 두 번째 분수를 뒤집어서 첫 번째 분수에 곱하면 된다.

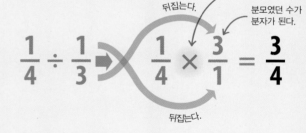

분수를 분수로 나눌 때는 역산을 이용한다. 즉 뒤의 분수를 뒤집은 다음 분자는 분자끼리 분모는 분모끼리 곱하는 것이다.

대분수의 나눗셈

대분수를 나눗셈하려면, 우선 대분수를 가분수로 바꾼 다음, 두 번째 분수를 뒤집어 첫 번째 분수에 곱하면 됩니다.

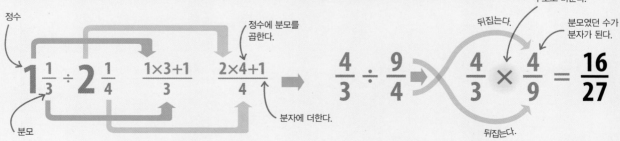

먼저 정수와 분모의 곱을 분자에 더해 대분수를 둘 다 가분수 꼴로 바꾼다.

분수를 분수로 나누려면, 두 번째 분수를 뒤집은 다음, 분자는 분자끼리 분모는 분모끼리 곱하면 된다.

비와 비례

비(比)는 수량의 크기를 비교하는 것이고, 비례는 두 수량 간의 관계를 비교할 때 씁니다.

비를 보면 하나의 양이 다른 양보다 얼마나 큰지 알 수 있습니다. 한쪽이 변함에 따라 다른 한쪽도 변하면 두 가지 양이 비례한다고 합니다.

비의 의미

비는 둘 이상의 숫자를 그 사이에 ':' 기호로 구별해서 적습니다. 예를 들어, 어떤 과일 그릇에 담긴 사과와 배의 비가 2:1이라는 것은 그 그릇에 배 1개당 사과가 2개 들어 있다는 뜻입니다.

◁ **팬**
이들은 두 축구팀 '그린팀'과 '블루팀'의 팬을 나타낸다.

이들은 '그린팀'의 팬이다.

▷ **수량을 비로 나타내기**
두 축구팀의 팬 수를 비교하려면, 두 수의 비를 적어보면 된다. 그린팀 네 명당 블루팀이 세 명꼴로 있다는 것을 알 수 있다.

그린팀 팬은 네 명이다.

4

비에서 숫자를 구별하는 기호

:

3

블루팀 팬은 세 명이다.

▽ **더 나타내보기**
이런 방법은 수를 비교하는 여러 경우에 적용할 수 있다.

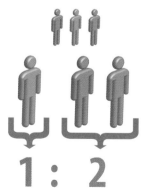

1 : 2

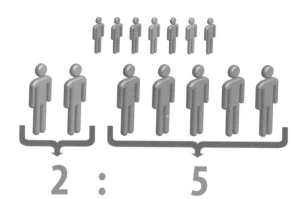

1 : 3

2 : 5

△ **1 : 2**
그린팀 팬 한 명과 블루팀 팬 두 명은 1:2라는 비로 비교할 수 있다. 이 경우 그린팀 팬보다 블루팀 팬이 두 배로 더 많다는 뜻이다.

△ **1 : 3**
그린팀 팬 한 명과 블루팀 팬 세 명은 1:3이라는 비로 나타낼 수 있다. 이는 그린팀 팬보다 블루팀 팬이 세 배로 많다는 뜻이다.

△ **2 : 5**
그린팀 팬 두 명과 블루팀 팬 다섯 명은 2:5라는 비로 비교할 수 있다. 블루팀 팬이 그린팀 팬보다 두 배 넘게 더 많다.

참조	
18~21 ◁	곱셈
22~25 ◁	나눗셈
48~55 ◁	분수

비 구하기

큰 수도 비로 적을 수 있습니다. 예를 들어 1시간과 20분의 비를 구하려면,
둘을 같은 단위로 바꾼 다음, 최대공약수를 찾아 두 수를 약분하면 됩니다.

비는 분수와 같은
방식으로 정보를
나타낸다.

20분은
1시간의
$\frac{1}{3}$ 이다.

분이 더 작은
단위다.

1시간은 60분과 같다.

비 기호

$60 \div 20 = 3$
$20 \div 20 = 1$

20분, 60분

두 수량의 단위가 같아지도록 그중
한 수량을 환산한다. 이 예에서는
분을 사용한다.

20 : 60

두 수 사이에 ':' 기호를 넣어
두 수를 비의 형태로 적는다.

1 : 3

비를 약분해 되도록 간단한
형태로 만든다. 여기서는 앞뒤
모두 공약수 20으로 나누면
1:3이라는 비가 나온다.

비 다루기

비로 실제 수치를 나타내기도 합니다. 지도에 쓰이는 축척에서 앞의 수는
모형에서의 수치이고, 뒤의 수는 앞의 수가 나타내는 실제 수치를 나타냅니다.

▷ **축소하기**
축척 1:50,000의 지도가
있다. 이 지도에서 1.5cm가
나타내는 실제 거리를
구해보자.

축척=1:50,000

1.5cm

축척을 보면 지도
상의 각 거리가
나타내는 실제
거리를 알 수
있다.

▷ **확대하기**
어떤 마이크로칩의 도면은
축척이 40:10이다. 그 도면의
길이는 18cm이다. 축척을
이용하면 마이크로칩 실물의
길이를 알아낼 수 있다.

지도 상의 거리

5만 배로
늘려준다.

지도가 나타내는
실제 거리

$1.5\,cm \times 50,000 = 75,000\,cm$
$= 750\,m$

답을 좀 더 적절한 단위로 바꾼다(1m=100cm).

도면의
길이

실제 길이를 구하기
위해 축척으로 나눈다.

마이크로칩의
실제 길이

$18\,cm \div 40 = 0.45\,cm$

비 비교하기

비를 분수 꼴로 바꾸면 크기를 비교할 수 있습니다. 4:5와 1:2를 비교하려면, 이들을
분모가 같은 분수의 형태로 적으면 됩니다.

분자를 비교한다.

$1 : 2 = \dfrac{1}{2}$ ← 비 1:2를
나타내는 분수

와

$4 : 5 = \dfrac{4}{5}$ ← 비 4:5를
나타내는 분수

먼저 각 비를 분수 꼴로 적는다.
앞의 수는 분자로, 뒤의 수는
분모로 두면 된다.

2에 5를 곱하면
공통분모 10이 된다.

5에 2를 곱하면
공통분모 10이 된다.

$\dfrac{1}{2} = \dfrac{5}{10}$ (×5)

$\dfrac{4}{5} = \dfrac{8}{10}$ (×2)

두 분수를 통분해 분모를 같게 만든다.
첫 번째 분수는 위아래에 5를, 두 번째
분수는 위아래에 2를 곱하면 된다.

$\dfrac{5}{10}$ 가 $\dfrac{8}{10}$ 보다 작다.

그러므로

1:2 가 4:5 보다 작다.

이제 두 분수의 분모가 같으므로,
둘의 크기를 비교해 어느 비가 더
큰지 알 수 있다.

비례

두 수량이 한쪽이 변함에 따라 다른 한쪽도 변하면 서로 비례한다고 합니다. 대표적인 비례에는 정비례와 반비례가 있습니다.

정비례

변화하는 두 수량의 비가 일정할 때 둘은 정비례한다고 할 수 있습니다. 비례할 때 한 쪽이 2배, 3배 등이 되면 다른 쪽도 이와 마찬가지로 2배, 3배 등이 됩니다.

▷ **정비례**
이 표와 그래프를 보면, 정원사 수와 심을 수 있는 나무 수가 정비례한다는 것을 확인할 수 있다.

정원사	나무
1	2
2	4
3	6

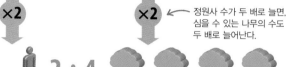

각 정원사는 하루에 나무를 두 그루 심을 수 있다.

▷ **나무 심기**
나무를 심는 데 쓰이는 정원사의 수에 따라, 하루에 나무를 몇 그루 심을 수 있는지가 정해진다. 정원사가 두 배로 많아지면, 나무도 두 배로 많이 심을 수 있게 된다.

정원사 수가 두 배로 늘면, 심을 수 있는 나무의 수도 두 배로 늘어난다.

비는 약분하여 가장 간단한 형태(이 경우에는 1:2)로 만들어놓고 보면 늘 일정하다는 것을 알 수 있다.

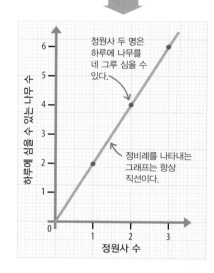

정원사 두 명은 하루에 나무를 네 그루 심을 수 있다.

정비례를 나타내는 그래프는 항상 직선이다.

반비례

두 수량의 곱이 항상 일정하면 둘은 반비례한다고 할 수 있습니다. 둘의 곱이 일정하므로 한쪽이 두 배로 되면 다른 한쪽은 절반이 됩니다.

▷ **반비례**
이 표와 그래프를 보면, 사용하는 자동차 수와 소포 배달에 걸리는 시간이 반비례 관계임을 확인할 수 있다.

자동차	배달 시간
1	8
2	4
4	2

자동차 한 대로는 소포를 모두 배달하는 데 8일이 걸린다.

▷ **소포 배달하기**
소포를 배달하는 데 쓰이는 자동차의 수에 따라, 소포를 모두 배달하는 데 며칠이 걸리는지가 결정된다. 자동차가 두 배로 많아지면 배달에 걸리는 일수가 절반으로 줄어든다.

자동차 수가 두 배로 늘어나면 소포 배달에 걸리는 시간은 절반으로 줄어든다.

자동차 두 대로는 소포 배달에 4일이 걸린다.

자동차 수와 배달 시간의 곱은 늘 8로 일정하다.

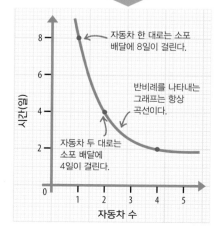

자동차 한 대로는 소포 배달에 8일이 걸린다.

반비례를 나타내는 그래프는 항상 곡선이다.

자동차 두 대로는 소포 배달에 4일이 걸린다.

비례 분배

어떤 수를 정해진 비에 따라 몇 부분으로 나눌 수 있습니다. 이 예에서는 20명을 2:3과 6:3:1로 나누는 방법을 살펴보겠습니다.

두 부분으로 나누기

2 : 3

비를 구성하는 부분의 총수 ↘

$2 + 3 = 5$

비를 구성하는 부분의 총수 ↘
사람의 총수 ↗

$20 \div 5 = 4$

비의 2 ↘ $2 \times 4 = 8$

비의 3 ↘ $3 \times 4 = 12$

비의 3에 해당하는 12명　비의 2에 해당하는 8명

이 비로 사람들을 분할해야 한다.

비를 구성하는 부분들의 수를 더해 총수를 구한다.

사람의 총수를 비의 총수로 나눈다.

나눗셈의 결과 값을 비의 각 수에 곱해, 비의 각 수에 해당하는 사람 수를 구한다.

세 부분으로 나누기

6 : 3 : 1

$6 + 3 + 1 = 10$

사람의 총수 ↙　비를 구성하는 부분의 총수 ↘

$20 \div 10 = 2$

비의 6 ↘ $6 \times 2 = 12$　비의 6에 해당하는 12명

비의 3 ↘ $3 \times 2 = 6$　비의 3에 해당하는 6명

비의 1 ↘ $1 \times 2 = 2$　비의 1에 해당하는 2명

비례량

비례는 알 수 없는 수를 구하는 문제를 푸는 데에도 이용할 수 있습니다. 예를 들어,
3봉지에 사과가 18개 담겨 있다면, 5봉지에는 사과가 몇 개 담기게 될까요?

사과의 총개수 ↘　봉지 개수 ↓　봉지당 사과 개수 ↙

$18 \div 3 = 6$

봉지당 사과 개수 ↓　봉지 개수 ↓

$6 \times 5 = 30$ ← 사과의 총개수

3봉지에 사과가 총 18개 담겨 있다. 각 봉지에 담긴 사과의 수는 모두 같다.

▶ 1봉지에 사과가 몇 개 들어 있는지 알아내려면, 사과의 총개수를 봉지 개수로 나누면 된다.

▶ 5봉지에 담긴 사과의 개수를 알아내려면, 봉지당 사과 개수에 5를 곱하면 된다.

% 백분율

백분율은 전체 100에서 어느 정도 차지하는가를 비율로 나타내는 방법입니다.

어떤 수든 전체 100에 대한 비율, 즉 백분율로 나타낼 수 있습니다. 백분율은 둘 이상의 수량을 비교할 때 유용한 방법입니다. 백분율의 단위 퍼센트(percent)는 '100마다'라는 뜻이며, '%'라는 기호를 사용합니다.

참조	
44~45 ◁	소수
48~55 ◁	분수
비와 비례	▷ 56~59
반올림	▷ 70~71

100 중의 몇?

백분율을 이해하는 가장 간단한 방법은 아래 그림에 나와 있듯이 100명으로 구성된 한 무리를 살펴보는 것입니다. 이들 100명은 어떤 학교의 총인원수입니다. 해당 백분율에 따라 여러 그룹으로 나눌 수 있습니다.

100%

▷ 이는 곧 '모두'라는 뜻이다. 여기서는 100명 모두가, 즉 100%가 파란색이다.

50%

▷ 이 집단은 파란색 50명과 자주색 50명으로 나뉘어 있다. 두 무리는 각각 100명 중의 50명, 즉 전원의 50%를 나타낸다. 이는 곧 절반과 같다.

1%

▷ 이 집단은 파란 사람이 100명 중 1명, 즉 1%뿐이다.

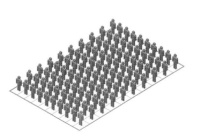

여교사 10% 즉 100명 중 10명

남학생 19% 즉 100명 중 19명

남교사 5% 즉 100명 중 5명

1 2 3 4 5 6 7 8 9 10 1 2

△ **총 100명**
백분율은 전체에서 구성 요소가 차지하는 비율을 보여주는 데 효과적인 방법이다. 예를 들어, 여기서 남교사(파란색)는 전체의 5%(100명 중 5명)를 차지한다.

여학생
66% 즉
100명 중 66명

▽ **백분율의 실례**
백분율을 사용하면 정보를 간단하고
이해하기 쉽게 보여줄 수 있다.
그래서 백분율은 신문이나 TV에서
많이 쓰인다.

백분율	사실
97%	지구상의 동물 중 무척추동물의 비율
92.5%	올림픽 금메달에 포함된 은의 비율
70%	지구 표면 중 물에 잠겨 있는 면적의 비율
66%	사람 몸에서 수분이 차지하는 비율
61%	전 세계 석유 매장량 중 중동에 있는 석유 양의 비율
50%	세계 인구 중 도시에서 사는 사람의 비율
21%	공기 중 산소의 비율
6%	지구 육지 표면 중 열대 우림으로 덮여 있는 면적의 비율

백분율 다루기

백분율은 간단히 말해 전체 100에 대한 일부의 비율입니다.
백분율을 다루는 방식에는 크게 두 가지가 있습니다. 하나는
특정 수량의 몇 퍼센트가 얼마인지 구하는 것이고, 나머지 하나는
한 수량이 다른 수량의 몇 퍼센트에 해당하는지 구하는 것입니다.

백분율 계산하기

아래 예를 보면, 어떤 수량의 몇 퍼센트가 얼마인지, 즉 24명의
25%가 몇 명인지 구하는 방법을 알 수 있습니다.

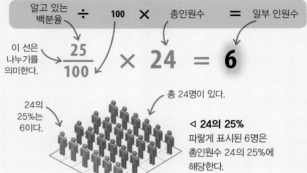

| 알고 있는 백분율 | ÷ | 100 | × | 총인원수 | = | 일부 인원수 |

이 선은
나누기를
의미한다. →

$$\frac{25}{100} \times 24 = 6$$

24의
25%는
6이다.

총 24명이 있다.

◁ **24의 25%**
파랗게 표시된 6명은
총인원수 24의 25%에
해당한다.

아래 예를 보면, 한 수가 다른 수의 몇 퍼센트에 해당하는지,
즉 48명이 112명의 몇 퍼센트에 해당하는지 구하는 방법을
알 수 있습니다.

| 일부 인원수 | ÷ | 총인원수 | × | 100 | = | 백분율 |

$$\frac{48}{112} \times 100 = 42.86$$

답은 소수 둘째 자리로
반올림해서 적었다.

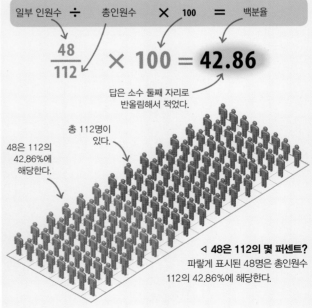

총 112명이
있다.

48은 112의
42.86%에
해당한다.

◁ **48은 112의 몇 퍼센트?**
파랗게 표시된 48명은 총인원수
112의 42.86%에 해당한다.

백분율과 수량

백분율은 일부 수량을 총수량에 대한 비율로 표현하는 데 유용한 방법입니다. 백분율, 일부 수량, 총수량, 이 셋 중 두 가지를 알면, 나머지 하나를 간단한 계산으로 알아낼 수 있습니다.

한 수량이 다른 수량의 몇 퍼센트에 해당하는지 구하기

한 반의 학생 12명 중에 9명이 악기를 연주합니다. 알고 있는 일부 수량(9)이 총수량(12)의 몇 퍼센트에 해당하는지 알아내려면, 일부 수량을 총수량으로 나누고 그 결과에 100을 곱하면 됩니다.

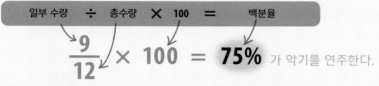

$$\frac{9}{12} \times 100 = 75\%$$ 가 악기를 연주한다.

일부 수량을 총수량으로 나눈다(9÷12=0.75).

▶ 그 결과에 100을 곱해 백분율을 얻는다 (0.75×100=75).

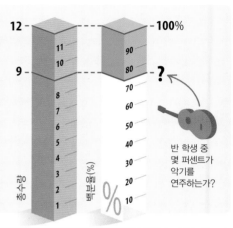

반 학생 중 몇 퍼센트가 악기를 연주하는가?

백분율로 총수량 구하기

학생 7명이 반 전체의 35%에 해당하는 반의 총인원수를 알아내려면, 일부 수량(7)을 백분율로 나누고 그 결과에 100을 곱하면 됩니다.

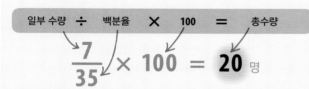

$$\frac{7}{35} \times 100 = 20 \text{ 명}$$

일부 수량을 백분율로 나눈다(7÷35=0.2).

▶ 그 결과에 100을 곱해 총수량을 얻는다 (0.2×100=20).

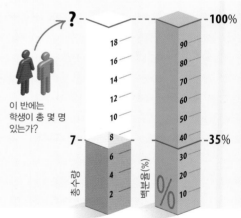

이 반에는 학생이 총 몇 명 있는가?

현 실 세 계

백분율

우리는 가게, 신문, TV 등 여기저기서 백분율을 자주 접합니다. 일상생활 속의 갖가지 수량이 백분율로 표시되지요. 상품 가격이 얼마나 할인되는가, 은행 대출 이자율이 얼마인가, 전구가 전기를 빛으로 전환하는 효율이 얼마나 높은가 등등. 백분율은 심지어 식품에 비타민 같은 영양소가 일일 권장 섭취량 중 얼마만큼 들어 있는지 보여주는 데에도 쓰입니다.

SALE 25% OFF

백분율 변화

어떤 수량이 몇 퍼센트 변했다면, 그 결과 값을 계산으로 알아낼 수 있습니다. 반대로 어떤 수량이 얼만큼 바뀌었는지 알면, 처음 수량이 몇 퍼센트 증가하거나 감소하는지 알아낼 수 있습니다.

특정 백분율만큼 증가하거나 감소한 결과 값 구하기

40이라는 값이 55% 증가하거나 감소하면 어떻게 되는지 알아보려면, 우선 40의 55%를 계산해야 합니다. 그리고 그만큼을 원래 값 40에 더하거나 40에서 빼면, 최종 결과 값을 얻을 수 있습니다.

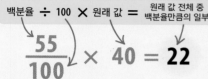

백분율을 100으로 나눈다 (55÷100=0.55).

그 결과에 원래 값을 곱한다 (0.55×40=22).

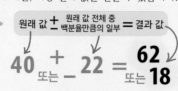

22를 원래 값에 더하면 그 값이 백분율만큼 증가한 결과 값이 나오고, 원래 값에서 빼면 그 값이 백분율만큼 감소한 결과 값이 나온다.

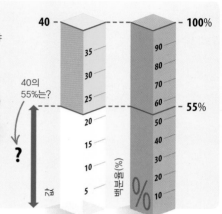

몇 퍼센트 증가했는지 구하기

학교 매점의 도넛 가격이 300원 올랐습니다. 작년에는 990원이었는데 올해는 1,290원이 된 것입니다. 도넛 가격이 몇 퍼센트 올랐는지 알아내려면 오른 가격(300원)을 원래 가격(990원)으로 나누고 그 결과에 100을 곱하면 됩니다.

가격 인상분을 원래 값(가격)으로 나눈다 (300÷990=0.303).

그 결과에 100을 곱하면 값 증가율(가격 인상률)에 해당하는 백분율이 나온다(0.303×100=30.3). 여기서 30.3은 유효 숫자가 3개가 되도록 반올림한 값이다.

도넛 가격은 몇 퍼센트 올랐는가?

몇 퍼센트 감소했는지 구하기

학예회에 작년에는 관객이 245명 왔지만, 올해에는 209명만 왔습니다. 36명이 줄어든 것입니다. 관객이 몇 퍼센트 감소했는지 알아내려면, 값 감소분(36)을 원래 값(245)으로 나누고 그 결과에 100을 곱하면 됩니다.

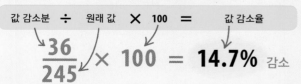

값 감소분을 원래 값으로 나눈다 (36÷245=0.147).

그 결과에 100을 곱하면 값 감소율에 해당하는 백분율이 나온다(0.147×100=14.7). 여기서 14.7은 유효 숫자가 3개가 되도록 반올림한 값이다.

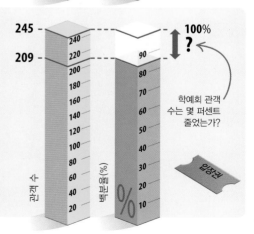

학예회 관객 수는 몇 퍼센트 줄었는가?

분수, 소수, 백분율 바꾸기

분수, 소수, 백분율은 같은 수를 각기 다른 형태로 적는 것입니다.

참조	
44~45 ◁	소수
48~55 ◁	분수
60~63 ◁	백분율

같지만 다르다

어떤 수를 다른 방식으로 표현하면 의미가 더 분명해지는 경우가
있습니다. 예를 들어 어떤 시험을 합격하려면 20%의 점수가 필요하다고
합시다. 이것은 합격점에 도달하기 위해서 전체의 1/5이 정답이어야
한다는 것을 말하며 합격하기 위한 최저점이 0.2여야 한다는 것과
같습니다.

75%

백분율

퍼센트는 100 중에 얼마를
차지하는가를 비율로 나타낸다.

소수를 백분율로 바꾸기

소수를 백분율로 바꾸려면, 소수에 100을 곱하면 됩니다.

$$0.75 \implies 75\%$$

$$0.75 \times 100 = 75\%$$

소수   100을 곱한다.   백분율

0.75에서 소수점이 오른쪽으로
두 자리 이동해 75가 되었다.

▷ 모두 서로 전환된다

어떤 것으로든 바꿀 수 있다.
같은 수치를 세 가지로 표시하는 방법이다.
소수(0.75), 분수($\frac{3}{4}$), 퍼센트(75%)는
달라보이지만 모두 같은 비율을 나타낸다.

백분율을 소수로 바꾸기

백분율을 소수로 바꾸려면, 백분율을 100으로 나누면 됩니다.

$$75\% \implies 0.75$$

십의 자리에 있던 수
앞에 소수점이 찍혔다.

$$75\% \div 100 = 0.75$$

백분율   100으로
나눈다.   소수

백분율을 분수로 바꾸기

백분율을 분수로 바꾸려면, 백분율을 분모가 100인 분수 꼴로
적은 다음 가능하다면 그 분수를 약분해 간단하게 만들면 됩니다.

$$75\% \implies \frac{3}{4}$$

75와 100의
최대공약수로
나눈다.

$$75\% \implies \frac{75}{100} \quad \overset{\div 25}{\underset{\div 25}{\implies}} \quad \frac{3}{4}$$

백분율   백분율의 숫자를,   약분해서
100을 분모로 하는   최대한
분수의 분자로 둔다.   간단하게 만든
분수

0.75

소수

소수는 간단히 말하면 정수가 아닌
수이다. 소수에는 항상 소수점이
찍혀 있다.

--100% 1 1

-- 75% 0.75 $\frac{3}{4}$

백분율 소수 분수

$\frac{3}{4}$

분수

분수는 몇 등분된 것의
부분을 나타낸다.

기억해둘 만한 일상적인 수

다양한 소수, 분수, 백분율이 일상생활 속에서 쓰이는데, 그중 특히
자주 쓰이는 수들이 아래에 나와 있습니다.

소수	분수	백분율	소수	분수	백분율
0.1	$^1/_{10}$	10%	0.625	$^5/_8$	62.5%
0.125	$^1/_8$	12.5%	0.666	$^2/_3$	66.7%
0.25	$^1/_4$	25%	0.7	$^7/_{10}$	70%
0.333	$^1/_3$	33.3%	0.75	$^3/_4$	75%
0.4	$^2/_5$	40%	0.8	$^4/_5$	80%
0.5	$^1/_2$	50%	1	$^1/_1$	100%

소수를 분수로 바꾸기

우선 소수점 이하의 자릿수만큼 0을 써서 분모를 10, 100, 1000
등으로 만듭니다.

$$0.75 \implies \frac{3}{4}$$

75와 100의
최대공약수로
나눈다.

$$0.75 \implies \frac{75}{100} \xrightarrow[\div 25]{\div 25} \frac{3}{4}$$

소수점 이하에
두 자리가
있는 소수

소수점 이하의
자릿수를 세서,
한 자리가 있으면 분모를 10,
두 자리가 있으면 분모를 100
등으로 둔다. 분자에는 소수점
뒤에 있는 숫자들을 쓴다.

분수를
약분해서
가장 간단한
형태로
만든다.

분수를 백분율로 바꾸기

분수를 백분율로 바꾸려면, 분수를 소수로 바꾼 다음 그 소수에
100을 곱하면 됩니다.

$$\frac{3}{4} \implies \textbf{75\%}$$

분자(3)를 분모(4)로 나눈다.

$$\frac{3}{4} \implies 3 \div 4 = 0.75 \implies 0.75 \times 100 = \textbf{75\%}$$

분수

분자를 분모로
나눈다.

100을 곱한다.

분수를 소수로 바꾸기

분자를 분모로 나눕니다.

$$\frac{3}{4} \implies \textbf{0.75}$$

분자 분모

$$\frac{3}{4} = 3 \div 4 = \textbf{0.75}$$

분수

분자를 분모로 나눈다.

소수

암산

일상의 계산 문제를 계산기를 사용하지 않고 간단히 풀 수 있는 방법을 소개합니다.

참조	
18~21 ◁	곱셈
22~25 ◁	나눗셈
계산기 ▷ 72~73	
사용하기	

곱셈

어떤 수인가에 따라 간단하게 곱할 수 있는 방법이 있습니다. 만약 어떤 수에 10을 곱한다면 그 수에 0을 덧붙이거나 소수점을 오른쪽으로 한 자리 옮기면 됩니다. 어떤 수에 20을 곱한다면 10을 곱한 결과에 두 배 하면 됩니다.

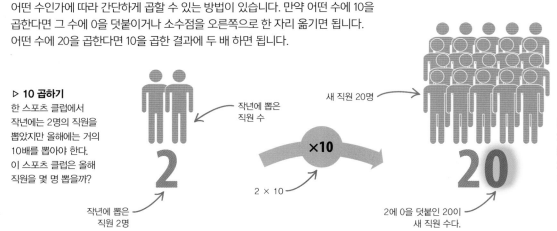

▷ **10 곱하기**
한 스포츠 클럽에서 작년에는 2명의 직원을 뽑았지만 올해에는 거의 10배를 뽑아야 한다. 이 스포츠 클럽은 올해 직원을 몇 명 뽑을까?

작년에 뽑은 직원 수

새 직원 20명

×10

2 × 10

작년에 뽑은 직원 2명

2에 0을 덧붙인 20이 새 직원 수다.

◁ **답 구하기**
2에 10을 곱하면 2에 0을 덧붙이면 된다. 2명에 10을 곱하면 20명이라는 답이 나온다.

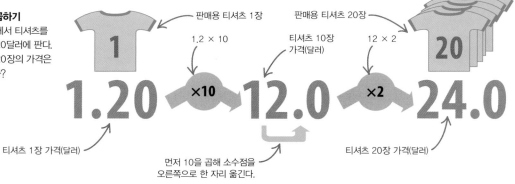

▷ **20 곱하기**
한 가게에서 티셔츠를 장당 1.20달러에 판다. 티셔츠 20장의 가격은 얼마일까?

판매용 티셔츠 1장

1.2 × 10

판매용 티셔츠 20장

티셔츠 10장 가격(달러)

12 × 2

티셔츠 1장 가격(달러)

먼저 10을 곱해 소수점을 오른쪽으로 한 자리 옮긴다.

티셔츠 20장 가격(달러)

◁ **답 구하기**
먼저 낱장 가격에 10을 곱해 소수점을 오른쪽으로 한 자리 옮긴 다음, 그 결과를 두 배로 하면 24달러라는 총가격이 나온다.

▷ **곱하기 25**
한 육상 선수가 하루에 16km를 달린다. 25일 동안 날마다 같은 거리를 달린다면, 이 선수는 총 얼마만큼의 거리를 달리게 될까?

육상 선수가 날마다 달린다.

16 × 100

육상 선수가 25일간 날마다 달린다.

100일간이면 1,600km를 달리게 된다.

1,600 ÷ 4

하루에 16km를 달린다.

25일간이면 400km를 달리게 된다.

◁ **답 구하기**
먼저 하루에 달리는 거리 16km에 100을 곱해. 100일간 달리는 거리 1,600km를 얻은 다음. 그 거리를 4로 나눠 25일간 달리는 거리를 얻는다.

▽ 소수가 들어간 곱셈

소수가 있으면 문제가 복잡해지는 듯하지만, 소수점은 계산의
마지막 단계 직전까지는 무시해도 된다. 여기서는 어떤 방의
바닥을 덮는 데 필요한 카펫의 넓이를 구해야 한다.

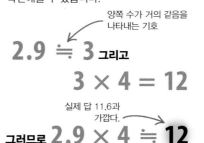

자 세 히 보 기

검산하기

2.9는 거의 3이므로, 3과 4를 곱해보면
2.9×4에 대한 계산 결과가 맞는지 대략
확인해볼 수 있습니다.

양쪽 수가 거의 같음을
나타내는 기호

$$2.9 \fallingdotseq 3 \text{ 그리고}$$

$$3 \times 4 = 12$$

실제 답 11.6과
가깝다.

그러므로 $2.9 \times 4 \fallingdotseq 12$

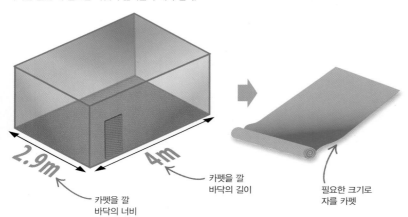

카펫을 깔
바닥의 길이

필요한 크기로
자를 카펫

2.9m 카펫을 깔
바닥의 너비

4m 카펫을 깔
바닥의 길이

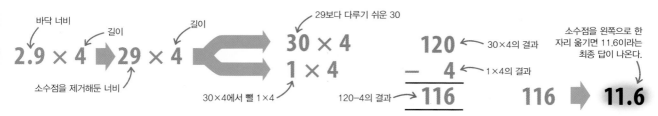

바닥 너비

길이

길이

$$2.9 \times 4 \Rightarrow 29 \times 4$$

소수점을 제거해둔 너비

29보다 다루기 쉬운 30

$$30 \times 4$$
$$1 \times 4$$

30×4에서 뺄 1×4

$$120$$ ← 30×4의 결과
$$- \quad 4$$ ← 1×4의 결과
$$116$$ ← 120−4의 결과

소수점을 왼쪽으로 한
자리 옮기면 11.6이라는
최종 답이 나온다.

$$116 \Rightarrow 11.6$$

먼저 2.9에서 소수점을 제거해
계산식을 29×4로 만들어둔다.

▶ 29×4를, 더 계산하기 쉬운 30×4로
바꾼다. 그리고 29×4와 30×4의
차인 1×4를 바로 아래에 적는다.

▶ 120(30×4)에서 4(1×4)를 빼면
116이라는 답(29×4)이 나온다.

▶ 첫 단계에서 오른쪽으로 한
자리 옮겨두었던 소수점을
도로 왼쪽으로 한 자리
옮긴다.

곱셈 요령

아래 곱셈표를 보면 재미있는 패턴이 나타나는 수가 몇 가지 있다는 것을 알 수 있습니다.
여기서는 9와 11을 곱셈할 때 기억해두면 편리한 특징을 살펴보겠습니다.

1부터 10까지 곱하는 수

9단 곱셈표									
1	2	3	4	5	6	7	8	9	10
9	18	27	36	45	54	63	72	81	90

1 + 8 = 9

7 + 2 = 9

9의 배수들

△ 두 숫자를 더해보기

9의 배수 처음 10개는 모두 두 자릿수의 합이 9이다. 예를 들어 9×8
의 값인 72는 7과 2를 더하면 9가 된다. 또한 배수의 첫째 자릿수는
모두 곱하는 수보다 1이 작다. 예를 들어 9×2의 값인 18의 첫째
자릿수인 1은 곱하는 수 2보다 1이 작다.

1부터 9까지 곱하는 수

11단 곱셈표								
1	2	3	4	5	6	7	8	9
11	22	33	44	55	66	77	88	99

11×3은 3을
두 번 적은 33이다.

11×7은 7을
두 번 적은 77이다.

11의 배수들

△ 숫자를 두 번 적기

11을 어떤 수와 곱할 때는 곱하는 수를 연달아 두 번
적기만 하면 된다. 예를 들어 11×4는 4를 두 번 적은
44가 된다. 이는 9까지만 적용된다.

나눗셈

나누는 수가 10이나 5일 경우 나눗셈은 간단합니다. 어떤 수를 10으로 나누려면 그 수에서 0을 하나 없애거나 소수점을 왼쪽으로 한 자리 옮깁니다. 어떤 수를 5로 나누려면 먼저 10으로 나눈 뒤 나온 값에 두 배를 하면 됩니다. 아래 두 가지 나눗셈을 해봅시다.

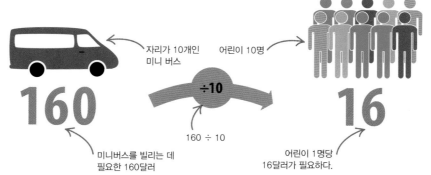

▷ **10으로 나누기**
자리가 10개인 미니 버스를 빌리는 데 160달러가 필요하다. 어린이 10명이 이 버스 한 대를 빌리려면 한 사람당 얼마를 내야 할까?

자리가 10개인 미니 버스

어린이 10명

÷10

160 ÷ 10

미니버스를 빌리는 데 필요한 160달러

어린이 1명당 16달러가 필요하다.

◁ **1명당 얼마?**
어린이 1명당 몇 달러가 필요한지 알아내려면, 총액 160달러를 10으로 나누면 된다. 즉, 160에서 0을 하나 없애면 되는 것이다. 그러면 1명당 16달러가 필요하다는 답이 나온다.

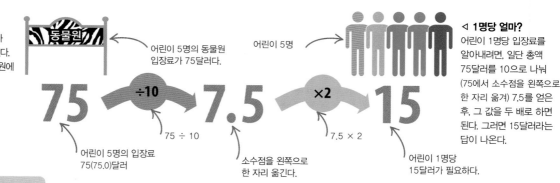

▷ **5로 나누기**
어린이 5명의 입장료가 75달러인 동물원이 있다. 어린이 5명이 이 동물원에 들어가려면 한 명당 몇 달러가 필요할까?

동물원

어린이 5명의 동물원 입장료가 75달러다.

어린이 5명

÷10

×2

75 ÷ 10

7.5 × 2

어린이 5명의 입장료 75(75.0)달러

소수점을 왼쪽으로 한 자리 옮긴다.

어린이 1명당 15달러가 필요하다.

◁ **1명당 얼마?**
어린이 1명당 입장료를 알아내려면, 일단 총액 75달러를 10으로 나눠 (75에서 소수점을 왼쪽으로 한 자리 옮겨) 7.5를 얻은 후, 그 값을 두 배로 하면 된다. 그러면 15달러라는 답이 나온다.

자 세 히 보 기

나눗셈 요령

크고 복잡한 수를 나눌 때도 알아두면 편리한 힌트가 여러 가지 있습니다. 다음 예는 큰 수가 3이나 4, 9로 나눠떨어지는지, 즉 3과 4, 9의 배수인지를 알아내는 방법입니다.

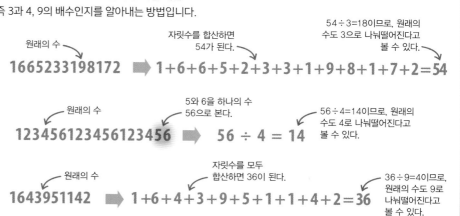

▷ **3으로 나눠떨어지는지**
모든 자릿수의 수를 더해본다. 더한 값이 3으로 나누어 떨어지면 원래의 수도 3으로 나눠떨어진다.

원래의 수
1665233198172

자릿수를 합산하면 54가 된다.

$1+6+6+5+2+3+3+1+9+8+1+7+2=54$

$54÷3=18$이므로, 원래의 수도 3으로 나눠떨어진다고 볼 수 있다.

▷ **4로 나눠떨어지는지**
마지막 두 자리의 숫자를 하나의 수로 보았을 때, 그 수가 4로 나눠떨어지면, 원래의 수도 4로 나눠떨어지는 것이다.

원래의 수
123456123456123456

5와 6을 하나의 수 56으로 본다.

$56 ÷ 4 = 14$

$56÷4=14$이므로, 원래의 수도 4로 나눠떨어진다고 볼 수 있다.

▷ **9로 나눠떨어지는지**
모든 자릿수의 수를 더해본다. 더한 값이 9로 나누어 떨어지면 원래의 수도 9로 나눠떨어진다.

원래의 수
1643951142

자릿수를 모두 합산하면 36이 된다.

$1+6+4+3+9+5+1+1+4+2=36$

$36÷9=4$이므로, 원래의 수도 9로 나눠떨어진다고 볼 수 있다.

백분율

백분율을 포함한 계산을 간단하게 하려면 복잡한 수를 계산하기 쉬운 작은 수로 나눠봅니다.
아래 예에서는 10%나 5%를 이용해 계산을 간단하게 해봅니다.

▷ **17.5퍼센트 늘리기**
480달러의 자전거에 17.5%의
세금을 붙이고자 한다. 그럼 이
자전거의 최종 가격은 얼마일까?

판매세가 붙지 않은
자전거

판매세가 붙은
판매용 자전거

480

+17.5%
세금

564

원래 가격
(달러)

최종 가격(달러)

자전거의
원래 가격

480의 **17.5%**

세금

480의 10% = 48	48
480의 5% = 24	24
480의 2.5% = 12	+ 12
	84

결과들을
합산한다.

480의 2.5%는 480의 5%의
절반이고, 480의 5%는
480의 10%의 절반이다.

84가 480의
17.5%에 해당한다.

먼저 자전거의 원래 가격과
필요한 가격 인상률을 적는다.

그다음에는 480의 17.5%를 계산이 더
용이한 480의 10%, 5%, 2.5%로
분해해서 각각의 값을 계산한다.

48, 24, 12의 합이 84이므로,
84달러를 480달러에 더하면,
564달러라는 최종 가격이 나온다.

뒤바꾸기

백분율과 총수량은 수치를 뒤바꾸어도 같은 결과가 나옵니다.
예를 들면 10의 50%는 5인데, 50의 10%도 똑같이 5입니다.

공의 수가
10개다.

20%는 공
10개 중 2개에
해당한다.

공의 수가
20개다.

10%는 공
20개 중 2개에
해당한다.

10의 **20%** = **20**의 **10%**

공 10개의 20%는 2개다.

공 20개의 10%도 2개다.

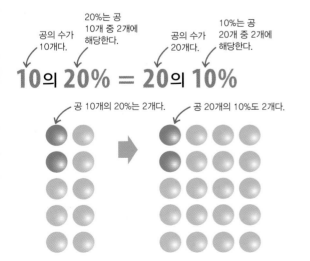

곱하고 나누기

어떤 수의 몇 퍼센트인 양이 있다면 어떤 수에는 곱하고, 퍼센트 값은
같은 수로 나눠도 값은 똑같습니다. 예를 들어 10의 40%의 값과 10의
2배인 20의, 40%를 2로 나누는 20%의 값은 4로 같다는 것입니다.

공의 수가
10개다.

40%는 공
10개 중 4개에
해당한다.

공의 수가
20개다.

20%는 공
20개 중 4개에
해당한다.

10의 **40%** = **20**의 **20%**

공 10개의 40%는 4개다.

공 20개의 20%도 4개다.

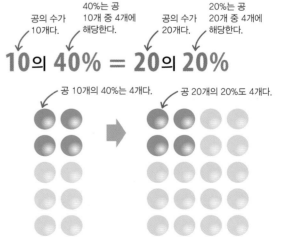

반올림

어떤 수를 사용하기 쉽도록 비슷한 수로 바꾸는 것을 반올림한다고 합니다.
반올림할 때는 4는 버리고 5는 받아들여서 1을 더합니다.

참조
44~45 ◁ 소수
66~67 ◁ 암산

근사계산과 근삿값

아주 정확한 수가 필요 없을 때 반올림이라는 근삿값으로 계산하면
편리합니다. 반올림을 하는 원칙은 가운데 값 이상의 수, 예를 들어 10부터
20까지의 수가 있다면 15부터 19까지의 수는 윗자리로 올리고 가운데 값
아래의 수, 즉 11~14까지의 수는 버린다는 것입니다.

▽ **반올림한다는 것은?**
일의 자릿수가 가운데 값인 5 이상일 때는 위로
올려 20으로, 4 이하일 때는 버리고 10이 된다.

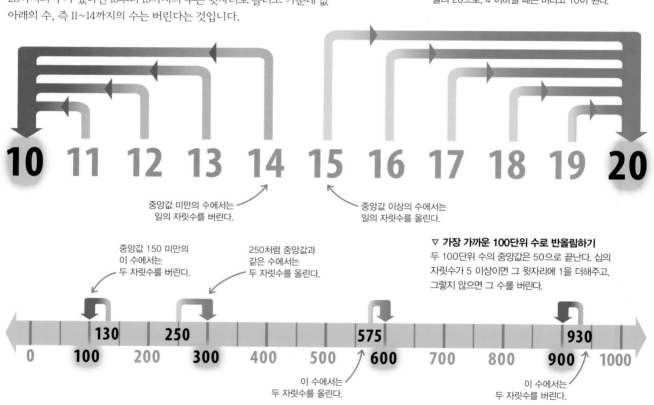

중앙값 미만의 수에서는
일의 자릿수를 버린다.

중앙값 이상의 수에서는
일의 자릿수를 올린다.

중앙값 150 미만의
이 수에서는
두 자릿수를 버린다.

250처럼 중앙값과
같은 수에서는
두 자릿수를 올린다.

▽ **가장 가까운 100단위 수로 반올림하기**
두 100단위 수의 중앙값은 50으로 끝난다. 십의
자릿수가 5 이상이면 그 윗자리에 1을 더해주고,
그렇지 않으면 그 수를 버린다.

이 수에서는
두 자릿수를 올린다.

이 수에서는
두 자릿수를 버린다.

자세히 보기

근삿값 기호

우리는 흔히 측정값을 근삿값으로 표시하는데 더 쉽게 다
루기 위해 반올림을 하기도 합니다. 그럴 때는 '거의 같다'
는 뜻의 근삿값 기호를 사용합니다. 이 기호는 등호(=)와
비슷하게 생겼지만 등호 위 아래로 •을 찍습니다. 직선이
아닌 물결 모양(≈) 기호를 쓰기도 합니다.

등호 위아래로 •을
찍어 '약', '대략'을
의미한다.

31 ≒ 30이고 **187 ≒ 200**이다.

△ **거의 같다**
이런 근삿값 기호는 양변의 값이 똑같지는 않지만 거의 같다는
사실을 말해준다. 즉, 31은 30과 거의 같고, 187은 200과 거의
같은 것이다.

소수의 반올림

어떤 수든 소수점 이하의 적당한 자리까지 반올림할 수 있습니다. 소수 몇째 자리까지
반올림하느냐는 그 수를 어디에 사용하는가, 최종 결과가 얼마나 정확해야 하는가에 달려 있습니다.

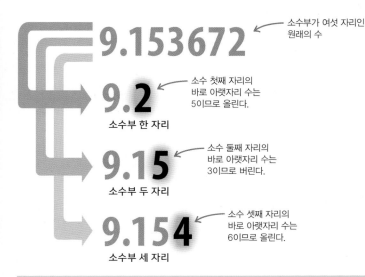

소수부가 여섯 자리인
원래의 수

9.153672

소수 첫째 자리의
바로 아랫자리 수는
5이므로 올린다.

9.2
소수부 한 자리

소수 둘째 자리의
바로 아랫자리 수는
3이므로 버린다.

9.15
소수부 두 자리

소수 셋째 자리의
바로 아랫자리 수는
6이므로 올린다.

9.154
소수부 세 자리

자 세 히 보 기

소수부가 몇 자리?

소수부 자릿수가 많을수록 수의 정확도가 높아집니다. 아
래의 표에는 소수부가 몇 자리인가에 따른 정확도가 나와
있습니다. 예를 들면, 소수부가 세 자리인 킬로미터 단위의
거리는 1/1,000킬로미터, 즉 1미터까지 정확할 것입니다.

소수부 자릿수	정확도	예
1	$\frac{1}{10}$	1.1km
2	$\frac{1}{100}$	1.14km
3	$\frac{1}{1000}$	1.135km

유효 숫자

유효 숫자란 그 수에서 의미 있는 숫자를
말합니다. 1부터 9까지의 숫자는 항상 유효
숫자이지만, 0은 그렇지 않습니다. 그러나
0도 그 숫자가 두 유효 숫자 사이에 끼어 있거나
정확한 답이 필요한 경우에는 유효 숫자가 됩니다.

유효 숫자 1개

200
참값은 150과 249
사이에 있다.

유효 숫자 2개

200
참값은 195와 204
사이에 있다.

유효 숫자 3개

200
참값은 199.5와 200.4
사이에 있다.

◁ **유효한 0**
200이라는 답이 원래 값을
반올림한 결과라면 유효
숫자가 1개일 수도 있고
2개일 수도 있고 3개일
수도 있다. 각 예의 아래에
참값의 범위가 나와 있다.

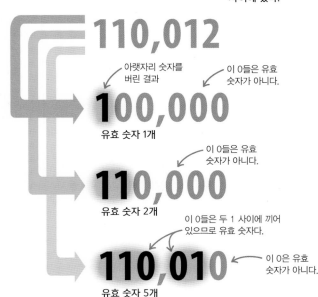

110,012

아랫자리 숫자를
버린 결과

이 0들은 유효
숫자가 아니다.

100,000
유효 숫자 1개

이 0들은 유효
숫자가 아니다.

110,000
유효 숫자 2개

이 0들은 두 1 사이에 끼어
있으므로 유효 숫자다.

110,010
유효 숫자 5개

이 0은 유효
숫자가 아니다.

3.047

아랫자리 숫자를
버린 결과

3
유효 숫자 1개

이 0은 바로 아랫자리의 숫자를
반올림한 결과이므로 유효 숫자다.

3.0
유효 숫자 2개

아랫자리 숫자를 올린 결과

3.05
유효 숫자 3개

계산기 사용하기

계산기는 계산 문제를 쉽고 빠르게 알아낼 수 있도록 하는 도구입니다.

계산기는 계산을 더 쉽게 하려고 만든 기계이지만, 사용할 때 염두에 둬야 할 점이 몇 가지 있습니다.

참조
기하학 도구 ▷ 82~83
자료 수집하고 ▷ 204~205
정리하기

계산기란?

오늘날의 계산기는 계산 문제의 답을 구하는 데 사용하는 소형 전자기기입니다. 대부분 비슷비슷한 방식으로 작동하지만 어떤 계산기는 사용설명서를 읽어봐야 할 수도 있습니다.

계산기 사용하기

반드시 기능키를 올바른 순서로 눌러야 합니다. 그러지 않으면 잘못된 답이 나올 수 있습니다.

다음 계산 문제의 답을 구해보세요.

$$(7 + 2) \times 9 =$$

괄호를 비롯해 계산식의 모든 부분을 빠짐없이 입력해야 합니다.

(7 + 2) × 9 = **81**

이렇게 입력하면 안 됩니다.

7 + 2 × 9 = **25**

> 계산기는 먼저 2×9=18을 계산한 후, 7+18=25라는 답을 낸다.

답 어림셈하기

계산기는 사람이 키를 누른 대로 계산할 수 있을 뿐입니다. 답이 대략 얼마가 나올지 짐작하고 있으면 도움이 됩니다. 키를 실수로 조금만 잘못 눌러도 잘못된 답이 나올 수 있기 때문입니다.

2 0 0 6 × 1 9 8

위의 곱은 아래의 곱과 비슷할 것입니다.

> 이 곱셈을 하면 400,000 이라는 답이 나올 것이다.

2 0 0 0 × 2 0 0

그러므로 만약 계산기에서 40,788이라는 답이 나온다면, 분명히 계산식을 제대로 입력하지 않은 것입니다. 입력했던 식에는 원래 식에서 '0'이 하나 빠져 있었습니다.

2 0 6 × 1 9 8

자주 사용하는 키

전원
ON
이 버튼을 누르면 계산기가 켜진다. 계산기는 대부분 얼마간 사용하지 않으면 저절로 꺼진다.

숫자 패드
1
계산에 필요한 기본 숫자들로 구성되어 있다. 키 하나하나로 한 자릿수를 입력하기도 하고 여러 개로 큰 수를 입력하기도 한다.

표준 산술 키
=
더하기, 빼기, 곱하기, 나누기부터 필수적인 등호까지 온갖 기본 계산을 지시하는 데 쓰는 키들이다.

소수점
·
이 키로 입력하는 소수점은 필기구로 찍는 소수점처럼 정수부와 소수부를 나누는 역할을 한다. 숫자와 마찬가지 방식으로 입력한다.

전부 삭제
AC
전부 삭제 키를 누르면, 최근에 입력한 내용이 메모리에서 모두 지워진다. 이 키는 새로 계산을 시작할 때 불필요한 값을 전부 없애버릴 수 있으므로 유용하다.

이전 삭제
DEL
이 키를 누르면, 메모리를 완전히 비워버리는 것이 아니라, 바로 직전에 입력했던 값만 지울 수 있다. 키에 'CE'(clear entry)라고 표시되어 있는 경우도 있다.

불러오기 버튼
RCL
이 버튼을 누르면, 계산기의 메모리에 저장된 값을 불러올 수 있다. 이 버튼은 이전의 계산 과정에서 나왔던 수치나 단계를 이용하는 복합적인 계산을 할 때 유용하다.

△ 공학용 계산기

공학용 계산기에는 기능키가 많이 있다. 일반 계산기에는 보통 숫자 패드와
표준 산술 키 외에는 백분율 키 같은 간단한 기능키가 한두 가지만 있다. 여기
나와 있는 기능키들을 이용하면 좀 더 복잡하고 어려운 계산을 할 수 있다.

기능키

세제곱
이 키를 이용하면, 어떤 수를 쉽게 세제곱할 수
있다. 어떤 수를 입력하고 거기에 그 수를 곱하고 그 결과에 그
수를 또 곱할 필요가 없는 것이다. 그냥 세제곱할 수를 입력하고
이 키를 누르기만 하면 된다.

답
바로 전의 계산결과를 구할 수 있다. 이 키는 여러
단계로 되어 있는 계산에 유용하다.
예를 들어 2+1=3, 7+ANS=10

제곱근
이 키를 이용하면, 어떤 양수의 양의 제곱근을
구할 수 있다. 먼저 제곱근 키를 누르고 나서,
수를 입력한 다음, 등호 키를 누르면 된다.

제곱
어떤 수를 쉽게 제곱할 수 있는 키다. 어떤 수를
입력하고 거기에 그 수를 곱할 필요가 없는 것이다. 그냥 제곱할
수를 입력하고 이 키를 누르기만 하면 된다.

지수
이 키를 이용하면, 어떤 수의 몇 승이든 계산할
수 있다. 거듭제곱할 수를 입력한 다음, 지수 키를 누르고 나서,
지수를 입력하면 된다.

음수
이 키를 이용하면, 어떤 수를 음수로 만들 수
있다. 보통은 계산식의 맨 처음 수가 음수일 때 사용한다.

sin, cos, tan
이 키들은 주로 삼각법에서 직각삼각형의 각에
대한 사인, 코사인, 탄젠트 값을 구할 때 사용한다.

괄호
이 키를 이용하면, 계산식의 일부를 괄호로
묶어서, 계산 순서를 올바르게 지시할 수 있다.

개인 재무

경제에 대해 공부하면 가정 경제를 꾸릴 때 도움이 됩니다.

개인 재무란 세금을 내고, 예금 이자를 받고,
대출 이자를 내는 등의 일입니다.

참조	
34~35 ◁	양수와 음수
기업 재무 ▷	76~77
공식 ▷	177~179

세금

세금이란 제품, 수입, 사업 등에 정부가 붙이는 요금입니다.
정부는 교육과 국방 같은 서비스를 제공하는 데 필요한
돈을 모으기 위해 개인이나 기업에 세금을 매깁니다.
개인은 자신이 벌어들이는 돈뿐 아니라(소득세),
사들인 물건에 대해서도 세금을 내야 합니다.

정부
정부 지출 비용의 일부는
소득세의 형태로 모은다.

◁ **소득세**
누구나 각자 벌어들인 돈에
대해 세금을 내야 한다.
'실소득'은 세금 등의 공제액을
내고 남은 금액을 말한다.

납세자
월급을 받거나 소비를 할 때
누구나 세금을 낸다.

임금
고용된 사람이 일한 대가로
받은 돈의 합계

재무 용어

재무 용어는 어려워 보일 때가 많지만 이해하기 쉽습니다. 주요 재무 용어의 뜻을 알면,
자신이 내야 할 돈과 받을 돈에 대해 좀 더 잘 이해하게 되어 개인 재무를 잘 관리할 수 있게 됩니다.

은행 계좌	은행에서 빌리거나 은행에 맡기는 돈에 대한 기록. 계좌의 주인은 저마다 비밀번호를 정해두는데, 이 번호는 아무에게도 알려지지 않게 해야 한다.
대출금	은행에서 빌리는 돈. 돈을 빌리는 데는 늘 비용이 든다. 은행에서 돈을 빌리는 대가로 치르는 돈을 이자라고 한다.
소득	개인이나 가족이 얻는 돈. 일한 대가인 임금으로 받기도 하고, 정부로부터 인적 공제액이나 직접 지불금의 형태로 받기도 한다.
이자	은행에서 돈을 빌리는 데 드는 비용, 또는 은행에 돈을 맡긴 대가로 받는 수입. 은행에서 돈을 빌릴 때 내는 이자가, 같은 금액을 은행에 맡겼을 때 받을 이자보다 많다.
주택 마련 대출	집을 사는 데 드는 돈을 은행이 빌려주는 제도. 대출자는 이 돈을 보통 이자와 함께 오랜 기간에 걸쳐 갚는다.
예금	예금에는 다양한 종류가 있다. 이자를 받기 위해 돈을 은행에 맡기는 경우나 퇴직 후 연금을 받기 위해 정기적으로 돈을 내는 경우가 있다.
손익 분기점	한 기업이 쓴 총비용이, 그 기업이 벌어들인 총수입과 일치하는 점. 손익 분기점에서 기업은 이익도 손해도 보지 않는다.
손해	쓰는 돈이 버는 돈보다 많으면, 즉 생산에 드는 비용이 판매로 얻는 수입보다 많으면 손해를 보게 된다.
이윤	기업의 총수입에서 총비용을 뺐을 때 남는 부분. 기업이 실질적으로 벌어들인 돈이다.

이자

은행은 예금자가 은행에 돈을 맡기면 이자를 지급하고, 대출자가 은행에서 돈을 빌리면 이자를 받습니다.
원금에 대한 이자의 비율은 백분율로 나타내는데, 이자에는 단리와 복리 두 가지가 있습니다.

단리

단리는 은행에 맡기는 처음의 원금에 대해서만 지급하는 이자입니다.
가령 10,000원을 이자율 3%로 은행 계좌에 넣으면, 그 총액은 해마다 늘어날 것입니다.

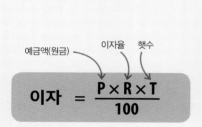

$$이자 = \frac{P \times R \times T}{100}$$

△ **단리 공식**
어떤 햇수 동안 붙는 단리를 구하려면,
위 공식을 사용한다.

1년째

$$\frac{10,000 \times 3 \times 1}{100} = 300$$

10,000원을 1년 동안 예금했을 때
붙는 이자를 계산한다.

$$10,000 + 300 = 10,300$$

1년 뒤 예금자의 은행 계좌에
들어 있는 총액이다.

2년째

결과는 같다.

$$\frac{10,000 \times 3 \times 1}{100} = 300$$

10,000원을 1년 더 예금했을 때
붙는 이자를 계산한다.

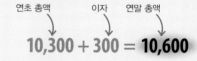

$$10,300 + 300 = 10,600$$

둘째 해에도 이자는 첫해와 같다.
원금에 대한 이자만 붙기 때문이다.

복리

복리는 은행에 맡긴 원금뿐 아니라 원금에 붙은 이자에 대해서도 이자를 지급하는 것입니다.
만약 10,000원을 이자율 3%로 은행 계좌에 넣으면, 그 총액은 다음과 같이 늘어날 것입니다.

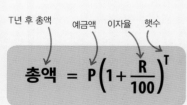

$$총액 = P\left(1 + \frac{R}{100}\right)^{T}$$

△ **복리 공식**
어떤 햇수 동안 붙는 복리를 구하려면,
위 공식을 사용한다.

1년째

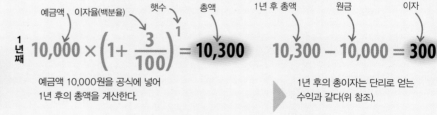

$$10,000 \times \left(1 + \frac{3}{100}\right)^{1} = 10,300$$

예금액 10,000원을 공식에 넣어
1년 후의 총액을 계산한다.

$$10,300 - 10,000 = 300$$

1년 후의 총이자는 단리로 얻는
수익과 같다(위 참조).

2년째

$$10,000 \times \left(1 + \frac{3}{100}\right)^{2} = 10,609$$

예금액 10,000원을 공식에 넣어
2년 후의 총액을 계산한다.

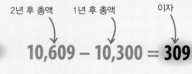

$$10,609 - 10,300 = 309$$

2년 후에는 첫해에 생긴
이자에도 이자가 붙기 때문에
총액이 더 많아진다.

기업 재무

기업은 이익을 얻는 것을 목표로 하는데, 이 목표를 달성하는 데
수학은 중요한 역할을 합니다.

기업의 목표는 비용보다 수입이 많도록 아이디어나
상품을 이윤으로 바꾸는 데 있습니다.

참조	
74~75 ◁	개인 재무
원그래프 ▷	210~211
꺾은선그래프 ▷	212~213

기업이 하는 일

기업은 원재료를 구입하고 가공해서
최종 제품을 판매합니다. 이익을
내려면 기업은 재료 구입과 제품
생산에 드는 총비용보다 높은
가격으로 제품을 판매해야 합니다.
여기서는 케이크 만드는 사업을 예로
들어 비즈니스의 기본 단계들을
살펴보겠습니다.

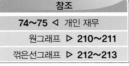

▷ **케이크 제작**
케이크 가게가 자금을
투입해 재료를 가공하고
제품을 만들어 판매하는
과정을 보여준다.

◁ **소규모 기업**
기업은 한 명으로만 이루어진
1인기업도 있고 여러 명의 직원을
두고 있는 대기업도 있다.

1 **투입물**
투입물이란 상품을 만드는 데 사용하는
원재료를 말한다. 케이크 제작에는
밀가루, 달걀, 버터, 설탕 같은 재료가
투입물에 포함된다.

△ **비용**
원재료 값을 치러야 하므로 비용이 발생한다.
케이크를 한 개씩 새로 만들 때마다
같은 비용이 발생한다.

수입과 이윤

수입과 이윤은 중요한 차이가 있습니다. 수입은
기업이 상품을 판매하여 얻는 돈입니다. 이윤은
수입에서 비용을 제외한 금액, 즉 기업이 실제로
벌어들인 돈입니다.

이윤은 기업이 실제로
벌어들인 돈

상품을 판매해서
얻는 돈

$$이윤 = 수입 - 비용$$

비용은 생산 과정에서 임금과
임대료 등의 형태로 발생한다.

▷ **비용 그래프**
이 그래프를 보면, 어느 지점에서 기업이
이윤을 내기 시작하는지, 즉 어디서부터
수입이 비용보다 많아지는지 알 수 있다.

비용 중 일부는 고정 비용이어서
판매량과 관계없이 일정하게
투자되는 돈이다. 그래서 비용
그래프는 0에서 시작하지 않는다.

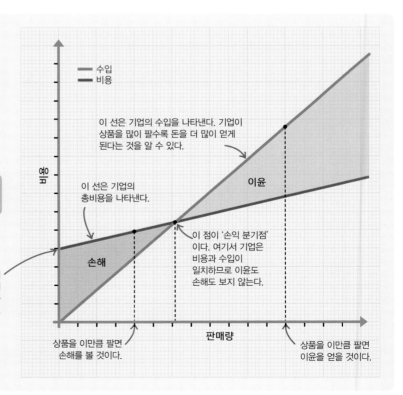

이 선은 기업의 수입을 나타낸다. 기업이
상품을 많이 팔수록 돈을 더 많이 얻게
된다는 것을 알 수 있다.

이 선은 기업의
총비용을 나타낸다.

이 점이 '손익 분기점'
이다. 여기서 기업은
비용과 수입이
일치하므로 이윤도
손해도 보지 않는다.

이윤

손해

상품을 이만큼 팔면
손해를 볼 것이다.

상품을 이만큼 팔면
이윤을 얻을 것이다.

판매량

돈액

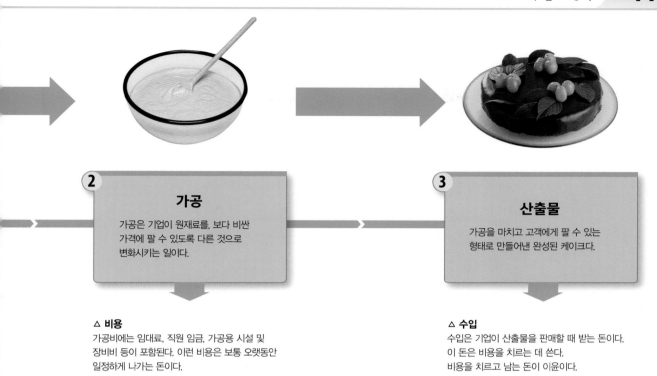

② 가공

가공은 기업이 원재료를, 보다 비싼 가격에 팔 수 있도록 다른 것으로 변화시키는 일이다.

③ 산출물

가공을 마치고 고객에게 팔 수 있는 형태로 만들어낸 완성된 케이크다.

△ 비용
가공비에는 임대료, 직원 임금, 가공용 시설 및 장비 등이 포함된다. 이런 비용은 보통 오랫동안 일정하게 나가는 돈이다.

△ 수입
수입은 기업이 산출물을 판매할 때 받는 돈이다. 이 돈은 비용을 치르는 데 쓴다. 비용을 치르고 남는 돈이 이윤이다.

돈이 쓰이는 곳

기업의 수입은 순이익이 아닙니다. 비용을 치러야 하기 때문입니다. 오른쪽 원그래프에서는 일반적으로 기업의 수입이 쓰이는 곳과 지출 후 이윤으로 남는 금액들을 볼 수 있습니다.

▷ 비용과 이윤
이 원그래프에는 일반적으로 기업이 치르는 몇 가지 비용이 나와 있다. 기업들은 만드는 상품에 따라 부담하게 되는 비용이 다르다. 그런 비용은 상품의 구성과 기업의 효율성을 반영한다. 비용을 모두 치르고 난 후에 남는 돈이 이윤이다.

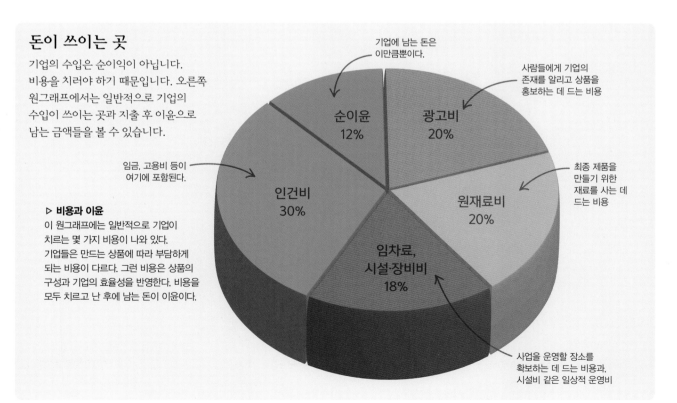

기업에 남는 돈은 이만큼뿐이다.

사람들에게 기업의 존재를 알리고 상품을 홍보하는 데 드는 비용

최종 제품을 만들기 위한 재료를 사는 데 드는 비용

임금, 고용비 등이 여기에 포함된다.

사업을 운영할 장소를 확보하는 데 드는 비용과, 시설비 같은 일상적 운영비

순이윤 12%

광고비 20%

원재료비 20%

인건비 30%

임차료, 시설·장비비 18%

기하학

기하학이란?

기하학은 선, 각, 도형, 공간에 대해 연구하는 수학 분야입니다.

기하학은 수천 년간 중요시되어 왔습니다. 토지 면적 계산, 건축, 항해, 천문학 등
실용적인 용도로 쓰이기도 했지만, 순수학문으로서 수학의 한 연구 분야이기도 합니다.

선, 각, 도형, 공간

기하학에서는 선, 각, (평면·입체) 도형, 넓이, 부피 같은 주제뿐
아니라, 회전과 반사 같은 움직임과 좌표 같은 주제도 다룹니다.

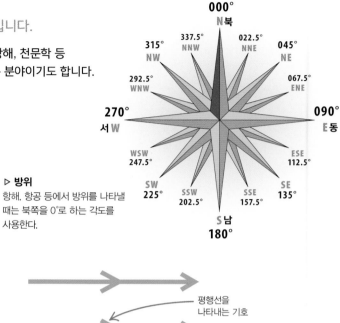

▷ **방위**
항해, 항공 등에서 방위를 나타낼
때는 북쪽을 0°로 하는 각도를
사용한다.

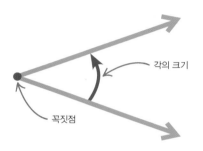

△ **각**
각은 두 직선이 한 점에서 만날 때 만들어진다. 각의 크기는
두 직선의 벌어진 정도인데, 도(度, °)라는 단위로 나타낸다.

△ **평행선**
평행한 두 선은 어디를 재도 같은 거리만큼 떨어져
있고, 아무리 연장해도 서로 만나지 않는다.

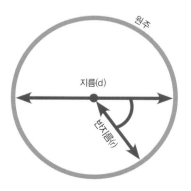

△ **원**
원은 중심점에서 같은 거리에 있는 지점을 끊지 않고 연결한
곡선으로 이 선의 길이를 원주라고 한다. 지름은 원주의 한 점에서
중심을 지나 맞은편의 또 다른 점에 이르는 직선의 길이다.
반지름은 중심에서 원주의 한 점에 이르는 직선의 길이다.

현 실 세 계

자연 속의 기하학적 구조

기하학을 순수 수학 분야로 여기는 사람이 많지만, 기하학적인 모양과
무늬는 자연계에 널리 퍼져 있습니다. 아마 가장 유명한 예는 벌집 모양
과 눈 결정의 육각형일 테지만, 그 밖에도 자연적인 기하학적 구조의 예
가 많이 있습니다. 이를테면 물방울, 거품, 행성은 모두 얼추 구 모양입
니다. 또 결정들은 자연적으로 갖가지 다면체 모양으로 만들어집니다.
일반적인 소금의 결정은 육면체이고, 석영은 보통
끝이 피라미드처럼 뾰족한 육각기둥 모양의 결
정을 이룹니다.

◁ **벌집 방**
벌집의 방들은 육각형으로 되어 있어
남는 공간이 전혀 없이 서로 꼭 맞게
물려 있다.

자 세 히 보 기

그래프와 기하학

그래프는 기하학을 다른 수학 분야와 이어주는 연결고리입니다. 그래프에 그려진 선과 도형을 좌표를 사용해 대수식으로 바꾸면 이를 수학적으로 다룰 수 있게 됩니다. 그 반대도 가능합니다. 대수식을 그래프에 그려 놓으면 기하학의 원칙에 따라 조작할 수 있습니다. 도형을 그래프에 나타내서 위치를 알아내고 벡터를 응용하여 회전하거나 평행 이동 등의 움직임을 계산할 수 있습니다.

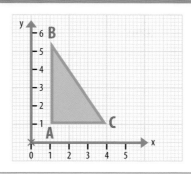

◁ **그래프**
직각삼각형 ABC가 그래프에 그려져 있다. 이 삼각형의 꼭짓점 좌표는 다음과 같다.
A=(1, 1), B=(1, 5.5), C=(4, 1)

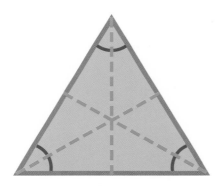

△ **삼각형**
삼각형은 세 변으로 둘러싸인 다각형으로, 세 내각의 합이 모두 180°이다.

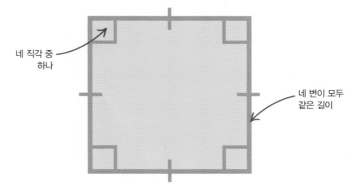

네 직각 중 하나

네 변이 모두 같은 길이

△ **정사각형**
정사각형은 네 변의 길이가 모두 같고 네 내각이 모두 직각(90°)인 사각형(사변형)이다.

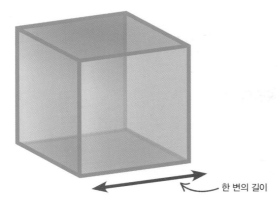

한 변의 길이

△ **정육면체**
정육면체는 입체도형인 다면체로, 모든 변의 길이가 같다. 다른 직육면체도 6개의 면, 12개의 변, 8개의 꼭짓점으로 이루어져 있다.

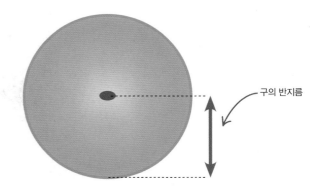

구의 반지름

△ **구**
구는 완전히 둥근 입체 도형이다. 면 위의 모든 점이 중심에서 같은 거리에 있는데, 그 거리를 반지름이라고 한다.

기하학 도구

기하학은 도형을 측정하고 만들어내기 위해 학습용 도구가 필요합니다.

참조	
각 ▷	84~85
작도 ▷	110~113
원 ▷	138~139

기하학에서 사용하는 도구

도형을 정확하게 측정하고 만들려면(작도) 도구가 꼭 필요합니다. 필수 도구는 자, 컴퍼스, 각도기입니다. 자는 길이를 재고 직선을 긋는 데 사용합니다. 컴퍼스는 원의 전체나 부분(호)을 그릴 때 사용합니다. 각도기는 각을 재고 그리는 데 사용합니다.

컴퍼스의 두 다리는 반지름에 따라 조절할 수 있다.

연필로 원과 호를 그린다.

연필을 고정하는 부분

컴퍼스 사용하기

원과 호를 그리는 도구인 컴퍼스는 한쪽 끝이 연결된 두 다리로 되어 있습니다. 컴퍼스를 사용할 때는 뾰족한 바늘이 있는 쪽 다리를 종이 위의 한 점에 고정한 채로, 연필이 끼워져 있는 다른 쪽 다리를 빙 돌립니다. 가운데 고정된 점이 바로 원의 중심이 됩니다.

한 점에 고정하는 바늘 끝

연필 끝은 컴퍼스 바늘 끝과 같은 높이에 위치한다.

▽ **반지름이 정해졌을 때 원 그리기**
컴퍼스의 다리 간격을 정해진 반지름에 맞춘 다음, 원을 그린다.

연필을 빙 돌리며 선을 긋는다.

자로 다리 간격을 잰다.

반지름

자를 사용해 컴퍼스의 다리 간격을 정해진 반지름에 맞춘다.

▷ 바늘 끝으로 종이 위의 한 점을 누른 채로 연필을 빙 돌리며 선을 긋는다.

▽ **원의 중심과 원주 위의 한 점이 정해졌을 때 원 그리기**
한쪽 다리의 바늘 끝을 표시된 중심점에 위치시키고, 다른 쪽 다리를 벌려 연필 끝이 원주 위의 한 점에 닿게 한 다음, 원을 그린다.

중심

원주 위의 한 점

원을 그린다.

반지름

컴퍼스 다리 간격을 두 점의 간격에 맞춘다.

▷ 바늘 끝으로 중심점을 누른 채, 연필 끝으로 원주 위의 한 점을 지나며 원을 그린다.

▽ **호 그리기**
원의 일부, 즉 호만 그려야 하는 경우도 있다. 호는 다른 도형을 그릴 때 보조선으로 사용될 때가 많다.

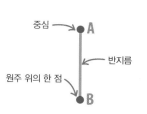

중심 → A

반지름

원주 위의 한 점

B

직선을 하나 긋고 그 양 끝에 점을 하나씩 찍는다. 하나는 호의 중심이 되고, 다른 하나는 원주 위의 한 점이 될 것이다.

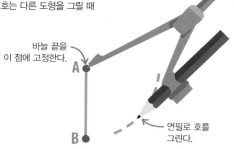

바늘 끝을 이 점에 고정한다.

A

연필로 호를 그린다.

B

컴퍼스 다리 간격을 직선 길이(호의 반지름)에 맞춘 다음, 바늘 끝을 두 점 중 하나에 고정하고 첫 번째 호를 그린다.

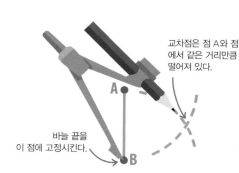

교차점은 점 A와 점에서 같은 거리만큼 떨어져 있다.

A

바늘 끝을 이 점에 고정시킨다.

B

컴퍼스 바늘 끝을 다른 점에 고정하고 두 번째 호를 그린다. 두 호의 교차점은 점 A와 점 B에서 같은 거리만큼 떨어져 있다.

자 사용하기

자는 직선의 길이나 두 점의 간격을 측정할 때 사용할 수 있습니다. 또한 컴퍼스의 다리 간격을 원하는 길이만큼 맞출 때도 필요합니다.

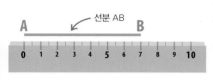

◁ **직선 길이 측정하기**
자를 사용하면 직선의 길이나 두 점의 간격을 잴 수 있다.

▷ **직선 그리기**
자는 두 점을 잇는 직선을 똑바로 그을 때 사용한다.

직선

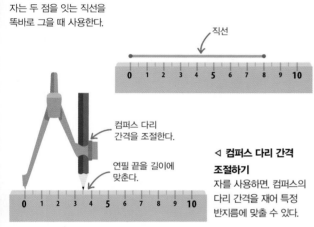

컴퍼스 다리 간격을 조절한다.

연필 끝을 길이에 맞춘다.

◁ **컴퍼스 다리 간격 조절하기**
자를 사용하면, 컴퍼스의 다리 간격을 재어 특정 반지름에 맞출 수 있다.

그 밖의 도구들

그 밖의 도구들이 기하 도형 작도에 도움이 될 수도 있습니다.

△ **삼각자**
삼각자는 직각삼각형으로 된 자로, 평행선을 그을 때 사용한다. 두 종류가 있는데, 하나는 내각이 90°, 45°, 45°이고 다른 하나는 내각이 90°, 60°, 30°이다.

△ **계산기**
기하 계산에 유용한 몇 가지 주요 기능을 갖춘 계산기도 있다. 예컨대 사인(sin) 키 같은 기능키들은 삼각형의 각을 계산하는 데 사용할 수 있다.

각도기 사용하기

각도기는 각을 재고 그리는 데 사용합니다. 보통 투명한 플라스틱으로 만들어져 있어서, 중심을 각의 꼭짓점 위에 맞추기 쉽습니다. 각도를 잴 때는 반드시 눈금을 0에서부터 읽어야 합니다.

바깥쪽 눈금은 둔각(90°보다 크고 180°보다 작은 각을 잴 때 쓴다.

안쪽 눈금은 예각(0°보다 크고 90°보다 작은 각을 잴 때 쓴다.

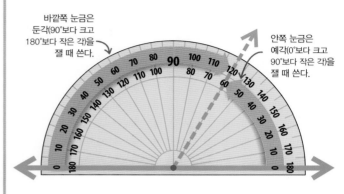

▽ **각도 재기**
각도기를 이용하면, 한 점에서 만나는 두 직선이 이루는 각이 어느 정도인지 측정할 수 있다.

눈금을 더 쉽게 읽고 싶다면 선을 더 길게 그린다.

각도기를 각 위에 놓고, 각도에 해당하는 눈금을 읽는다. 이때 눈금은 꼭 0에서부터 읽어야 한다.

다른 눈금은 바깥쪽의 각도를 나타낸다.

▽ **각 그리기**
각의 크기가 정해지면, 각도기를 이용해 그 각을 정확하게 그릴 수 있다.

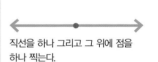

직선을 하나 그리고 그 위에 점을 하나 찍는다.

점에 각도기 중심이 오도록 직선 위에 위치시킨다. 눈금을 0에서부터 읽어 해당 각도에 점을 찍는다.

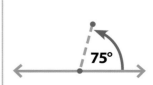

두 점을 지나는 직선을 그리고, 각도를 표시한다.

각

두 직선이 한 점에서 만나면 각(각도)이 생깁니다.

각도는 한 공유점에서 다른 방향으로 뻗어 나가는 두 직선의 벌어진 정도를
나타냅니다. 그 벌어진 정도는 도(度, 기호로는 °)라는 단위로 측정합니다.

참조	
82~83 ◁	기하학 도구
직선 ▷	86~87
방위 ▷	108~109

각 측정하기

각도는 두 직선의 벌어진 정도에 따라
결정됩니다. 원 한 바퀴만큼 벌어진
두 직선이 이루는 각은 360°입니다.
그 외의 각은 모두 360°보다 작습니다.

출발선에서 시계
반대 방향으로 45°
돌아가 있는 직선

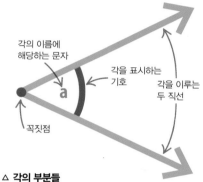

90°
180°　**45°**
0°
360°

회전의 중심

각의 이름에
해당하는 문자

각을 표시하는
기호

각을 이루는
두 직선

a

꼭짓점

△ 각의 부분들
두 직선 사이의 공간이 각이다.
각은 ∠a와 같은 문자나 도(°)와
같은 기호로 나타낼 수 있다.

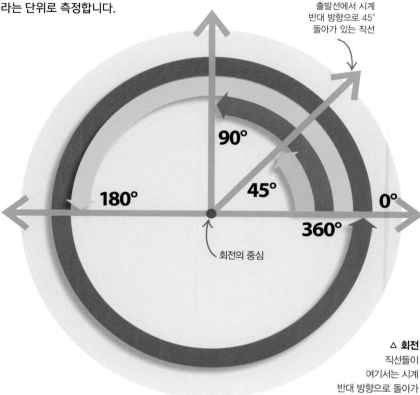

△ 회전
직선들이
여기서는 시계
반대 방향으로 돌아가
있지만, 경우에 따라서는 시계
방향으로 돌아가 있을 수도 있다.

완전한 한 바퀴

한 바퀴의
절반

직선

1/4바퀴

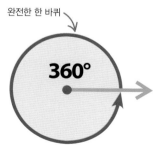
360°

180°

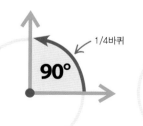
90°

45°

△ 한 바퀴
한 바퀴에 해당하는 각도는
360°이다. 각을 이루는 직선 중
하나가 360° 회전하면 출발
위치에서 나머지 한 직선과
다시 만나게 된다.

△ 반 바퀴
반 바퀴에 해당하는 각도는
180°다. 이런 각을 이루는
두 직선은 일직선을 이룬다.
이 각은 평각이라고도 부른다.

△ 4분의 1 바퀴
4분의 1 바퀴에 해당하는
각도는 90°다. 두 직선은 (ㄴ자
모양의) 수직을 이룬다.
이 각은 직각이라고도 부른다.

△ 8분의 1 바퀴
한 바퀴의 8분의 1에 해당하는
각도는 45°이다. 이 각은 직각의
절반이다. 이 각만큼 여덟 번
회전하면 한 바퀴를 돌게 된다.

각의 종류

각의 종류 가운데 중요한 네 가지가 아래에 나와 있습니다. 이들의 이름은 각의 크기에 따라 붙인 것입니다.

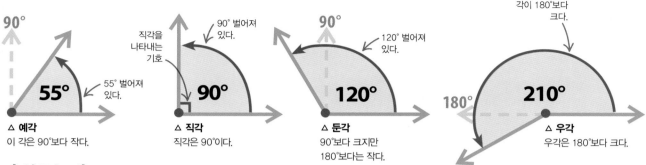

90°
55° 55° 벌어져 있다.
△ **예각**
이 각은 90°보다 작다.

직각을 나타내는 기호
90° 벌어져 있다.
90°
△ **직각**
직각은 90°이다.

90°
120° 벌어져 있다.
120°
△ **둔각**
90°보다 크지만 180°보다는 작다.

각이 180°보다 크다.
210°
180°
△ **우각**
우각은 180°보다 크다.

각 부르는 법

각은 그 각만의 이름으로 부를 수도 있고, 다른 각과의 관계를 반영하는 이름으로 부를 수도 있습니다.

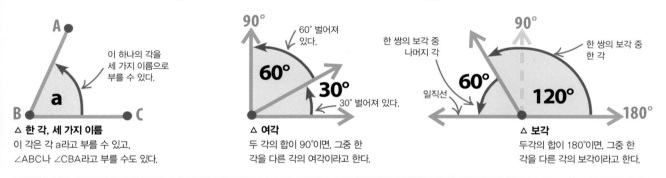

A
이 하나의 각을 세 가지 이름으로 부를 수 있다.
a
B　C
△ **한 각, 세 가지 이름**
이 각은 각 a라고 부를 수 있고, ∠ABC나 ∠CBA라고 부를 수도 있다.

90°
60° 벌어져 있다.
60°
30°
30° 벌어져 있다.
△ **여각**
두 각의 합이 90°이면, 그중 한 각을 다른 각의 여각이라고 한다.

90°
한 쌍의 보각 중 나머지 각
한 쌍의 보각 중 한 각
60°
일직선
120°
180°
△ **보각**
두각의 합이 180°이면, 그중 한 각을 다른 각의 보각이라고 한다.

일직선 위의 각들

일직선 위의 각들은 반 바퀴를 이루므로 다 합치면 180°가 됩니다. 아래의 예에서는 네 각을 모두 합하면 일직선의 180°가 됩니다.

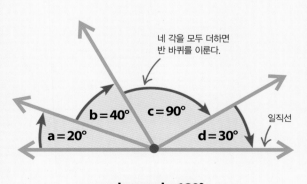

네 각을 모두 더하면 반 바퀴를 이룬다.
b=40°　**c=90°**
a=20°　**d=30°**　일직선

$$a+b+c+d=180°$$
$$20°+40°+90°+30°=180°$$

한 점을 둘러싼 각들

한 점, 즉 한 꼭짓점을 둘러싼 각들은 한 바퀴를 이루므로 다 합치면 360°가 됩니다. 아래의 예에서는 한 점을 둘러싸고 있는 다섯 각을 모두 합하면 완전한 원의 360°가 됩니다.

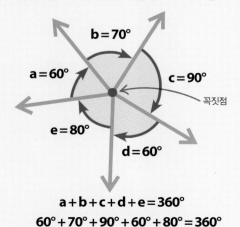

b=70°
a=60°　**c=90°**
꼭짓점
e=80°
d=60°

$$a+b+c+d+e=360°$$
$$60°+70°+90°+60°+80°=360°$$

직선

참조	
82~83 ◁	기하학 도구
84~85 ◁	각
작도 ▷	110~113

직선은 보통 선이라고도 부릅니다. 직선은 어떤 면이나 공간의 두 점 사이를 가장 짧게 연결하는 선입니다.

점, 선, 면

기하학에서 다루는 가장 기본적인 것은 점, 선, 면입니다.
점은 특정 위치를 나타내는데, 너비, 높이, 길이는 없습니다.
선은 일차원으로, 반대되는 두 방향으로 무한히 뻗어 있습니다.
면은 모든 방향으로 뻗어 있는 이차원 평면입니다.

A ●

● B   ● C

△ 점
점은 정확한 위치를 나타낼 때 사용한다. 점을 찍어서 나타내며, 알파벳 대문자로 부른다.

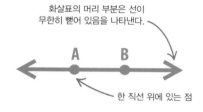

화살표의 머리 부분은 선이 무한히 뻗어 있음을 나타낸다.

한 직선 위에 있는 점

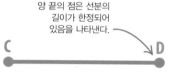
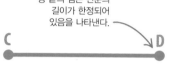

양 끝의 점은 선분의 길이가 한정되어 있음을 나타낸다.

A

△ 선
선은 곧은 선으로 나타내는데, 화살표의 머리 부분은 선이 양방향으로 무한히 뻗어 있음을 의미한다. 선은 그 선이 지나는 어떤 두 점으로든 부를 수 있다. 위 선은 직선 AB라고 하면 된다.

△ 선분
선분은 길이가 한정되어 있어서, 양 끝에 화살표 대신 점이 있다. 선분은 양 끝의 점으로 부른다. 위 선분은 선분 CD라고 한다.

△ 면
평면은 보통 이차원 도형으로 나타내고, 알파벳 대문자로 부른다. 가장자리를 그리기도 하지만, 사실상 평면은 모든 방향으로 무한히 뻗어 있다.

직선의 위치 관계

같은 평면 위에 있는 두 직선은 교차하거나(한 점을 공유하거나), 평행하거나 둘 중 하나입니다. 두 직선의 간격이 어디에서나 일정하고 절대 교차하지 않으면, 이 두 직선은 서로 평행한 것입니다.

△ 비평행선
비평행선은 위치에 따라 간격이 다르다. 이 선들은 연장하면 결국 한 점에서 만나게 된다.

자 세 히 보 기

평행사변형

평행사변형은 서로 마주 보는 두 쌍의 변이 각각 평행하며 길이도 같은 사각형입니다.

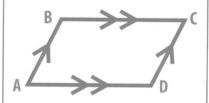

△ 평행한 변
변 AB와 변 DC는 평행하고, 변 BC와 변 AD도 평행하다. 하지만 변 AB와 변 BC, 변 AD와 변 CD는 평행하지 않아서, 각각 다른 모양의 화살표로 표시되어 있다.

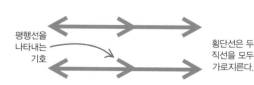

평행선을 나타내는 기호

△ 평행선
평행선은 아무리 연장해도 만나지 않는 둘 이상의 직선이다. 서로 평행한 선은 똑같은 모양의 화살표로 나타낸다.

횡단선은 두 직선을 모두 가로지른다.

횡단선

△ 횡단선
둘 이상의 다른 직선들과 각각 다른 점에서 교차하는 직선을 횡단선이라고 부른다.

각과 평행선

직선과의 위치관계에 따라 각은 분류되고 이름이 붙습니다. 평행한 두 직선에 다른 선이 교차할 때 같은 각이 쌍을 이뤄 생깁니다. 이 각들을 부르는 법은 아래와 같습니다.

▽ 각 기호 붙이기

직선 AB와 직선 CD는 평행하다. 횡단선이 이 두 직선과 교차해서 생기는 각은 각각의 알파벳 소문자로 부른다.

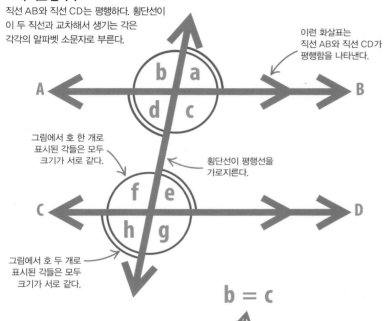

이런 화살표는 직선 AB와 직선 CD가 평행함을 나타낸다.

그림에서 호 한 개로 표시된 각들은 모두 크기가 서로 같다.

횡단선이 평행선을 가로지른다.

그림에서 호 두 개로 표시된 각들은 모두 크기가 서로 같다.

▷ 맞꼭지각

두 직선이 만나면, 교차점 양쪽으로 마주보는 같은 크기의 각이 두 쌍 생긴다. 이 각을 맞꼭지각이라고 부른다.

$$b = c$$

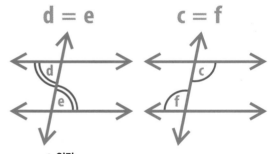

△ 동위각

두 직선이 한 횡단선과 만나서 생긴 각 중 같은 쪽에 있는 각을 동위각이라고 한다. 두 직선이 평행하면 이 각들은 크기가 서로 같다.

△ 엇각

두 직선이 한 횡단선과 만나서 생긴 각 중 반대쪽에 있는 각을 엇각이라고 부른다. 두 직선이 평행하면 이 각들의 크기는 서로 같다.

평행선 그리기

한 직선에 평행한 직선을 그리려면, 연필, 자, 각도기가 필요합니다.

두 번째 직선의 위치를 표시한다.

자로 직선을 하나 긋는다. 그리고 점을 하나 찍는다. 그 점은 첫 번째 직선과 평행한 두 번째 직선 위의 한 점이 될 것이다.

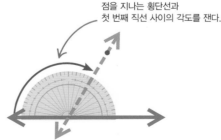

점을 지나는 횡단선과 첫 번째 직선 사이의 각도를 잰다.

그 점을 지나고 첫 번째 직선과 교차하는 선을 긋는다. 이 선은 횡단선에 해당한다. 이 횡단선이 첫 번째 직선과 이루는 각을 측정한다.

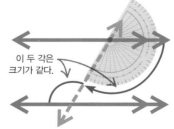

이 두 각은 크기가 같다.

횡단선에서 각도기를 두고 같은 크기의 엇각을 찾아 표시한다. 자로 그 표시와 아까 찍어둔 점을 지나는 새 직선을 긋는다. 그 직선은 첫 번째 직선과 평행하다.

 대칭

대칭에는 반사 대칭과 회전 대칭의 두 종류가 있습니다.

한 도형을 접어 좌우가 딱 들어 맞는 경우나 얼마만큼 회전했을 때도 모양이 똑같이 겹쳐진다면
대칭적인 도형이라고 할 수 있습니다.

참조	
86~87 ◁	직선
회전 ▷	100~101
반사 ▷	102~103

반사 대칭

평면도형을 이등분하는 선을 그었을 때 한쪽 절반이 반대쪽 절반과 딱 맞아 떨어지면 이 도형은
반사 대칭에 있다고 할 수 있습니다. 거울에 비춘 것처럼 똑같은 모양이기 때문에 거울 경(鏡)자를
써서 경상이라고도 부릅니다. 이등분하는 선은 대칭선이라고 합니다.

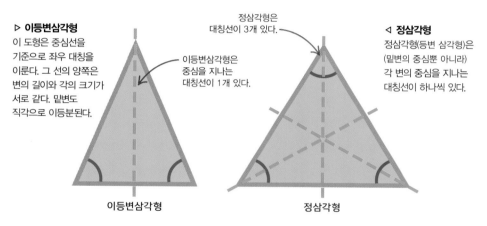

▷ 이등변삼각형
이 도형은 중심선을
기준으로 좌우 대칭을
이룬다. 그 선의 양쪽은
변의 길이와 각의 크기가
서로 같다. 밑변도
직각으로 이등분된다.

이등변삼각형은
중심을 지나는
대칭선이 1개 있다.

정삼각형은
대칭선이 3개 있다.

◁ 정삼각형
정삼각형(등변 삼각형)은
(밑변의 중심뿐 아니라)
각 변의 중심을 지나는
대칭선이 하나씩 있다.

이등변삼각형

정삼각형

대칭면

입체도형(삼차원)은 평면이라는 '벽'으로 나눌 수 있습니다.
평면으로 이등분된 양쪽이 서로 거울에 비춰진 듯 같은 모양이 될
때 이 입체는 반사 대칭형이라고 합니다.

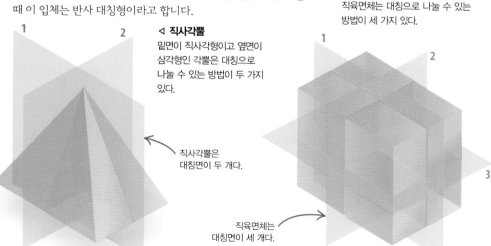

◁ 직사각뿔
밑면이 직사각형이고 옆면이
삼각형인 각뿔은 대칭으로
나눌 수 있는 방법이 두 가지
있다.

▽ 직육면체
세 쌍의 직사각형으로 둘러싸인
직육면체는 대칭으로 나눌 수 있는
방법이 세 가지 있다.

직사각뿔은
대칭면이 두 개다.

직육면체는
대칭면이 세 개다.

▽ 대칭선
다음은 몇몇 평면 도형의
대칭선이다. 원은 대칭선의 수가
무한하다.

직사각형의 대칭선

정사각형의 대칭선

정오각형의 대칭선

원은 중심을 지나는
모든 직선이 대칭선이다.

회전 대칭

평면 도형은 한 점을 중심으로 회전해서 원래의 모양과 완전히 겹쳐지면
회전 대칭형입니다. 도형이 회전해 원래의 윤곽과 겹쳐지는 방법의 수를
회전 대칭의 '차수'라고 부릅니다.

▷ 정삼각형
정삼각형은 회전 대칭의 차수가
3이다. 즉, 회전해서 원래의 윤곽과
겹쳐지는 방법이 세 가지 있다.

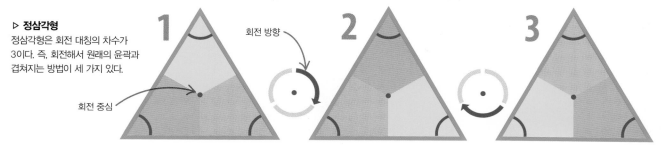

▽ 정사각형
정사각형은 회전 대칭의 차수가 4이다. 즉, 회전해서 원래의 윤곽과 겹쳐지는 방법이 네 가지 있다.

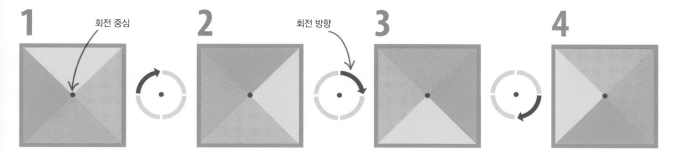

대칭축

입체 도형은 한 점이 아닌 한 축을 중심으로 회전해서 원래의 윤곽과 완전히
겹쳐지면 회전 대칭형입니다. 이때 그 축을 대칭축이라고 합니다.

▽ 직사각뿔
직사각뿔은 축을
중심으로 회전해서 원래의
윤곽과 겹쳐질 수 있는
방법이 두 가지 있다.

▽ 원기둥
원기둥은 수직 축을 중심으로
회전해서 원래의 윤곽과
겹쳐질 수 있는 방법이
무한히 많다.

▽ 직육면체
직육면체는 세 축 각각을 중심으로
회전해서 원래의 윤곽과 겹쳐질 수
있는 방법이 두 가지씩 있다.

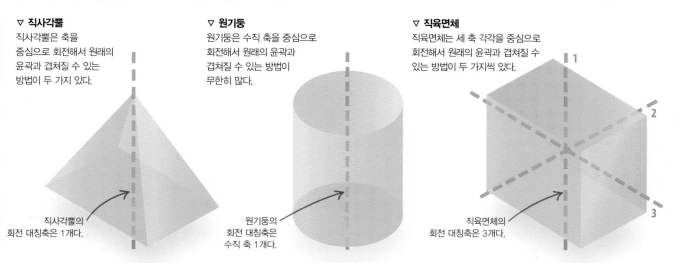

직사각뿔의
회전 대칭축은 1개다.

원기둥의
회전 대칭축은
수직 축 1개다.

직육면체의
회전 대칭축은 3개다.

좌표

참조	
벡터 ▷ 94~97	
일차방정식 그래프 ▷ 182~185	

좌표는 지도에서 어떤 장소를 표시하거나 그래프 위에 점의 위치를 알려줍니다.

좌표란?

좌표는 숫자 쌍이나 문자 쌍, 또는 숫자·문자 쌍으로 나타냅니다. 좌표는 항상 괄호 안에 숫자나 문자를 적고 쉼표로 구별합니다. 좌표는 읽고 적는 순서가 중요합니다. 아래 지도의 예에서 (E, 1)은 맨 왼쪽 위에서 출발해 (가로 행을 따라) 오른쪽으로 다섯 칸, (세로 열을 따라) 아래로 한 칸 이동했을 때 이르는 위치를 의미합니다.

▽ **시내 지도**

지도에서 장소를 찾을 때는 격자가 틀이 된다. 각 정사각형은 한 쌍의 좌표 값으로 여기면 된다. 가로 좌표와 세로 좌표를 조합하면 어떤 장소든 찾아낼 수 있다. 이 시내 지도에서 가로 좌표는 문자이고, 세로 좌표는 숫자다. 다른 지도에서는 숫자만 사용하기도 한다.

이 지도에서는 세로 좌표로 숫자를 사용한다.

이 지도에서는 가로 좌표로 문자를 사용한다.

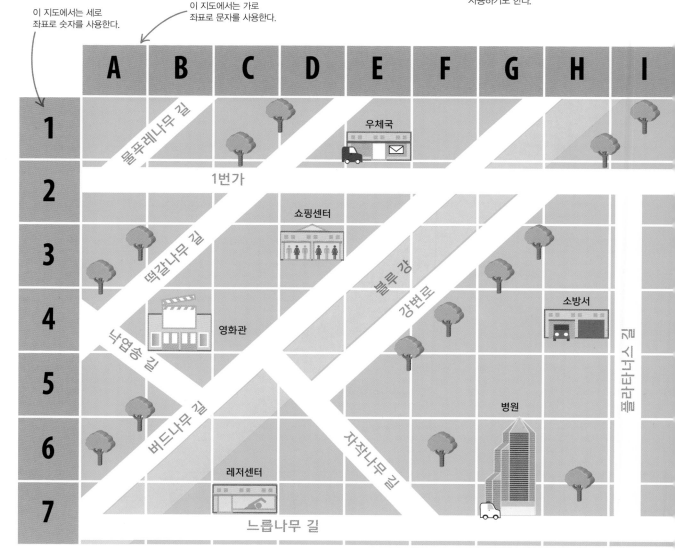

지도 보기

항상 가로 좌표는 앞에, 세로 좌표는 뒤에 나옵니다. 아래의
지도에서는 문자 하나와 숫자 하나가 짝지어져 하나의 좌표를
이룹니다.

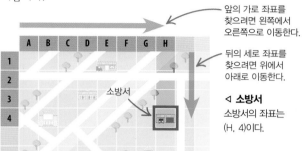

앞의 가로 좌표를
찾으려면 왼쪽에서
오른쪽으로 이동한다.

뒤의 세로 좌표를
찾으려면 위에서
아래로 이동한다.

◁ **소방서**
소방서의 좌표는
(H, 4)이다.

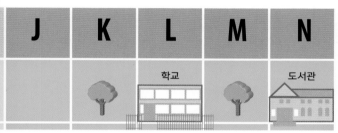

1번가

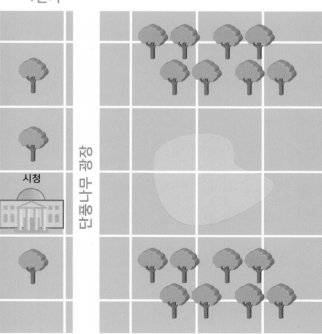

느릅나무 길

좌표 이용하기

이 지도에서 각 장소는 해당 좌표를 이용해 찾을 수 있습니다. 이 지도를
볼 때는 반드시 위치를 왼쪽에서 오른쪽으로(가로로) 헤아린 다음,
위에서 아래로(세로로) 헤아려야 합니다.

◁ **영화관**
좌표 (B, 4)의 영화관을 찾아보자. A 칸에서
오른쪽으로 한 칸 간 다음, 아래로 네 칸 내려가면
된다.

◁ **우체국**
좌표 (E, 1)의 우체국을 찾아보자. 가로 좌표 E를
찾은 다음, 아래로 한 칸 내려가면 된다.

◁ **시청**
좌표 (J, 5)의 시청을 찾아보자. A 칸에서
오른쪽으로 아홉 칸 간 다음, 아래로 다섯 칸
내려가면 된다.

◁ **레저센터**
좌표 (C, 7)의 레저센터 위치를 알아보자. 먼저
C를 찾은 다음, 세로 열에서 7을 찾으면 된다.

◁ **도서관**
도서관의 좌표는 (N, 1)이다. 먼저 N을 찾은
다음, 아래로 한 칸 내려가면 도서관을 찾을 수
있다.

◁ **병원**
병원은 좌표 (G, 7)에 있다. 가로 좌표 G를
찾으려면, A에서 오른쪽으로 여섯 칸 가면 된다.
그리고 아래로 일곱 칸을 내려가면, 세로 좌표 7을
찾을 수 있다.

◁ **소방서**
좌표 (H, 4)의 소방서를 찾아보자. A에서
오른쪽으로 일곱 칸 가서 H를 찾은 다음,
아래로 4칸 내려가면 된다.

◁ **학교**
학교의 좌표는 (L, 1)이다. 먼저 L을 찾은 다음,
아래로 한 칸 내려가면 학교를 찾을 수 있다.

◁ **쇼핑센터**
좌표 (D, 3)의 쇼핑센터 위치를 알아보자. 먼저
D를 찾은 다음, 세로 열에서 3을 찾으면 된다.

그래프 좌표

그래프에서 한 점의 위치는 두 축을 이용한 좌표로 표시할 수 있습니다. x축은
가로선이고, y축은 세로선입니다. 한 점의 좌표는 x축 방향의 위치 다음에 y축
방향의 위치를 적어 (x, y)의 형태로 나타냅니다.

▷ **네 사분면**
좌표는 x, y축을 기준으로 정하는데,
두 축은 '원점'이라는 한 점에서 교차한다.
두 축이 교차한 결과로 네 개의 사분면이
생긴다. 원점의 위쪽과 오른쪽의 좌표축에는
양수 값이 있고, 원점의 아래쪽과 왼쪽의
좌표축에는 음수 값이 있다.

원점

사분면

좌표는 항상 괄호
안에 넣는다.

가로 방향으로
점의 위치를
나타내는 x좌표

세로 방향으로
점의 위치를
나타내는 y좌표

△ **한 점의 좌표**
한 점의 위치를 두 축에 놓인 수치로 나타낸 것이 좌표다.
앞의 숫자는 x축 방향으로, 뒤의 숫자는 y축 방향으로 점의
위치를 나타낸다.

좌표평면에 표시하기

좌표가 나타내는 점을 좌표평면에 표시할 수 있습니다. 한 점을
좌표평면에 표시하려면, 먼저 x좌표 값만큼 x축을 따라간 다음,
y좌표 값만큼 y축을 따라 위나 아래로 이동합니다. 또는 좌표
값에 해당하는 눈금에서 각 축에 수직으로 선을 그어서 두 선이
교차하는 곳에 점을 찍어도 됩니다.

$$A = (2, 2) \quad B = (-1, -3)$$
$$C = (1, -2) \quad D = (-2, 1)$$

이들은 네 점의 좌표다. 각 좌표에는 x좌표 값과 y좌표 값이
차례로 나와 있다. 이 점들을 좌표계에 표시해보자.

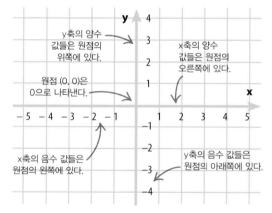

y축의 양수
값들은 원점의
위쪽에 있다.

x축의 양수
값들은 원점의
오른쪽에 있다.

원점 (0, 0)은
0으로 나타낸다.

x축의 음수 값들은
원점의 왼쪽에 있다.

y축의 음수 값들은
원점의 아래쪽에 있다.

모눈종이에 가로선을 그어 x축을 만들고, 세로선을 그어 y축을 만든다.
그리고 원점을 경계로 양수 값과 음수 값이 갈리도록 두 축에 숫자를
매긴다.

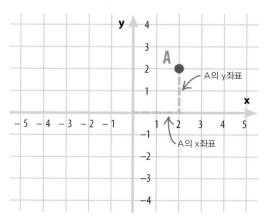

A의 y좌표

A의 x좌표

▷ 각 점을 표시하려면, 먼저 앞의 x좌표를 보고, x축을 따라 0에서
그 숫자까지 가야 한다. 그다음에는 뒤의 y좌표 값만큼 위나 아래로
가면 된다.

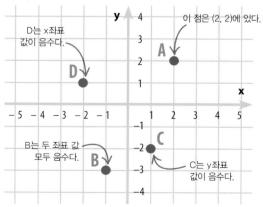

D는 x좌표
값이 음수다.

이 점은 (2, 2)에 있다.

B는 두 좌표 값
모두 음수다.

C는 y좌표
값이 음수다.

▷ 같은 방법으로 각 점을 표시한다. 좌표 값이 음수이면, x축에서 왼쪽으로,
y축에서 아래로 가야 한다.

직선의 방정식

좌표평면에서 어떤 좌표의 점들을 지나는 직선을 방정식으로 표현할 수
있습니다. 예를 들어 방정식 y=x+1이 나타내는 직선은, 그 직선 위에 있는
점이 모두 y좌표가 x좌표보다 1만큼 큽니다.

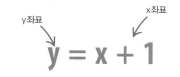

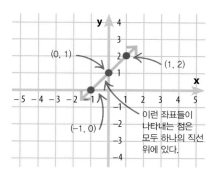

직선 방정식은 좌표 몇 개만으로도 구할 수 있다. 이 직선은
점 (−1, 0), (0, 1), (1, 2)를 지나므로, 이 좌표들이 어떤 패턴을
갖고 있는지 쉽게 알 수 있다.

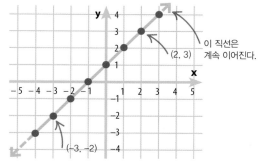

이 방정식의 그래프는 y좌표가 x좌표보다 1만큼 큰 모든 점들로
이루어져 있다(y=x+1). 이 직선을 이용하면 이 방정식을
만족시키는 다른 좌표도 구할 수 있다.

세계 지도

좌표는 지구 상의 위치를 나타낼 때도 사용합니다. 이때는 위도선과
경도선을 이용하는데, 이는 그래프의 x축, y축과 같은 역할을 합니다.
이 경우에 '원점'은 그리니치 자오선(경도 0도)과 적도(위도 0도)가 교차하는
곳입니다.

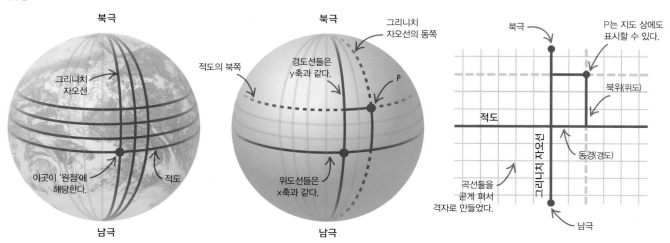

경도선들은 북극에서 남극까지 이어진다.
위도선들은 경도선과 직각을 이룬다.
원점은 적도(x축)와 그리니치 자오선(y축)이
교차하는 곳이다.

P 같은 지점의 좌표는 그 점이
그리니치 자오선에서 동쪽으로
몇 도 떨어져 있는지, 그리고
적도에서 북쪽으로 몇 도 떨어져
있는지 알아보면 구할 수 있다.

지구 표면은 위와 같은 식으로 지도 상에
나타낸다. 위도선과 경도선은 좌표축과
같은 역할을 한다. 세로선들은 경도를
나타내고, 가로선들은 위도를 나타낸다.

벡터

벡터는 크기와 방향이 있는 직선입니다.

벡터는 특정 방향으로의 거리를 나타내는 한 방법입니다. 보통 화살표가 붙는 직선으로 그립니다.
직선의 길이는 벡터의 크기를, 화살표는 벡터의 방향을 나타냅니다.

참조	
90~93 ◁	좌표
평행 이동	▷ 98~99
피타고라스의 정리	▷ 128~129

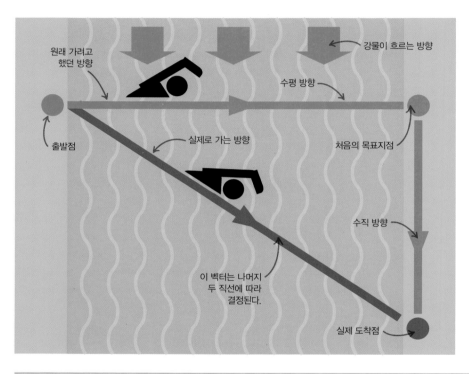

벡터란 무엇일까요?

벡터는 어떠한 방향으로의 거리입니다. 벡터는 비스듬한 사선 거리일 때가 많은데, 그런 경우에 직선은 직각삼각형(128~129쪽 참조)의 빗변을 이룹니다. 따라서 그 삼각형의 나머지 두 변에 따라 벡터의 길이와 방향이 결정됩니다. 왼쪽의 예에서 수영하는 사람의 경로는 벡터입니다. 삼각형의 나머지 두 변은 출발점에서 건너편 강가까지의 거리와, 처음의 목표지점에서 실제 도착점까지의 거리입니다.

◁ 수영하는 사람의 벡터
한 사람이 폭 30m의 강을 건너려고 수영을 시작한다. 수영하는 동안 물살에 밀린 그는 결국 원래의 목적지보다 20m 아래에 도착하고 만다. 그의 경로는 수평 성분 30, 수직 성분 −20으로 구성된 벡터다.

벡터 표현하기

그래프에서 벡터는 화살표가 붙은 직선으로 그려 크기와 방향을 나타냅니다. 벡터를 문자와 숫자로 적는 방법은 세 가지가 있습니다.

$v =$ 'V'는 벡터를 지칭할 때, 심지어 크기를 모르는 벡터를 지칭할 때도 많이 쓰는 문자다. 보통 그래프에서 벡터의 이름으로 쓰인다.

$\overrightarrow{ab} =$ 벡터를 표현하는 또 다른 방법은 시작점(시점)과 종료점(종점)을 적고 그 위에 방향을 나타내는 화살표를 그리는 것이다.

$\begin{pmatrix} 6 \\ 4 \end{pmatrix} =$ 벡터의 크기와 방향은 벡터의 수평 성분과 수직 성분을 위아래로 적어 나타낼 수도 있다.

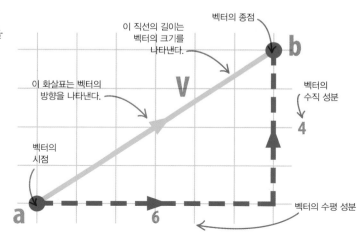

벡터의 방향

벡터의 방향은 벡터의 성분들이 양수인가 음수인가에 따라 결정됩니다. 수평 성분이 양수이면 오른쪽으로, 음수이면 왼쪽으로 이동하고 수직 성분이 양수이면 위쪽으로, 음수이면 아래쪽으로 이동한다는 뜻입니다.

▷ **왼쪽 위로 이동**

수평 성분이 음수, 수직 성분이 양수일 때 벡터는 왼쪽 위로 향한다.

수평 성분이 음수이면 왼쪽으로 이동한다. $\begin{pmatrix} -3 \\ 3 \end{pmatrix}$ 수직 성분이 양수이면 위쪽으로 이동한다.

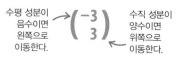

이 벡터는 왼쪽 위를 가리킨다.

▷ **왼쪽 아래로 이동**

수평, 수직 성분이 모두 음수일 때 벡터는 왼쪽 아래로 향한다.

수평 성분이 음수이면 왼쪽으로 움직인다. $\begin{pmatrix} -3 \\ -3 \end{pmatrix}$ 수직 성분이 음수이면 아래쪽으로 움직인다.

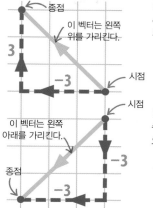

이 벡터는 왼쪽 아래를 가리킨다.

▷ **오른쪽 위로 이동**

수평, 수직 성분 모두 양수일 때 벡터는 오른쪽 위로 향한다.

수평 성분이 양수이면 오른쪽으로 이동한다. $\begin{pmatrix} 3 \\ 3 \end{pmatrix}$ 수직 성분이 양수이면 위쪽으로 이동한다.

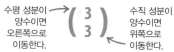

이 벡터는 오른쪽 위를 가리킨다.

▷ **오른쪽 아래로 이동**

수평 성분이 양수, 수직 성분이 음수일 때 벡터는 오른쪽 아래로 향한다.

수평 성분이 양수이면 오른쪽으로 이동한다. $\begin{pmatrix} 3 \\ -3 \end{pmatrix}$ 수직 성분이 음수이면 아래쪽으로 이동한다.

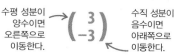
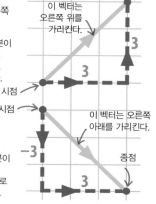

이 벡터는 오른쪽 아래를 가리킨다.

동치 벡터

벡터는 같은 평면에서 위치가 달라도 수평·수직 성분이 같으면 같은 것으로 봅니다.

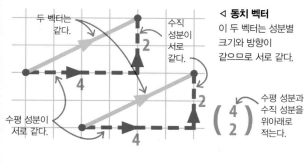

◁ **동치 벡터**

이 두 벡터는 성분별 크기와 방향이 같으므로 서로 같다.

두 벡터는 같다. 수직 성분이 서로 같다. 수평 성분이 서로 같다.

$\begin{pmatrix} 4 \\ 2 \end{pmatrix}$ 수평 성분과 수직 성분을 위아래로 적는다.

▷ **동치 벡터**

이 두 벡터는 가로·세로 성분의 크기와 방향이 같으므로 서로 같다.

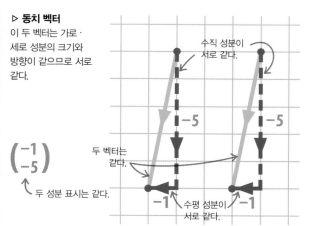

$\begin{pmatrix} -1 \\ -5 \end{pmatrix}$ 두 성분 표시는 같다.

두 벡터는 같다. 수직 성분이 서로 같다. 수평 성분이 서로 같다.

벡터의 크기

비스듬한 벡터는 직각삼각형의 가장 긴 변(c)에 해당합니다. 피타고라스의 정리를 이용하면, 수직 성분의 길이(a)와 수평 성분의 길이(b)로 벡터의 길이를 구할 수 있습니다.

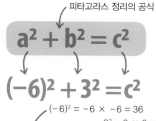

벡터는 직각삼각형에서 가장 긴 변, 공식에서 c 값에 해당한다. 공식에서 a 값. 공식에서 b 값.

피타고라스 정리의 공식

$$a^2 + b^2 = c^2$$

$$(-6)^2 + 3^2 = c^2$$

$(-6)^2 = -6 \times -6 = 36$

$3^2 = 3 \times 3 = 9$

벡터의 수직 성분과 수평 성분을 공식에 대입한다.

▼

$$36 + 9 = c^2$$

두 값을 각각 거듭 곱해 제곱을 구한다.

▼

c^2은 벡터의 제곱이다.

$$45 = c^2$$

두 제곱을 더한다. 그 합은 c^2(벡터 길이의 제곱)과 같다.

▼

45의 제곱근

c는 벡터의 길이이다. $c = \sqrt{45}$

그 합(45)의 제곱근을 구한다.

▼

벡터의 길이

$$c = 6.7$$

답은 벡터의 크기(길이)에 해당한다.

벡터의 덧셈과 뺄셈

벡터의 덧셈과 뺄셈은 두 가지 방법으로 할 수 있습니다. 하나는 벡터를 숫자로 표현한 후 수평 성분은 수평 성분끼리 수직 성분은 수직 성분끼리 더하거나 빼는 것입니다. 다른 하나는 벡터들을 이어서 그린 후 새로 생긴 벡터를 확인하는 것입니다.

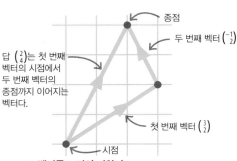

▷ **덧셈**
벡터의 덧셈은 두 가지 방법으로 할 수 있다. 어느 방법으로 하든 나오는 답은 같다.

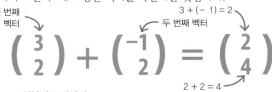

첫 번째 벡터 · 두 번째 벡터

$$3 + (-1) = 2$$

$$\begin{pmatrix} 3 \\ 2 \end{pmatrix} + \begin{pmatrix} -1 \\ 2 \end{pmatrix} = \begin{pmatrix} 2 \\ 4 \end{pmatrix}$$

$$2 + 2 = 4$$

△ **성분별로 더하기**
벡터를 더하려면, 위의 두 수(수평 성분)끼리 더하고 아래의 두 수(수직 성분)끼리 더하면 된다.

답 $\begin{pmatrix} 2 \\ 4 \end{pmatrix}$는 첫 번째 벡터의 시점에서 두 번째 벡터의 종점까지 이어지는 벡터다.

△ **벡터를 그려서 더하기**
첫 번째 벡터의 종점에서 두 번째 벡터를 그린다. 그렇게 해서 생긴 새 벡터, 즉 첫 번째 벡터의 시점에서 두 번째 벡터의 종점까지 이어지는 벡터가 바로 답이다.

▷ **뺄셈**
벡터의 뺄셈은 두 가지 방법으로 할 수 있다. 어느 방법으로 하든 나오는 답은 같다.

첫 번째 벡터 · 두 번째 벡터

$$3 - (-1) = 4$$

$$\begin{pmatrix} 3 \\ 2 \end{pmatrix} - \begin{pmatrix} -1 \\ 2 \end{pmatrix} = \begin{pmatrix} 4 \\ 0 \end{pmatrix}$$

$$2 - 2 = 0$$

△ **성분별로 빼기**
한 벡터에서 다른 벡터를 빼려면, 첫 번째 벡터의 수평 성분에서 두 번째 벡터의 수평 성분을 뺀 다음, 수직 성분끼리도 같은 식으로 빼면 된다.

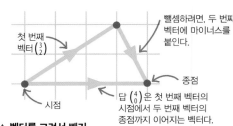

뺄셈하려면, 두 번째 벡터에 마이너스를 붙인다.

답 $\begin{pmatrix} 4 \\ 0 \end{pmatrix}$은 첫 번째 벡터의 시점에서 두 번째 벡터의 종점까지 이어지는 벡터다.

△ **벡터를 그려서 빼기**
첫 번째 벡터를 그린 다음, 그 벡터의 종점에서 두 번째 벡터의 반전형을 그린다. 이 뺄셈의 답은 첫 번째 벡터의 시점에서부터 두 번째 벡터의 종점까지 이어지는 벡터다.

벡터의 곱셈

벡터와 수는 곱할 수 있지만, 벡터와 벡터는 곱할 수 없습니다. 벡터의 방향은 양수를 곱하면 원래대로 유지되지만, 음수를 곱하면 반전됩니다. 벡터의 곱셈은 숫자로 할 수 있고, 그래프로도 할 수 있습니다.

▽ **벡터 a**
벡터 a는 수평 성분이 −4, 수직 성분이 +2 이다. 이는 아래처럼 숫자로도 표현할 수 있고, 그래프로도 나타낼 수 있다.

$$a = \begin{pmatrix} -4 \\ 2 \end{pmatrix}$$

수평 성분 / 수직 성분

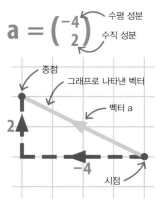

▽ **벡터 a 곱하기 2**
벡터 a 곱하기 2를 숫자로 계산하려면, 벡터의 수평 성분과 수직 성분에 각각 2를 곱하면 된다. 그래프로 하려면, 원래 벡터의 길이를 두 배로 연장하기만 하면 된다.

벡터 a

$$2 \times -4 = -8$$

$$2a = 2 \times \begin{pmatrix} -4 \\ 2 \end{pmatrix} = \begin{pmatrix} -8 \\ 4 \end{pmatrix}$$

$$2 \times 2 = 4$$

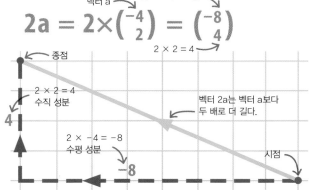

벡터 2a는 벡터 a보다 두 배로 더 길다.

▽ **벡터 a 곱하기 $-\frac{1}{2}$**
벡터 a 곱하기 $-\frac{1}{2}$ 을 숫자로 계산하려면, 각 성분에 $-\frac{1}{2}$ 을 곱하면 된다. 그래프로 하려면, 벡터 a에 비해 길이가 절반이고 방향이 반대인 벡터를 그리면 된다.

$$-\frac{1}{2} \times -4 = +2$$

벡터 a

$$-\frac{1}{2}a = -\frac{1}{2} \times \begin{pmatrix} -4 \\ 2 \end{pmatrix} = \begin{pmatrix} +2 \\ -1 \end{pmatrix}$$

$$-\frac{1}{2} \times 2 = -1$$

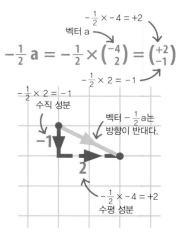

벡터 $-\frac{1}{2}$ a는 방향이 반대다.

기하학에서 벡터 다루기

벡터는 도형의 증명에도 사용할 수 있습니다. 여기서는 벡터를 이용해, '삼각형에서 두 변의 중점을 잇는
선분은 나머지 한 변과 평행하고 길이가 그 변의 절반이다'라는 명제를 증명해보겠습니다.

먼저 삼각형 ABC에서 두 변을 고른다. AB와 AC를 골랐다면 두 변을 각각
벡터 a와 벡터 b라고 하자. B에서 C로 가려면 곧장 BC라는 경로로 가도 되지만,
BA 그리고 AC라는 경로로 둘러 가도 된다. BA는 AB의 반대이므로
벡터 −a이고, AC는 그냥 b이다. 그러므로 벡터 BC는 −a+b인 셈이다.

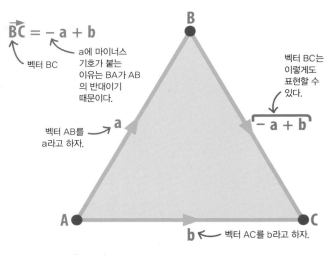

$$\overrightarrow{BC} = -a + b$$

벡터 BC

a에 마이너스
기호가 붙는
이유는 BA가 AB
의 반대이기
때문이다.

벡터 BC는
이렇게도
표현할 수
있다.

$$-a + b$$

벡터 AB를
a라고 하자.

벡터 AC를 b라고 하자.

둘째, 선택한 두 변(AB와 AC)의 중점을 찾는다. AB의 중점을 P,
AC의 중점을 Q라고 하자. 그러면 새로운 벡터가 세 개 생긴다.
AP, AQ, PQ. AP는 벡터 a 길이의 절반이고, AQ는 벡터 b 길이의
절반이다.

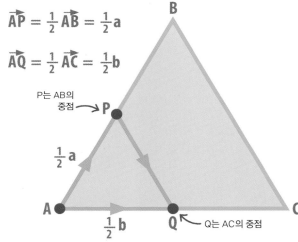

$$\overrightarrow{AP} = \frac{1}{2}\overrightarrow{AB} = \frac{1}{2}a$$

$$\overrightarrow{AQ} = \frac{1}{2}\overrightarrow{AC} = \frac{1}{2}b$$

P는 AB의
중점

$$\frac{1}{2}a$$

$$\frac{1}{2}b$$

Q는 AC의 중점

셋째, 벡터 $\frac{1}{2}$a와 $\frac{1}{2}$b를 이용해 벡터 PQ의 길이를 구한다. P에서 Q
로 둘러 가려면, PA 그리고 AQ의 경로로 가면 된다. PA는 AP의
반대이므로 벡터 $-\frac{1}{2}$a이고, AQ는 이미 알고 있다시피 $\frac{1}{2}$b이다.
그러므로 PQ는 $-\frac{1}{2}$a + $\frac{1}{2}$b이다.

넷째, 증명을 마무리한다. 벡터 PQ와 BC는 방향이 같으므로 서로
평행하다. 따라서 선분 PQ(변 AB와 AC의 중점을 잇는 선분)는
선분 BC와 평행하다. 또 벡터 PQ는 길이가 벡터 BC의 절반이므로,
선분 PQ는 길이가 선분 BC의 절반이다.

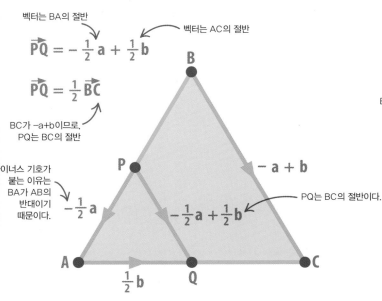

벡터는 BA의 절반

벡터는 AC의 절반

$$\overrightarrow{PQ} = -\frac{1}{2}a + \frac{1}{2}b$$

$$\overrightarrow{PQ} = \frac{1}{2}\overrightarrow{BC}$$

BC가 −a+b이므로,
PQ는 BC의 절반

마이너스 기호가
붙는 이유는
BA가 AB의
반대이기
때문이다.

$$-\frac{1}{2}a$$

$$-a + b$$

$$-\frac{1}{2}a + \frac{1}{2}b$$

PQ는 BC의 절반이다.

$$\frac{1}{2}b$$

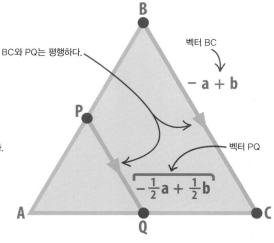

BC와 PQ는 평행하다.

벡터 BC

$$-a + b$$

벡터 PQ

$$-\frac{1}{2}a + \frac{1}{2}b$$

평행 이동

평행 이동은 도형의 위치를 바꾸는 일입니다.

평행 이동은 변환의 일종으로, 도형의 각 점을 같은 방향으로 같은 거리만큼 옮기는 일입니다. 평행 이동 후의 도형은 크기와 모양이 원래 위치의 도형과 똑같습니다. 평행 이동은 벡터로 적습니다.

평행 이동의 원리

평행 이동에서는 도형을 새로운 위치로 옮기되 크기나 모양 등이 다른 특징은 전혀 바꾸지 않습니다. 여기서는 삼각형 ABC를 평행 이동시켜 $A_1B_1C_1$을 만들어보겠습니다. 이 평행 이동은 T_1이라고 부르겠습니다. 그리고 삼각형 $A_1B_1C_1$을 다시 평행 이동시켜 $A_2B_2C_2$를 만들어보겠습니다. 이 두 번째 평행 이동은 T_2라고 부르겠습니다.

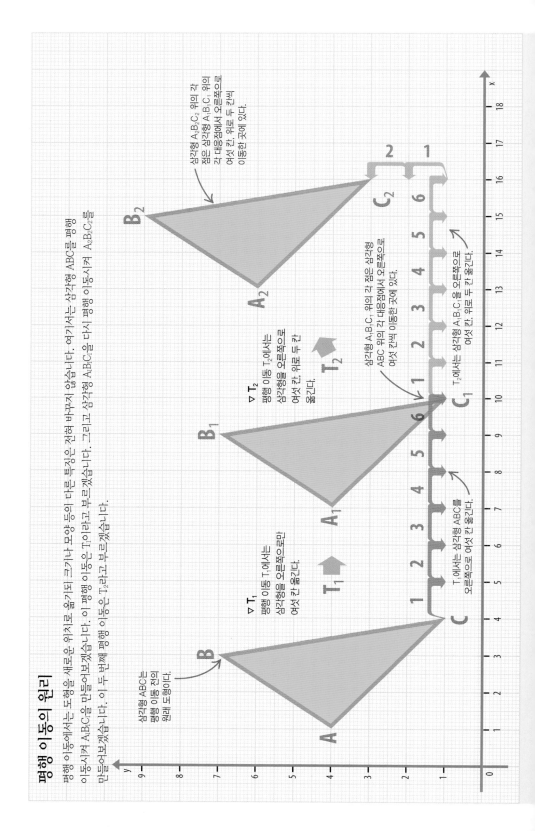

삼각형 ABC는 평행 이동 전의 원래 도형이다.

▽ T_1
평행 이동 T_1에서는 삼각형을 오른쪽으로만 여섯 칸 옮긴다.

T_1에서는 삼각형 ABC를 오른쪽으로 여섯 칸 옮긴다.

▽ T_2
평행 이동 T_2에서는 삼각형을 오른쪽으로 여섯 칸, 위로 두 칸 옮긴다.

T_2에서는 삼각형 $A_1B_1C_1$을 오른쪽으로 여섯 칸, 위로 두 칸 옮긴다.

삼각형 $A_1B_1C_1$ 위의 각 점은 삼각형 ABC 위의 각 대응점에서 오른쪽으로 여섯 칸 이동한 곳에 있다.

삼각형 $A_2B_2C_2$ 위의 각 점은 삼각형 $A_1B_1C_1$ 위의 각 대응점에서 오른쪽으로 여섯 칸, 위로 두 칸 이동한 곳에 있다.

평행 이동을 숫자로 표현하기

평행 이동은 벡터로 적습니다. 벡터의 위 숫자는 도형이 이동하는 수평 거리를 나타내고, 아래 숫자는 수직 이동 거리를 나타냅니다. 이 두 숫자는 괄호 안에 넣습니다. 두 가지 이상의 평행 이동을 나타내는 경우에는 헷갈리지 않도록 변호를 붙입니다. 여기서는 T_1, T_2, T_3으로 썼습니다.

$$T_1 = \begin{pmatrix} 6 \\ 0 \end{pmatrix}$$

평행 이동 변호 ↗

수평으로 이동하는 거리 ↘

수직으로 이동하는 거리 ↘

△ 평행 이동 T_1

삼각형 ABC를 $A_1B_1C_1$의 위치로 옮기면, 각 점이 수평으로는 여섯 칸씩 이동하지만, 수직으로는 전혀 이동하지 않는다. 그 벡터는 위와 같이 적는다.

$$T_2 = \begin{pmatrix} 6 \\ 2 \end{pmatrix}$$

평행 이동 변호 ↗

수평으로 이동하는 거리 ↘

수직으로 이동하는 거리 ↘

△ 평행 이동 T_2

삼각형 $A_1B_1C_1$을 $A_2B_2C_2$의 위치로 옮기면, 각 점이 수평으로 여섯 칸씩, 그리고 수직으로 두 칸씩 이동한다. 그 벡터는 위와 같이 적는다.

평행 이동의 방향

평행 이동의 벡터를 나타내는 데 쓰이는 수가 양수인가 음수인가 하는 문제는 해당 도형의 이동 방향에 따라 결정됩니다. 도형이 오른쪽이나 위로 이동하면 그 수는 양수이고, 도형이 왼쪽이나 아래로 이동하면 그 수는 음수입니다.

▽ 벡터 성분이 음수인 평행 이동

직사각형 $ABCD$는 왼쪽 아래로 이동하므로 벡터 두 성분은 모두 음수다.

원래의 도형 ↗

아래로 한 칸 이동한다. ↘

평행 이동 T_1로 생긴 직사각형 ↗

수평으로 (왼쪽으로) 이동하는 거리

수직으로 (아래로) 이동하는 거리

$$T_1 = \begin{pmatrix} -3 \\ -1 \end{pmatrix}$$

왼쪽으로 세 칸 이동한다.

▽ 평행 이동 T_1

평행 이동 T_1에서는 직사각형 $ABCD$를 세 위치 $A_1B_1C_1D_1$로 옮긴다. 이런 이동을 벡터로 적으면 왼쪽과 같아지는데, 이 벡터는 두 성분이 모두 음수다.

자세히 보기

쪽매맞춤(tessellation)

쪽매맞춤은 도형으로 표면을 빈틈없이 덮어서 무늬를 만드는 일입니다. 평행 이동만으로 쪽매맞춤을 할 수 있는 도형이 두 가지 있습니다. 바로 정사각형과 정육각형입니다. 정육각형 하나를 평면 위에 옮겨 쪽매맞춤을 하려면, 여섯 가지 평행 이동이 필요합니다. 그리고 정사각형의 경우에는 여덟 가지 평행 이동이 필요합니다.

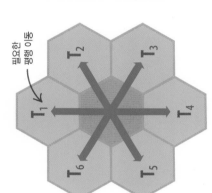

△ 정육각형

바깥쪽이 정육각형들을 모두 가운데 정육각형이 평행 이동으로 생긴 것이다. 쪽매맞춤은 이와 같은 식으로 계속된다.

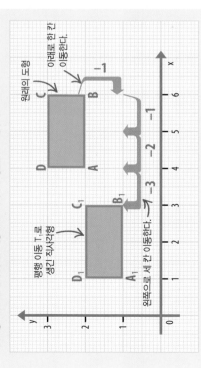

필요한 평행 이동 →

△ 정사각형

가장자리를 둘러싼 정사각형들은 모두 가운데 정사각형이 평행 이동으로 생긴 것이다. 쪽매맞춤은 이와 같은 식으로 계속된다.

회전

회전은 변환의 일종으로, 어떤 한 점을 중심으로 도형을 회전시킵니다.

회전이 일어나는 중심을 회전 중심이라 부르고, 도형이 돌아간 정도를 회전각이라고 부릅니다.

회전의 특징

회전은 회전 중심이라는 고정점을 중심으로 몇 도 회전하는가가 포인트입니다. 원래 도형 위의 한 점과 회전한 도형 위의 대응점은 회전 중심까지의 거리가 같습니다. 회전 중심은 도형 안에 있을 수도 있고 바깥에 있을 수도 있고 윤곽선 위에 있을 수도 있습니다. 컴퍼스, 자, 각도기를 이용하면 회전을 그릴 수도 있고, 이미 일어난 회전의 중심과 각도를 알아낼 수도 있습니다.

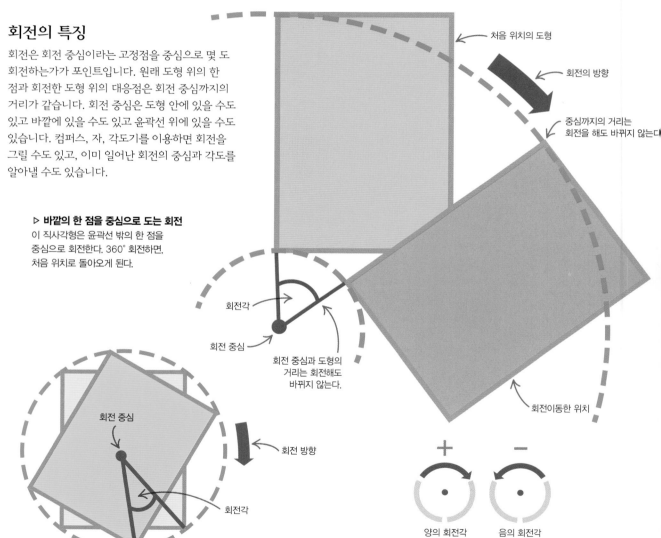

처음 위치의 도형

회전의 방향

중심까지의 거리는 회전을 해도 바뀌지 않는다

▷ **바깥의 한 점을 중심으로 도는 회전**
이 직사각형은 윤곽선 밖의 한 점을 중심으로 회전한다. 360° 회전하면, 처음 위치로 돌아오게 된다.

회전각

회전 중심

회전 중심과 도형의 거리는 회전해도 바뀌지 않는다.

회전이동한 위치

회전 중심

회전 방향

회전각

△ **안쪽의 한 점을 중심으로 도는 회전**
도형 안쪽의 한 점을 중심으로 회전할 수도 있다.
이 직사각형은 도형 자체의 중심점을 중심으로 회전했다.
180° 회전하면 이 도형은 처음의 위치와 정확히 겹쳐질 것이다.

+ 양의 회전각

− 음의 회전각

△ **회전각**
회전각은 양수이거나 음수이거나 둘 중 하나다.
회전각이 양수이면 도형이 시계 방향으로 회전하고,
회전각이 음수이면 도형이 시계 반대 방향으로 회전한다.

회전이동 그리기

회전이동을 그리려면, 세 가지 정보가 필요합니다. 회전시킬 대상, 회전 중심의 위치, 회전각의 크기.

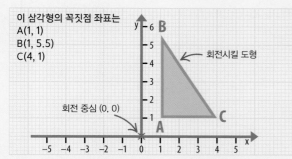

이 삼각형의 꼭짓점 좌표는
A(1, 1)
B(1, 5.5)
C(4, 1)

회전 중심 (0, 0)

회전시킬 도형

삼각형 ABC의 위치와 회전 중심이 위와 같을 때, 이 삼각형을 −90°, 즉 시계 반대 방향으로 90° 회전시켜보자. 회전이동한 삼각형은 y축의 왼쪽에 생길 것이다.

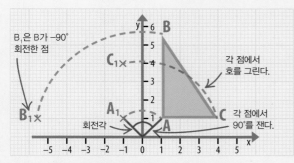

B_1은 B가 −90° 회전한 점

각 점에서 호를 그린다.

각 점에서 90°를 잰다.

회전각

컴퍼스의 한쪽 바늘 끝으로 회전 중심을 누르고, 점 A, B, C에서부터 시계 반대 방향으로 호를 그린다(시계 반대 방향인 이유는 회전각이 음수이기 때문이다). 그리고 각도기의 중심을 회전 중심에 맞추고, 각 점에서부터 90°를 재어 각과 호의 교차점을 표시한다.

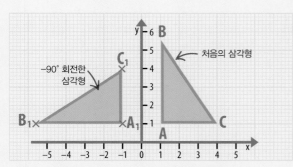

−90° 회전한 삼각형

처음의 삼각형

새로 생긴 세 점을 A_1, B_1, C_1이라고 한다. 그리고 그 셋을 이어 삼각형을 완성한다. 새 삼각형 $A_1B_1C_1$ 위의 각 점은 원래 삼각형 ABC의 각 대응점이 시계 반대 방향으로 90° 회전해서 생긴 것이다.

회전각과 회전 중심 알아내기

회전 전의 도형과 회전 후의 도형이 있으면, 회전 중심과 회전각을 알아낼 수 있습니다.

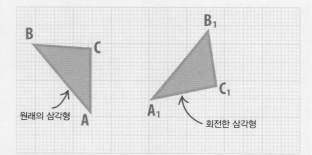

원래의 삼각형

회전한 삼각형

삼각형 $A_1B_1C_1$은 삼각형 ABC의 회전으로 생긴 삼각형이다. 회전 중심과 회전각을 알아내려면, 대응점을 두 쌍 골라 연결한 선분을 정확히 수직으로 이등분하는 선(수직 이등분선, 110~111쪽 참조)을 그려야 한다. 여기서는 대응점으로 A와 A_1, B와 B_1을 선택한다.

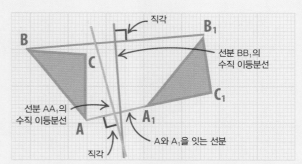

직각

선분 BB_1의 수직 이등분선

선분 AA_1의 수직 이등분선

A와 A_1을 잇는 선분

직각

컴퍼스와 자를 사용해, A와 A_1을 잇는 선분의 수직 이등분선, B와 B_1을 잇는 선분의 수직 이등분선을 그린다. 두 수직 이등분선은 교차할 것이다.

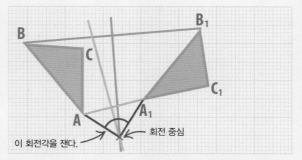

이 회전각을 잰다.

회전 중심

회전 중심은 두 수직 이등분선이 교차하는 점이다. 회전각을 알아내려면, A와 A_1을 회전 중심과 잇는 선분을 하나씩 긋고 두 선분 사이의 각을 재면 된다.

반사

반사는 어떤 물체나 도형이 반사 축을 기준으로 반대쪽으로 이동하는 것입니다.
반사되어 생긴 도형은 거울에 비친 것과 같은 모양입니다.

참조	
88~89 ◁	대칭
90~93 ◁	좌표
98~99 ◁	평행 이동
100~101 ◁	회전
확대 ▷	104~105

반사의 특징

어떤 물체나 도형 위의 한 점(예컨대 A)과 반사되어 생긴 도형의
대응점(예컨대 A_1)은 반사 축을 기준으로 서로 반대쪽에 있고
반사 축까지의 거리가 같습니다. 도형의 맨 아랫부분은
반사 축과 닿아 있습니다.

▽ **반사된 산**
점 A, B, C, D, E가 표시된 이 산은
점 A_1, B_1, C_1, D_1, E_1이 있는
반사된 산과 대응한다.

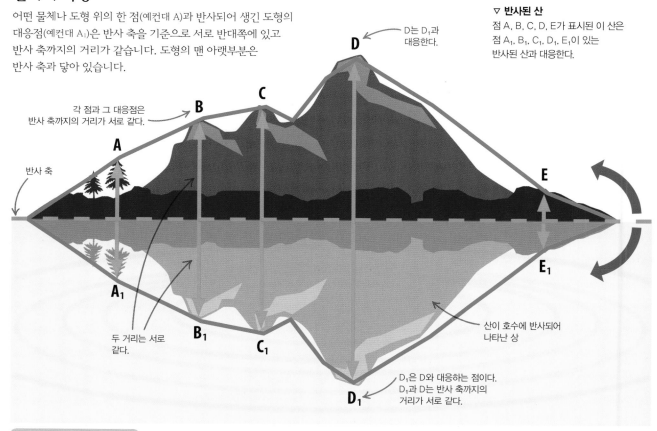

D는 D_1과 대응한다.

각 점과 그 대응점은 반사 축까지의 거리가 서로 같다.

반사 축

두 거리는 서로 같다.

산이 호수에 반사되어 나타난 상

D_1은 D와 대응하는 점이다. D_1과 D는 반사 축까지의 거리가 서로 같다.

자 세 히 보 기

만화경

만화경은 여러 개의 거울과 색색의 구슬로 무늬를 만들어냅니다. 이 무늬는 구슬들이 거울에 계속 반사되어 나타나는 것입니다.

거울 두 개

단순한 만화경에는 서로 직각(90°)을 이루는
거울 두 개와 색색의 구슬 몇 개가 들어 있다.

구슬이 거울에 한 번 반사된 모습

▷ 구슬들이 두 거울에 반사되어 무늬 두 개가
양쪽에 하나씩 생긴다.

거듭 반사되어 생긴 모양

▷ 두 무늬가 각각 또다시 반사되어
하나 더 생긴다.

반사이동 그리기

어떤 도형의 반사된 도형을 그리려면 반사 축과 도형의 위치를 알아야 합니다. 반사된 도형
위의 각 점과 원래 도형 위의 대응점은 반사 축까지의 거리가 같을 것입니다. 여기서는
$y=x$라는 식을 표현한 직선(x좌표와 y좌표가 같음)을 반사 축으로 삼아 삼각형 ABC를 반사이동
시켜보겠습니다.

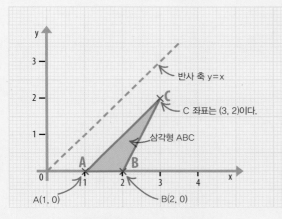

먼저 반사 축을 그린다. 방정식 $y=x$는 점 (0, 0), (1, 1), (2, 2),
(3, 3) 등을 지난다. 그다음 반사시킬 도형 삼각형 ABC를 그린다.
이 삼각형은 꼭짓점의 좌표가 (1, 0), (2, 0), (3, 2)이다. 각 좌표에서
앞의 숫자는 x좌표 값, 뒤의 숫자는 y좌표 값에 해당한다.

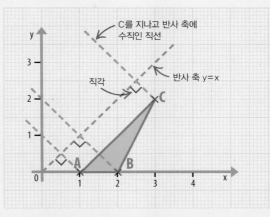

삼각형 ABC의 각 꼭짓점을 지나고 반사 축과 직각(90°)을
이루는 직선을 긋는다. 이 세 직선은 반사 축을 넘어 계속
이어지도록 여유 있게 그린다. 이 직선 위에서 반사된 도형의
새 좌표를 찾을 것이다.

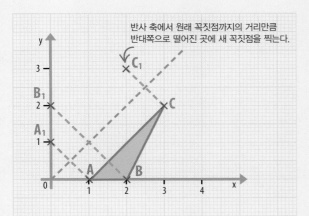

삼각형 ABC의 각 꼭짓점에서 반사 축까지의 거리를 잰 다음,
반사 축 반대쪽에 같은 거리만큼 떨어진 곳을 찾아 새 꼭짓점으로
표시한다. 새 꼭짓점은 문자에 작은 1을 덧붙여 A_1 등으로
표시한다.

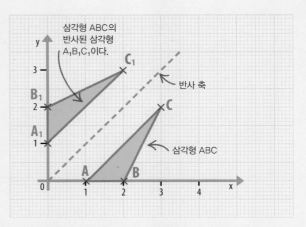

꼭짓점 A_1, B_1, C_1을 연결해 새 도형을 완성한다. 이 삼각형의
각 꼭짓점은 반사 축 너머 원래 삼각형의 꼭짓점과 대응한다.
각 꼭짓점과 그 대응점은 반사 축까지의 거리가 서로 같다.

확대

확대는 모양은 같으나 크기는 다른 도형을 만드는 변환입니다.

확대상은 확대 중심이라는 한 고정점을 통해 만들 수 있습니다. 원래 도형보다 크게, 또는 작게 만들 수도 있습니다. 크기가 어떻게 바뀌는가는 배율에 따라 결정됩니다.

참조	
56~59 ◁	비와 비례
98~99 ◁	평행 이동
100~101 ◁	회전
102~103 ◁	반사

확대의 특징

도형을 확대할 때의 배율이란, 대응하는 부분의 길이가 몇 배가 되는가를 나타냅니다. 예를 들어 배율이 5라면, 면적이 아닌 변의 길이가 5배 확대된 도형을 만드는 것이라고 할 수 있습니다.

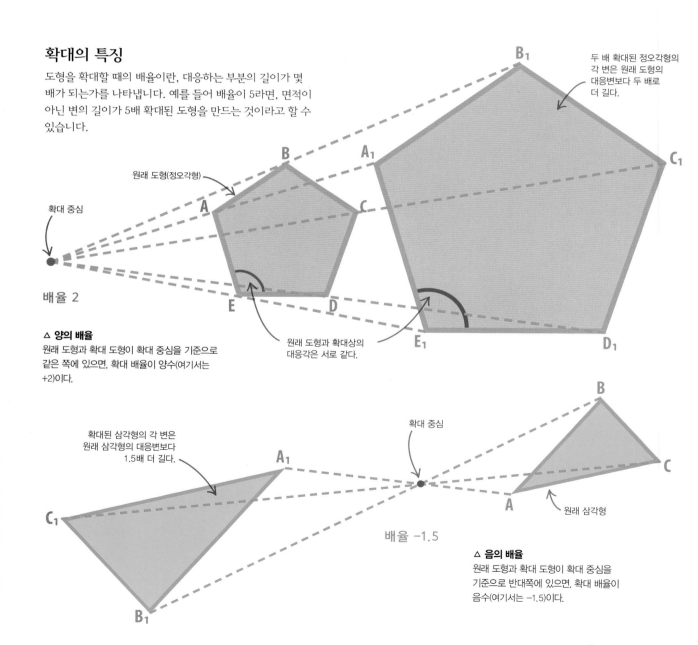

두 배 확대된 정오각형의 각 변은 원래 도형의 대응변보다 두 배로 더 길다.

원래 도형(정오각형)

확대 중심

배율 2

원래 도형과 확대상의 대응각은 서로 같다.

△ **양의 배율**
원래 도형과 확대 도형이 확대 중심을 기준으로 같은 쪽에 있으면, 확대 배율이 양수(여기서는 +2)이다.

확대된 삼각형의 각 변은 원래 삼각형의 대응변보다 1.5배 더 길다.

확대 중심

배율 −1.5

원래 삼각형

△ **음의 배율**
원래 도형과 확대 도형이 확대 중심을 기준으로 반대쪽에 있으면, 확대 배율이 음수(여기서는 −1.5)이다.

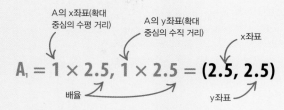

확대 도형 만들기

도형을 좌표대로 모눈종이에 그리면 확대 도형을 만들 수 있습니다.
여기서는 확대 중심 (0, 0)을 통해 사각형 ABCD를 배율 2.5로 확대해봅니다.

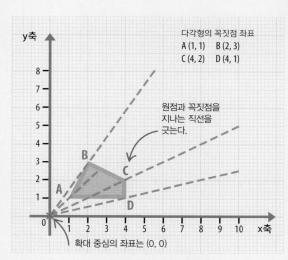

정해진 좌표대로 다각형 ABCD를 그린다. 확대 중심에서 도형의 각 꼭짓점을 지나는 직선을 긋는다.

A의 x좌표(확대 중심의 수평 거리)　A의 y좌표(확대 중심의 수직 거리)　x좌표

$$A_1 = 1 \times 2.5, 1 \times 2.5 = (2.5, 2.5)$$

배율　y좌표

같은 원리를 나머지 점에도 적용해 각 점의 x좌표와 y좌표를 알아낸다.

$$B_1 = 2 \times 2.5, 3 \times 2.5 = (5, 7.5)$$

$$C_1 = 4 \times 2.5, 2 \times 2.5 = (10, 5)$$

$$D_1 = 4 \times 2.5, 1 \times 2.5 = (10, 2.5)$$

▶ A_1, B_1, C_1, D_1의 좌표를 계산한다. 각 꼭짓점과 확대 중심 (0, 0)의 수평 거리 및 수직 거리에 배율 2.5를 곱하면 된다.

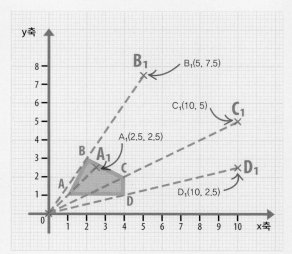

▶ x축과 y축에서 해당 좌표 값을 찾아, 확대 도형의 꼭짓점들을 표시한다. 확대 도형의 꼭짓점을 A_1, B_1, C_1, D_1로 표시한다.

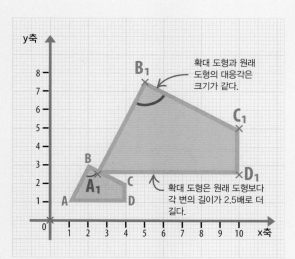

▶ 새 꼭짓점들을 연결한다. 확대 도형은 원래 도형과 비교하면 각 변은 2.5배로 더 길지만 각 내각의 크기는 똑같은 사각형이다.

척도

척도는 어떤 물체를 실제 크기보다 크게 또는 작게 표시하여
편하게 볼 수 있도록 해줍니다.

척도는 지도처럼 실물을 축소할 때도 사용하지만
마이크로칩 설계도 같은 것은 반대로 확대하여 그리기도 합니다.

참조	
56~59 ◁	비와 비례
104~105 ◁	확대
	원 ▷ 138~139

척도 정하기

다리 같은 대형 물체의 도면을 정확하게 그리려면, 그 물체의 온갖 치수를 모두 일정한 비율로
축소해야 합니다. 척도 그리기의 첫 단계는 확대·축소 비율(배척·축척)을 정하는 일입니다.
여기서는 10m를 1cm로 해보았습니다.

척도에서의 길이(cm)   실제 길이(cm)

1cm : 1,000cm

비를 나타내는 기호

◁ **비로 표현한 척도**
10m를 1cm로 하는 척도의 비로
표현하려면 cm를 공통 단위로 쓴다.

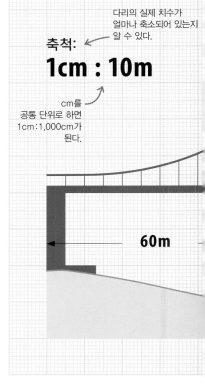

다리의 실제 치수가
얼마나 축소되어 있는지
알 수 있다.

축척:
1cm : 10m

cm를
공통 단위로 하면
1cm:1,000cm가
된다.

60m

척도 그리는 법

예로 농구장의 축소도를 그려보겠습니다. 이 농구장은 길이가 30m, 너비가 15m입니다.
한가운데에는 반지름이 1m인 원이 하나 있고, 양쪽 끝에는 반지름이 5m인 반원이 하나씩 있습니다.
축소도를 그리려면, 먼저 간단하게 그림을 그리고 실제 치수를 표시해야 합니다. 그다음 축소
비율(축척)을 알아냅니다. 그 비율로 계산하여, 그 결과값을 이용해 최종 도면을 만듭니다.

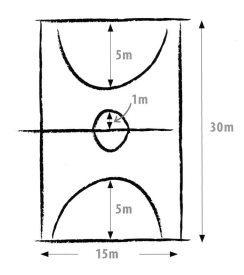

참고용으로 간단히 그림을 그린 뒤, 거기에 실제 치수를 표시한다.
가장 긴 길이(30m), 종이 크기에 주의하여 적당한 축척을
알아낸다.

농구장의 가장 긴 실제 치수(30m)가 종이에서 10cm 미만의 공간에
들어가야 한다면, 축척을 다음과 같이 정하면 편리할 것입니다.

척도에서의 치수 **1cm : 5m** 실제 치수

비의 단위를 맞추면 1cm:500cm가 되므로 이를 이용해 축소도에서
사용할 치수를 알아낼 수 있습니다.

	계산하기 쉽도록 m를 cm로 바꾼 실제 치수	축척의 뒷부분	축소도에서 사용할 길이
농구장 길이 =	3,000cm	÷ 500 =	**6cm**
농구장 너비 =	1,500cm	÷ 500 =	**3cm**
중앙원 반지름 =	100cm	÷ 500 =	**0.2cm**
반원 반지름 =	500cm	÷ 500 =	**1cm**

▶ 적당한 척도를 선택해 비를 가장 작은 단위로 맞춘다. 실제 길이도 cm로
바꾸고 축척의 뒷부분 숫자로 나눠 축소도의 길이를 계산한다.

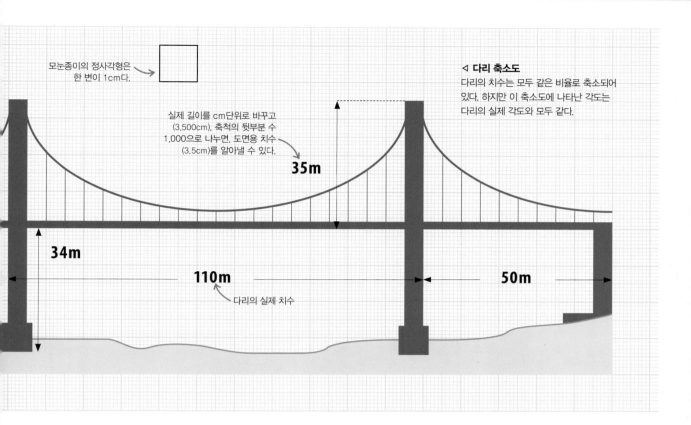

모눈종이의 정사각형은
한 변이 1cm다.

실제 길이를 cm단위로 바꾸고
(3,500cm), 축척의 뒷부분 수
1,000으로 나누면, 도면용 치수
(3.5cm)를 알아낼 수 있다.

35m

◁ **다리 축소도**
다리의 치수는 모두 같은 비율로 축소되어
있다. 하지만 이 축소도에 나타난 각도는
다리의 실제 각도와 모두 같다.

34m

110m

다리의 실제 치수

50m

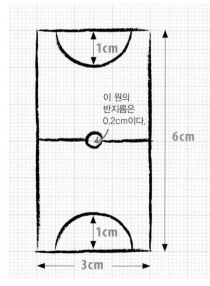

1cm

이 원의
반지름은
0.2cm이다.

6cm

3cm

계산한 길이를 사용해 약도를 한 번 더 그린다.
이 그림을 참고해 최종 도면을 그릴 것이다.

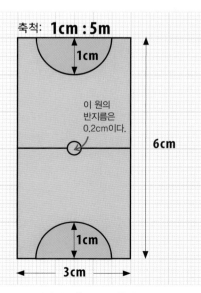

축척: **1cm : 5m**

1cm

이 원의
반지름은
0.2cm이다.

6cm

1cm

3cm

농구장의 최종 축소도를 정확하게 그린다.
직선을 그을 때는 자를 사용하고, 원과 반원을
그릴 때는 컴퍼스를 사용한다.

현 실 세 계

지도

지도의 축척은 지도에서 다루는 면적에 따라
달라집니다. 아래 프랑스 지도는 1cm:150km
의 축척을 사용하였습니다. 하지만 한 소도시
를 보려면, 1cm:500m 정도의 축척이 적당할
것입니다.

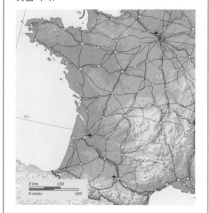

방위

방위는 동서남북 방향을 나타내는 한 가지 방법입니다.

방위는 정확한 방향을 나타냅니다. 방위는 낯선 지역에서
길을 찾는 데 매우 중요합니다.

방위란?

방위는 나침반이 가리키는 북쪽(자북)에서부터 시계
방향으로 측정한 각도(방위각)입니다. 보통 270°와
같이 세 자리 정수의 각도로 나타내지만, 247.5°처럼
소수부가 있는 수치로 나타내기도 합니다.
이는 'WSW' 또는 '서남서'라고 쓰기도 합니다.

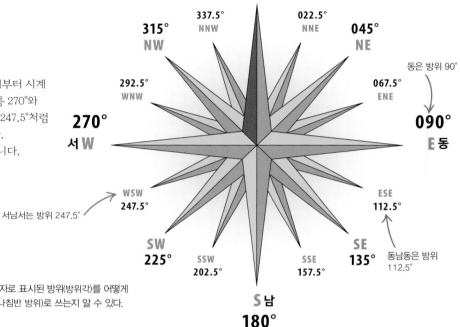

△ **나침반과 방위**
이 방위표를 보면, 숫자로 표시된 방위(방위각)를 어떻게
문자로 표시된 방위(나침반 방위)로 쓰는지 알 수 있다.

방위각 그리는 법

우선 출발점을 중심점으로 정합니다. 그리고 각도기를 출발점 또는
중심점에 놓고 자북에서부터 시계 방향으로 각도를 그립니다.

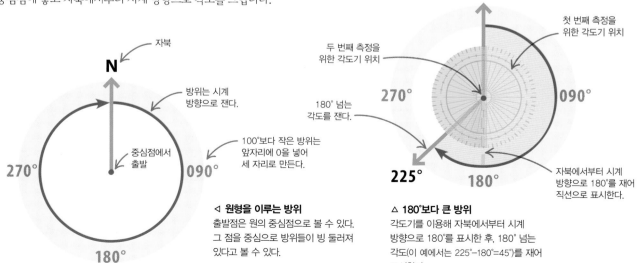

◁ **원형을 이루는 방위**
출발점은 원의 중심점으로 볼 수 있다.
그 점을 중심으로 방위들이 빙 둘러져
있다고 볼 수 있다.

△ **180°보다 큰 방위**
각도기를 이용해 자북에서부터 시계
방향으로 180°를 표시한 후, 180° 넘는
각도(이 예에서는 225°−180°=45°)를 재어
표시한다.

방위로 이동 경로 표시하기

방위를 이용하면, 이동 경로를 그림으로 나타낼 수 있습니다. 이 예에서는 비행기 한 대가 방위각 290°로 300km를 날아간 다음, 방향을 바꿔 방위각 045°로 200km를 날아갑니다. 그 후에 출발점으로 돌아오는 마지막 구간을 1cm:100km 축척으로 그려보겠습니다.

축척
1cm : 100km

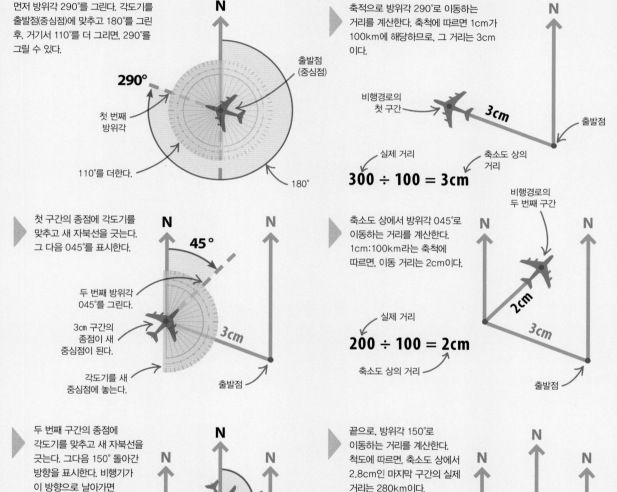

먼저 방위각 290°를 그린다. 각도기를 출발점(중심점)에 맞추고 180°를 그린 후, 거기서 110°를 더 그리면, 290°를 그릴 수 있다.

N

290°

첫 번째 방위각

110°를 더한다.

180°

출발점 (중심점)

축척으로 방위각 290°로 이동하는 거리를 계산한다. 축척에 따르면 1cm가 100km에 해당하므로, 그 거리는 3cm 이다.

N

비행경로의 첫 구간

3cm

출발점

실제 거리   축소도 상의 거리

300 ÷ 100 = 3cm

첫 구간의 종점에 각도기를 맞추고 새 자북선을 긋는다. 그 다음 045°를 표시한다.

N   N

45°

두 번째 방위각 045°를 그린다.

3cm 구간의 종점이 새 중심점이 된다.

각도기를 새 중심점에 놓는다.

3cm

출발점

축소도 상에서 방위각 045°로 이동하는 거리를 계산한다. 1cm:100km라는 축척에 따르면, 이동 거리는 2cm이다.

N   N

비행경로의 두 번째 구간

2cm

3cm

실제 거리

200 ÷ 100 = 2cm

축소도 상의 거리

출발점

두 번째 구간의 종점에 각도기를 맞추고 새 자북선을 긋는다. 그다음 150° 돌아간 방향을 표시한다. 비행기가 이 방향으로 날아가면 출발점으로 돌아가게 된다.

x = 150°

N

x

이 각을 잰다.

2cm

3cm

마지막 구간을 그린다.

출발점

끝으로, 방위각 150°로 이동하는 거리를 계산한다. 척도에 따르면, 축소도 상에서 2.8cm인 마지막 구간의 실제 거리는 280km이다.

N   N

y = 2.8cm

2cm   y

3cm

축소도 상의 거리

2.8 × 100 = 280km

비행경로 마지막 구간의 실제 거리

출발점으로 돌아온다.

작도

컴퍼스와 자를 이용해 각가지 도형을 그리는 것을 작도라고 합니다.

선, 각 등의 기하 도형을 정확하게 그리는 일을 작도라고 합니다. 작도에 필요한 도구는 컴퍼스와 자입니다.

수직선 작도

두 직선이 90°, 즉 직각으로 교차하면 수직을 이룬다고 합니다. 수직선을 작도하는 방법은 두 가지가 있습니다. 하나는 직선 상의 한 점을 가로질러 그리는 것이고, 다른 하나는 직선 위쪽이나 아래쪽의 한 점을 이용하는 것입니다.

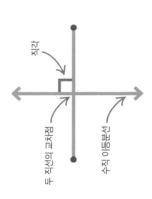

두 직선의 교차점

직각

수직 이등분선

◁ **수직 이등분선**
수직 이등분선은 한 선분을 직각, 즉 90°로 지나며 그 선분을 정확하게 반으로 나눕니다.

직선 상의 한 점을 이용하기

직선 상에 표시된 한 점을 이용해 수직선을 작도할 수 있습니다. 표시된 점은 두 직선이 직각으로 교차할 위치에 해당합니다.

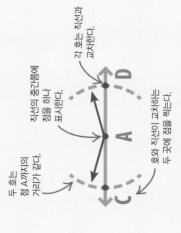

두 호는 점 A까지의 거리가 같다.

직선의 중간쯤에 점을 하나 표시한다.

각 호는 직선과 교차한다.

호와 직선이 교차하는 곳에 점을 찍는다.

직선을 하나 그린 다음 그 직선 상에 점을 하나 찍고 A라고 하자. 컴퍼스의 바늘로 점 A를 누른 채, 양쪽에 반지름이 같은 호를 하나씩 그린다.

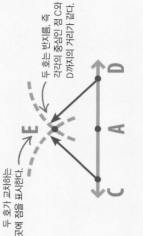

두 호가 교차하는 곳에 점을 표시한다.

두 호는 반지름, 즉 각각의 중심인 점 C와 D까지의 거리가 같다.

컴퍼스 바늘로 점 C를 누르고 직선 위로 호를 하나 그린다. 점 D에서도 똑같이 한다. 그러면 두 호는 한 점에서 교차할 것이다. 그 점을 E라고 하자.

직선 E A는 직선 CD와 수직을 이룬다.

두 직선은 점 A에서 교차한다.

이제 E와 A를 지나는 직선을 그린다. 이 직선은 처음의 직선과 수직(직각)을 이룬다.

직선 위쪽의 한 점을 이용하기

직선의 위쪽에 표시된 한 점을 이용해서도 수직선을 작도할 수 있습니다. 이 점은 수직선이 지나는 점입니다.

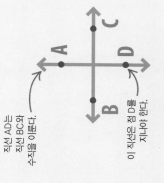

직선을 하나 긋는다.
그 점을 A라고 하자.

직선을 하나 긋고 그 위쪽에 점을
하나 찍는다. 그 점을 A라고 하자.

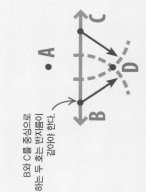

A를 중심으로
호를 두 개
그린다.

A를 중심으로
그린 호들은 직선과 교차하는 두 점이
생긴다. 그 두 점을 B와 C라고 하자.

▶ 컴퍼스 바늘로 점 A를 누르고 호를
두 개 그리면 직선과 교차하는 두 점이
생긴다. 그 두 점을 B와 C라고 하자.

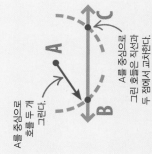

B와 C를 중심으로
하는 두 호의 반지름이
같아야 한다.

▶ 컴퍼스를 이용해 점 B와 점 C를 각각 중심으로
하여 반지름이 같은 호를 두 개를 직선 아래쪽에
그린다. 두 호는 한 점에서 교차한다.
그 점을 D라고 하자.

직선 AD는
직선 BC와
수직을 이룬다.

이 직선은 점 D를
지나야 한다.

▶ 이제 점 A와 점 D를 지나는
직선을 그린다. 이 직선은
직선 BC와 수직(직각)을
이룬다.

수직 이등분선 작도하기

선분의 중점을 직각, 즉 90°로 지나는 직선을 수직 이등분선이라고 합니다.
수직 이등분선은 선분의 위아래에 점을 하나씩 찍어서 작도할 수 있습니다.

선분 PQ

먼저 선분을 하나 그리고, 양 끝 점을
P와 Q라고 하자.

점 P를 중심으로
호를 하나 그린다.

컴퍼스의 다리
간격을 선분 PQ
의 절반 넘짓으로
잡는다.

▶ 컴퍼스 바늘로 점 P를 누른 채, 반지름이 선분
PQ 길이의 절반 넘짓 되는 호를 하나 그린다.

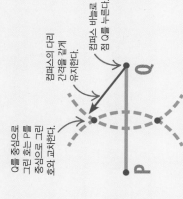

Q를 중심으로
그린 호가 P를
중심으로 그린
호와 교차한다.

컴퍼스의 다리
간격을 같게
유지한다.

컴퍼스 바늘로
점 Q를 누른다.

▶ 컴퍼스의 다리 간격을 똑같이 하여 점 Q를
중심으로 호를 하나 더 그린다. 이 호는
첫 번째 호와 두 점에서 교차할 것이다.

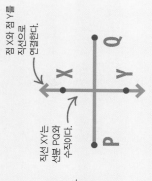

점 X와 점 Y를
직선으로
연결한다.

직선 XY는
선분 PQ와
수직이다.

▶ 두 호의 교차점들을 X와 Y라고 하자.
점 X와 점 Y를 잇는 직선을 긋는다.
이 직선이 바로 선분 PQ의 수직
이등분선이다.

각 이등분하기

각의 꼭짓점을 지나고 각의 크기를 반으로 나누는 직선을 작도할 수 있습니다. 컴퍼스를 사용해 각을 나타내는 두 반직선 위에 점을 표시해 그려보겠습니다.

각의 이등분선은 꼭짓점을 지난다.

각의 반직선 a

▷ 각의 이등분선
한 각의 이등분선은 꼭짓점을 지나 각을 똑같은 두 부분으로 나눈다.

각의 반직선 b

각의 이등분선은 반직선 a와 b 사이의 한가운데에 있다.

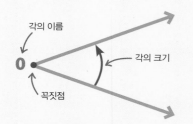

각의 이름

각의 크기

꼭짓점

먼저 적당한 크기의 각을 하나 그린다. 이 각의 꼭짓점을 o라고 하자.

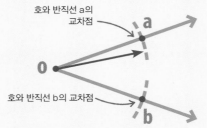

호와 반직선 a의 교차점

호와 반직선 b의 교차점

컴퍼스 바늘로 꼭짓점을 누르고 호를 하나 그린다. 호가 각의 두 반직선과 교차하는 곳에 점을 표시한다.

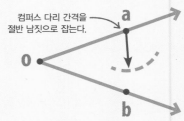

컴퍼스 다리 간격을 절반 남짓으로 잡는다.

컴퍼스 바늘로 점 a를 누르고, 두 반직선 사이의 공간에 호를 하나 그린다.

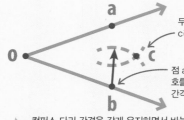

두 호가 교차하는 점을 c라고 하자.

점 a와 점 b를 각각 중심으로 호를 그릴 때는 컴퍼스 다리 간격을 같게 유지한다.

컴퍼스 다리 간격을 같게 유지하면서 바늘로 점 b를 누르고 호를 하나 더 그린다. 두 호는 한 점에서 교차한다. 이 교차점을 c라고 하자.

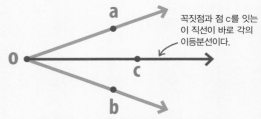

꼭짓점과 점 c를 잇는 이 직선이 바로 각의 이등분선이다.

꼭짓점 o와 점 c를 잇는 직선을 긋는다. 그 직선이 바로 각의 이등분선이다. 이 각은 이제 똑같은 크기로 나눠졌다.

자 세 히 보 기

합동인 삼각형

삼각형은 모양과 크기가 서로 똑같으면 합동입니다. 위에서 이등분선을 작도하면서 표시해놓은 점들을 이용하면, 합동인 삼각형 두 개를 만들 수 있습니다(이등분선 위와 아래에 하나씩).

▷ 삼각형 작도하기
각의 이등분선을 작도한 후에 찍혀 있는 점들을 연결하면, 합동인 삼각형 두 개가 생긴다.

점 a와 점 c를 연결하면 첫 번째 삼각형이 생긴다.

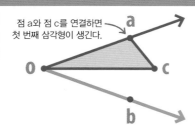

점 a에서 점 c까지 선분을 그어 첫 번째 삼각형(위 그림에서 옅은 빨간색 부분)을 만든다.

삼각형 obc는 삼각형 oac의 반사된 도형이다.

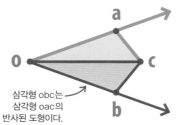

점 b에서 점 c까지 선분을 그어 두 번째 삼각형(위 그림에서 옅은 빨간색 부분)을 그린다.

90°와 45° 각 작도하기

각을 이등분하는 방법을 이용하면, 각도기를 사용하지 않고도 직각(90°)과 45° 같이
자주 쓰는 각을 작도할 수 있습니다.

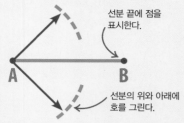

선분 끝에 점을
표시한다.

선분의 위와 아래에
호를 그린다.

선분 AB를 그린다. 점 A를 중심으로 컴퍼스 다리
간격을 선분 길이의 절반 남짓으로 잡아 선분의
위와 아래에 호를 그린다.

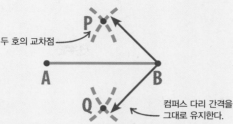

두 호의 교차점

컴퍼스 다리 간격을
그대로 유지한다.

컴퍼스 다리 간격을 똑같이 유지하면서 점 B를
중심으로 선분 위아래에 호를 그린다. 두 호의
교차점을 P와 Q라고 하자.

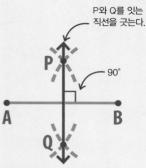

P와 Q를 잇는
직선을 긋는다.

90°

점 P와 점 Q를 잇는 직선을 그린다.
이 직선은 선분 AB의 수직 이등분선으로,
90° 각이 네 개 생긴다.

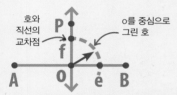

호와
직선의
교차점

o를 중심으로
그린 호

점 o를 중심으로 호를 하나 그려 두 직선과
교차시킨다. 호와 두 직선이 교차하는 두 점을
f와 e라고 하자.

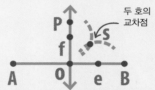

두 호의
교차점

컴퍼스 다리 간격을 그대로 유지하면서
점 f와 점 e를 중심으로 호를 하나씩 그린다.
두 호의 교차점을 s라고 하자.

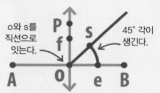

o와 s를
직선으로
잇는다.

45° 각이
생긴다.

점 o와 점 s를 잇는 직선을 긋는다.
이 직선은 90°의 이등분선이다.
90° 각은 이제 45° 두 개로 분할되었다.

60° 각 작도하기

세 변의 길이가 같고 세 내각이 모두 60°인 정삼각형은
각도기 없이도 작도할 수 있습니다.

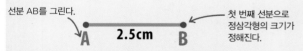

선분 AB를 그린다.

첫 번째 선분으로
정삼각형의 크기가
정해진다.

2.5cm

선분을 하나 긋는다. 이 선분은 삼각형의 한 변이 될 것이다.
여기서 이 선분은 2.5cm이지만, 어떤 길이로 그리든 상관없다.
선분의 양 끝 점을 A와 B라고 하자.

컴퍼스 다리 간격을
선분 AB의 길이로
잡는다.

2.5cm

두 원호가
교차하는 곳에
점을 표시한다.

2.5cm

컴퍼스의 다리 간격을 선분 AB의 길이와 같게 잡는다. 점 A를
중심으로 원호를 하나 그린 다음, 점 B를 중심으로 원호를 하나
더 그린다. 두 원호의 교차점을 C라고 하자.

점 A와 점 C를 잇는 선분을
그린다. 선분 AC는 선분 AB와
길이가 같다. 이 두 선분의 각은
60°이다.

C

2.5cm

점 A와
점 C를
잇는다.

이 각은 60°이다.

2.5cm

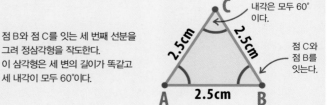

점 B와 점 C를 잇는 세 번째 선분을
그려 정삼각형을 작도한다.
이 삼각형은 세 변의 길이가 똑같고
세 내각이 모두 60°이다.

C

내각은 모두 60°
이다.

2.5cm

2.5cm

점 C와
점 B를
잇는다.

2.5cm

자취

자취는 특정 규칙을 지키며 움직이는 점의 경로입니다.

참조	
82~83 ◁	기하학 도구
106~107 ◁	척도
110~113 ◁	작도

자취란?

원과 직선처럼 우리에게 익숙한 도형의 대부분이 자취의 예입니다. 특정 조건을 따르는 점의 경로이기 때문입니다. 물론 더 복잡한 도형도 자취에 해당됩니다. 자취는 어떤 장소를 정확하게 찾아내는 등의 실용적인 문제를 해결하는 데 도움이 될 때도 많습니다.

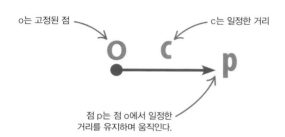

o는 고정된 점

c는 일정한 거리

점 p는 점 o에서 일정한 거리를 유지하며 움직인다.

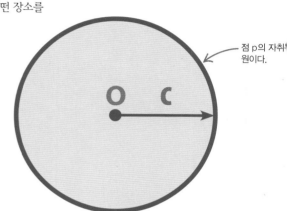

점 p의 자취는 원이다.

점 p의 자취를 그리려면 컴퍼스와 연필이 필요하다. 컴퍼스 바늘로 고정점 o를 누르고 컴퍼스 다리를 일정한 거리 c만큼 벌린다.

▷ 컴퍼스를 한 바퀴 돌렸을 때 그려진 도형을 보면, 그 자취가 원임을 알 수 있다. 그 원의 중심은 점 o이고 반지름은 컴퍼스 바늘과 연필 사이의 일정한 거리인 c이다.

자취 그리기

자취를 그리려면, 정해진 규칙을 따르는 점들을 모두 찾아야 합니다. 그러려면 컴퍼스, 연필, 자가 필요합니다. 여기서는 고정된 선분 AB에서 일정한 거리를 유지하며 움직이는 점의 자취를 어떻게 알아낼 수 있는지 살펴보겠습니다.

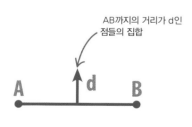

AB까지의 거리가 d인 점들의 집합

선분 AB를 긋는다. A와 B는 고정점이다. 이제 선분 AB에서 거리 d만큼 떨어진 점들을 표시한다.

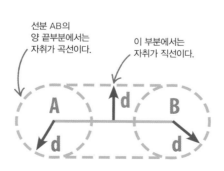

선분 AB의 양 끝부분에서는 자취가 곡선이다.

이 부분에서는 자취가 직선이다.

▷ 점들의 자취는 점 A와 점 B 사이에서는 직선을, 선의 양 끝부분에서는 반원을 이룬다. 컴퍼스를 이용해 자취를 그려본다.

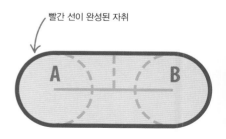

빨간 선이 완성된 자취

▷ 이것이 바로 완성된 자취다. 이 자취는 육상 트랙과 같은 모양을 띠고 있다.

자 세 히   보 기

나선형 자취

좀 더 복잡한 모양의 자취도 있습니다. 아래의 예에서는 원통에
감기는 끈의 끝 점이 나선형 자취를 그려가는 과정을 살펴봅니다.

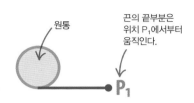

원통

끈의 끝부분은
위치 P_1에서부터
움직인다.

P_1

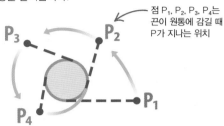

점 P_1, P_2, P_3, P_4는
끈이 원통에 감길 때
P가 지나는 위치

P_3 P_2

P_4 P_1

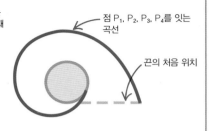

점 P_1, P_2, P_3, P_4를 잇는
곡선

끈의 처음 위치

▶ 처음에는 끈이 곧게 펴진 채 바닥에 놓여 있다.
점 P_1은 끈 끝부분의 위치.

▶ 끈이 원통에 감기면서 끝부분이
원통 표면에 점점 가까워진다.

▶ 점 P의 경로를 그려보면,
나선형 자취가 나타난다.

자취 이용하기

예를 들어 200km 떨어져 있는 두 라디오
방송국이 있다고 생각해봅시다. 두 방송국은
주파수가 같고 각각 송신 범위가 150km여서
송신 범위가 겹치는 지역에서는 혼선이
일어납니다. 따라서 혼선이 일어나는 범위를
알아내고자 합니다. 흔적과 축소도(106~107쪽
참조)를 이용해 알아봅시다.

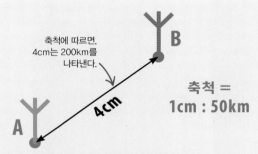

축척에 따르면,
4cm는 200km를
나타낸다.

B

A

4cm

축척 =
1cm : 50km

혼선 지역을 알아내려면 먼저 축척을 정한 다음, 각 송신기의
범위를 그려야 한다. 여기서는 축척을 1cm:50km로 한다.

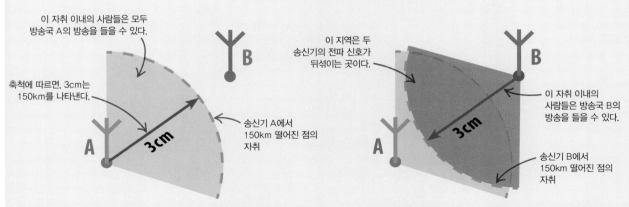

이 자취 이내의 사람들은 모두
방송국 A의 방송을 들을 수 있다.

B

축척에 따르면, 3cm는
150km를 나타낸다.

A

3cm

송신기 A에서
150km 떨어진 점의
자취

이 지역은 두
송신기의 전파 신호가
뒤섞이는 곳이다.

B

A

3cm

이 자취 이내의
사람들은 방송국 B의
방송을 들을 수 있다.

송신기 B에서
150km 떨어진 점의
자취

▶ 방송국 A의 방송을 들을 수 있는 지역을 표시한다. 송신기 A에서
150km 떨어진 점의 자취를 그리면 된다. 축척에 따르면
150km=3cm이므로, A를 중심으로 반지름이 3cm인 호를 그린다.

▶ 방송국 B의 방송을 들을 수 있는 지역을 표시한다. 컴퍼스 다리
간격을 3cm로 잡고 B를 중심으로 호를 그린다. 두 송신기의
범위가 겹치는 곳이 바로 혼선이 발생하는 지역이다.

삼각형

삼각형은 세 직선이 만날 때 생기는 도형입니다.

한 삼각형에는 세 변과 세 내각이 있습니다. 각을 이루는 두 변이 만나는 점을 꼭짓점이라고 합니다. 꼭짓점은 한 삼각형에 세 개가 있습니다.

삼각형이란?

삼각형은 세 변으로 둘러싸인 도형입니다. 삼각형의 세 변 중 어느 변이든 밑변이 될 수 있지만, 보통은 맨 아래의 변을 밑변이라고 부릅니다. 삼각형에서 가장 긴 변은 가장 큰 내각과 마주합니다. 그리고 가장 짧은 변은 가장 작은 내각과 마주합니다. 삼각형의 세 내각을 합하면 180°가 됩니다.

A

가장 짧은 변

가장 긴 변

▲ABC

B

가장 큰 각

가장 작은 각

C

▷ 삼각형 부르는 법

꼭짓점은 보통 알파벳 대문자로 표시한다. 꼭짓점 A, B, C로 구성된 삼각형은 삼각형 ABC 라고 부르고, 삼각형이라는 단어 대신 '△' 기호를 써서 △ABC라고 표기할 수 있다.

꼭짓점
두 변이 만나는 점

둘레
바깥 테두리의 길이

변
삼각형을 이루는 각 선분

각
한 점에서 만들어진 두 직선의 벌어진 정도

밑변
삼각형에서 맨 아래에 놓인 변

삼각형의 종류

삼각형은 변의 길이나 각의 크기에 따라
몇 가지 종류로 나뉩니다.

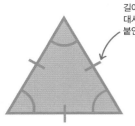

길이가 같은 변에는
대시(–)나 이중대시(=)를
붙인다.

◁ **정삼각형**
세 변의 길이가 같고
세 내각의 크기가
60°로 같은 삼각형.

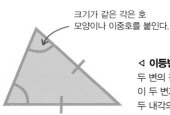

크기가 같은 각은 호
모양이나 이중호를 붙인다.

◁ **이등변삼각형**
두 변의 길이가 같은 삼각형.
이 두 변과 마주하는
두 내각의 크기도 같다.

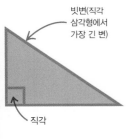

빗변(직각
삼각형에서
가장 긴 변)

◁ **직각삼각형**
한 내각이 90°(직각)인 삼각형.
직각과 마주하는 변을
빗변이라고 부른다.

직각

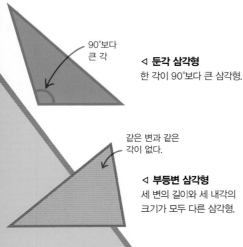

90°보다
큰 각

◁ **둔각 삼각형**
한 각이 90°보다 큰 삼각형.

같은 변과 같은
각이 없다.

◁ **부등변 삼각형**
세 변의 길이와 세 내각의
크기가 모두 다른 삼각형.

삼각형의 내각

삼각형의 내각은 두 변이 만나는 곳마다 하나씩, 총 세 개가 있습니다.
어떤 삼각형이든 세 내각을 합하면 180°가 됩니다. 내각들을 재배치하여
한데 합치면 일직선을 이루게 되는데, 일직선의 각은 180°입니다.

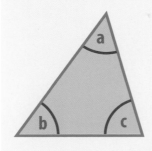

$$a + b + c = 180°$$

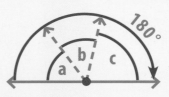

삼각형 내각의 합이 180°임을 증명하기

평행선을 하나 추가하면, 내각 사이에 두 가지 관계가 생겨서,
삼각형 내각의 합이 180°임을 증명할 수 있습니다.

삼각형을 하나 그린 다음,
한 변에 평행한 직선을 밑변의
한 꼭짓점에서부터 그려,
새로운 각을 두 개 만든다.

동위각들은 서로 같고, 엇각들도 서로
같다. 따라서 각 c, a, b가 아래와 같이
일직선 위에 놓이므로 결국 다 합하면
180°가 된다.

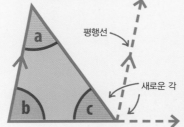

평행선
새로운 각

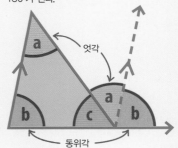

엇각
동위각

삼각형의 외각

삼각형에는 세 내각뿐 아니라 세 외각도 있습니다.
그런 외각들은 삼각형의 각 변을 연장하면
나타납니다. 어떤 삼각형이든 외각의 총합은
360°입니다.

$$x + y + z = 360°$$

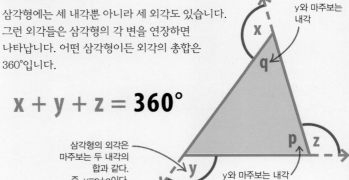

y와 마주보는
내각

삼각형의 외각은
마주보는 두 내각의
합과 같다.
즉, y=p+q이다.

y와 마주보는 내각

삼각형 작도하기

삼각형을 그리려면 컴퍼스, 자, 각도기가 필요합니다.

삼각형을 그릴 때, 세 변의 길이와 세 각의 크기를 모두 알 필요는 없습니다. 길이와 각도의 몇 가지 값만 알면 됩니다.

무엇이 필요할까?

세 변의 길이와 세 각의 크기 중 가지 값만 알면 삼각형을 그릴 수 있습니다. 모르는 나머지 값은 삼각형을 그려진 뒤에 알아낼 수 있습니다. 삼각형은 세 변의 길이를 모두(SSS) 알거나, 두 각의 크기와 그 사이에 있는 한 변의 길이(ASA)를 알거나, 두 변의 길이와 그 끼인각의 크기(SAS)를 알면 그릴 수 있습니다. 또한, 두 삼각형이 SSS나 ASA나 SAS 값을 알면 두 삼각형이 모양과 크기가 똑같은지(두 삼각형이 합동인지) 알 수 있습니다. 이 값들이 서로 같으면, 두 삼각형은 합동입니다.

삼차원 그래픽에서 삼각형 이용하기

삼차원 그래픽은 영화, 컴퓨터게임, 인터넷에서 접할 수 있습니다. 눈을 만한 사실 중 하나는 그래픽을 만들 때 삼 각형을 이용한다는 것입니다. 삼차원 그래픽은 기본 도형 들을 바탕으로 그려지는데, 이 도형들은 수많은 삼각형으로 나눌 수 있습니다. 삼각형의 모양이 변할 때, 그래픽이 움직이는 것처럼 보입니다. 디자이너들은 이 삼각형에 색을 입혀 생기를 불어넣습니다.

▷ 컴퓨터 애니메이션

동작을 만들기 위해 컴퓨터는 수많은 도형의 새로운 모양을 계산한다.

세 변의 길이(SSS)를 아는 삼각형 작도하기

세 변의 길이가 5cm, 4cm, 3cm인 삼각형을 자와 컴퍼스를 이용해 그릴 수 있습니다.

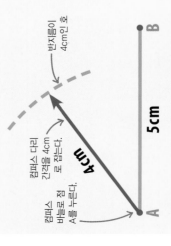

가장 긴 변을 밑변으로 그린다. 밑변의 양 끝 점을 점 A와 B라고 하자. 컴퍼스 다리 간격을 두 번째로 긴 변의 길이인 4cm로 잡고 점 A를 중심으로 호를 그린다.

컴퍼스 바늘로 점 A를 누른다.

컴퍼스 다리 간격을 4cm로 잡는다.

반지름이 4cm인 호

컴퍼스 다리 간격을 세 번째 변의 길이인 3cm로 잡는다. 컴퍼스 바늘로 점 B를 누르고 호를 하나 더 그린다. 두 호가 교차하는 곳을 점 C라고 하자.

컴퍼스 다리 간격을 3cm로 잡는다.

컴퍼스 바늘로 점 B를 누른다.

두 호의 교차점은 삼각형의 나머지 한 꼭짓점이 된다.

점들을 이어 삼각형을 완성한다. 각도기를 이용해 내각들의 크기를 알아본다. 세 내각을 합하면 180°가 될 것이다(90°+53°+37°=180°).

두 각의 크기와 그 사이의 한 변 길이(ASA)를 아는 삼각형 작도하기

예를 들어 두 내각의 크기가 73°와 38°이고 그 사이에 있는 한 변의 길이가 5cm라는 사실을 알면, 삼각형을 작도할 수 있습니다.

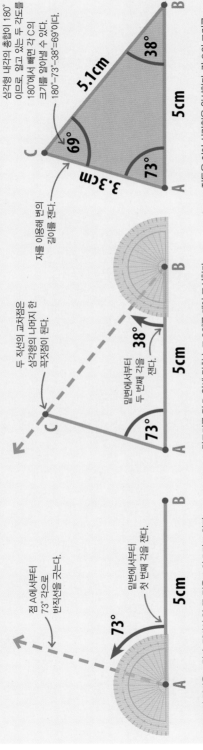

5cm의 밑변을 그린다. 밑변의 양 끝 점을 A와 B라고 하자. 점 A 각도기를 점 A 위에 맞추고 첫 번째 각 73°를 잰 뒤 점 A에서 삼각형의 다른 한 변을 그린다.

점 A에서부터 73° 각으로 반직선을 긋는다.

밑변에서부터 첫 번째 각을 잰다.

각도기를 점 B 위에 맞춰 놓고 38°를 재어 표시한다. 점 B에서부터 삼각형의 또 다른 한 변을 그린다. 점 C는 새로 그은 두 직선이 만나는 곳이다.

두 직선의 교차점은 삼각형의 나머지 한 꼭짓점이 된다.

밑변에서부터 두 번째 각을 잰다.

점들을 이어 삼각형을 완성한다. 각 C의 크기를 확인해보고, 만들어진 두 변의 길이도 자로 재본다.

삼각형 내각의 총합이 180°이므로, 알고 있는 두 각도를 180°에서 빼면 각 C의 크기를 알아낼 수 있다. 180°−73°−38°=69°이다.

자를 이용해 변의 길이를 잰다.

두 변의 길이와 그 끼인각의 크기(SAS)를 아는 삼각형 작도하기

예를 들어 두 변의 길이가 5cm와 4.5cm이고 그 끼인각의 크기가 50°라는 사실을 알면, 삼각형을 작도할 수 있습니다.

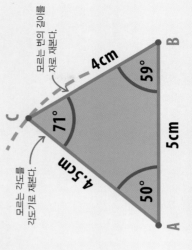

가장 긴 변을 밑변으로 그리고 양 끝 점을 A와 B라고 하자. 점 A 각도기를 점 A 위에 맞춰 놓고 50°를 재어 표시한다. 점 A에서부터 50°로 반직선을 그린다. 그 선은 삼각형의 다른 한 변이 된다.

밑변에서부터 50° 각으로 반직선을 긋는다.

밑변에서부터 변의 끼인각을 잰다.

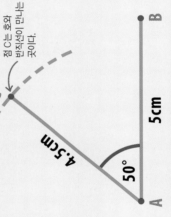

컴퍼스 다리 간격을 두 번째 변의 길이인 4.5cm로 벌린다. 컴퍼스 바늘 끝으로 점 A를 누르고 호를 그린다. 점 A에서부터 그어놓은 반직선과 이 호가 교차하는 곳이 바로 점 C의 위치다.

점 C는 호와 반직선이 만나는 곳이다.

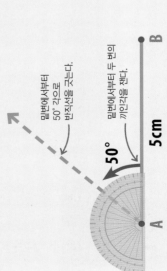

점들을 이어 삼각형을 완성한다. 모든 각도를 각도기로 재보고, 변의 길이도 자로 재본다.

모든 변의 길이를 자로 재본다.

모든 각도를 각도기로 재본다.

합동인 삼각형

모양과 크기가 똑같은 삼각형을 말합니다.

참조	
98~99 ◁ 평행 이동
100~101 ◁ 회전
102~103 ◁ 반사

똑같은 삼각형

두 개 이상의 삼각형에서 대응변의 길이와 대응각의
크기가 모두 같으면 이 삼각형은 합동이라고 부릅니다.
변과 각도 외에도 넓이 등 다른 특징도 모두 같습니다.
다른 도형과 마찬가지로 합동인 삼각형도 평행 이동,
회전, 반사가 모두 가능합니다. 이동한 삼각형은
넓이와 각은 모두 같은데도 다른 것처럼 보일 수도
있습니다.

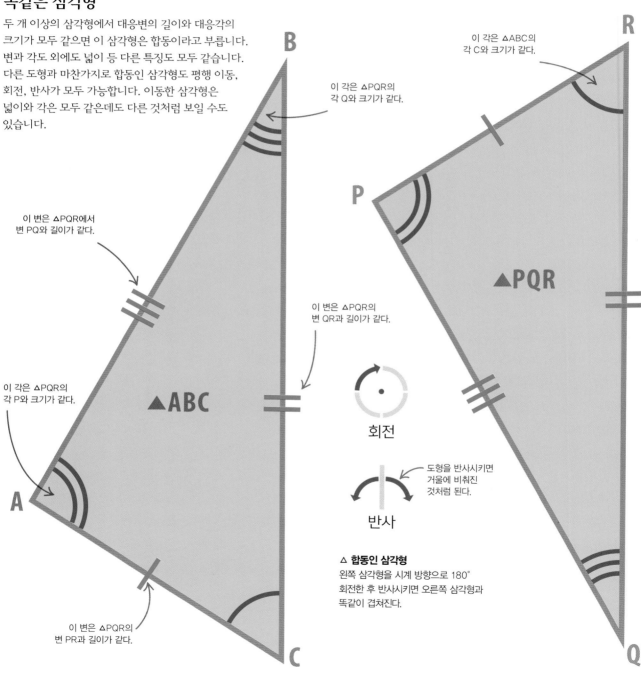

이 각은 △ABC의
각 C와 크기가 같다.

이 각은 △PQR의
각 Q와 크기가 같다.

이 변은 △PQR에서
변 PQ와 길이가 같다.

이 변은 △PQR의
변 QR과 길이가 같다.

▲PQR

이 각은 △PQR의
각 P와 크기가 같다.

▲ABC

회전

도형을 반사시키면
거울에 비춰진
것처럼 된다.

반사

△ **합동인 삼각형**
왼쪽 삼각형을 시계 방향으로 180°
회전한 후 반사시키면 오른쪽 삼각형과
똑같이 겹쳐진다.

이 변은 △PQR의
변 PR과 길이가 같다.

두 삼각형은 합동일까?

변의 길이와 각의 크기를 모두 알지는 못해도 그중 세 가지 값만 알면 두 삼각형이 합동인지 아닌지를 알 수 있습니다.
그런 값들의 조합에는 네 가지가 있습니다.

▷ **변, 변, 변(SSS)**
한 삼각형의 세 변의 길이가
다른 삼각형의 세 변과 같으면,
두 삼각형은 합동이다.

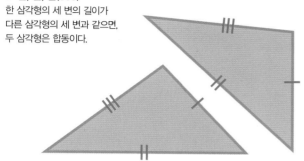

▷ **각, 각, 변(AAS)**
두 각의 크기와 한 변의 길이가
각각 같으면, 두 삼각형은 합동이다.

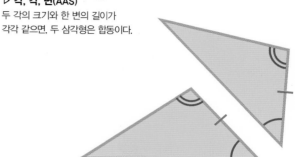

▷ **변, 각, 변(SAS)**
두 변의 길이와 그 끼인각의 크기가
각각 같으면, 두 삼각형은 합동이다.

▷ **직각, 빗변, 변(RHS)**
직각삼각형의 빗변과 다른 한 변의
길이가 각각 같으면, 두 삼각형은
합동이다.

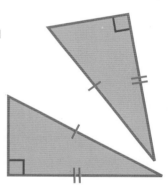

이등변삼각형의 두 각의 크기가 같음을 증명하기

이등변삼각형은 두 변의 길이가 같습니다. 수직선을 하나 그리면, 이등변삼각형의 두 각의 크기도 같다는 것을 쉽게 증명할 수 있습니다.

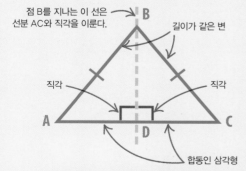

점 B를 지나는 이 선은 선분 AC와 직각을 이룬다.
길이가 같은 변
직각　직각
A　D　C
합동인 삼각형

이등변삼각형에서 두 등변의 꼭짓점을 지나고 밑변과 수직(직각)을 이루는 선을 그린다. 그러면 직각삼각형 두 개가 새로 생기는데 이 두 삼각형은 합동이다. 즉, 모든 면에서 똑같다.

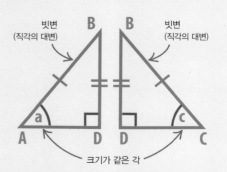

빗변 (직각의 대변)　빗변 (직각의 대변)
a　c
크기가 같은 각

수직선은 두 삼각형이 공통으로 가진 변이다. 두 직각삼각형은 빗변도 서로 같고 다른 한 변도 서로 같다. 따라서 두 삼각형이 합동이므로 각 a와 각 c는 서로 같다.

삼각형의 넓이

삼각형의 넓이는 삼각형 내부 공간의 크기입니다.

참조	
116~117 ◁	삼각형
원의 넓이 ▷	142~143
공식 ▷	177~179

넓이란?

도형의 넓이(면적)란 둘레 안쪽에 있는 공간의 크기를 말합니다.
넓이는 ㎠ 같은 제곱 단위로 측정합니다.
어떤 삼각형의 밑변 길이와 수직 높이를 알면 아래의 간단한
공식에 대입해 삼각형의 넓이를 구할 수 있습니다.

$$넓이 = \frac{1}{2} \times 밑변\ 길이 \times 수직\ 높이$$

삼각형의 넓이를
구하는 공식

삼각형의 넓이는
둘레 안쪽 공간의
크기다.

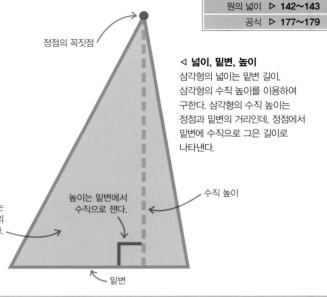

정점의 꼭짓점

◁ 넓이, 밑변, 높이
삼각형의 넓이는 밑변 길이,
삼각형의 수직 높이를 이용하여
구한다. 삼각형의 수직 높이는
정점과 밑변의 거리인데, 정점에서
밑변에 수직으로 그은 길이로
나타낸다.

높이는 밑변에서
수직으로 잰다.

수직 높이

밑변

밑변과 수직 높이

삼각형 넓이를 구하려면 밑변 길이와 수직 높이가 필요합니다. 삼각형의 맨 아래 변을
밑변이라고 부릅니다. 수직 높이는 정점에서 밑변에 수직으로 그은 선의 길이입니다.
삼각형의 세 변 중 어느 변이든 넓이 공식에서 밑변 역할을 할 수 있습니다.

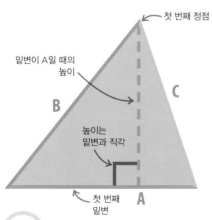

첫 번째 정점

밑변이 A일 때의
높이

B

C

높이는
밑변과 직각

첫 번째
밑변

A

△ A가 밑변일 때
주황색 변(A)을 공식의 밑변으로
하여 삼각형 넓이를 구할 수 있다.
높이는 삼각형의 밑변과 정점 사이의 거리이다.

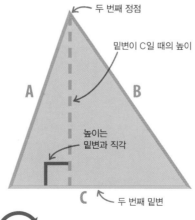

두 번째 정점

밑변이 C일 때의 높이

A

B

높이는
밑변과 직각

C

두 번째 밑변

△ C가 밑변일 때
삼각형의 세 변 중 어느 변이든
밑변 역할을 할 수 있다. 여기서는
삼각형이 회전해 연두색 변(C)이 밑변이 되어
있다. 높이는 그 밑변과 정점 사이의 거리이다.

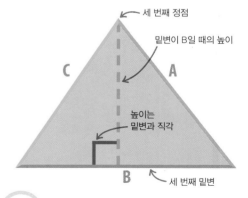

세 번째 정점

밑변이 B일 때의 높이

C

A

높이는
밑변과 직각

B

세 번째 밑변

△ B가 밑변일 때
삼각형이 또다시 회전하여 보라색 변(B)이
밑변이 되어 있다. 높이는 그 밑변과 정점
사이의 거리이다. 공식에서 어느 변을 밑변으로
사용하든 삼각형 넓이는 변함이 없다.

삼각형 넓이 구하기

삼각형의 넓이를 구하려면, 밑변 길이와 수직 높이 값을 공식에 대입하면 됩니다. 그리고 공식대로 곱셈을 하면 됩니다($\frac{1}{2}$×밑변 길이×수직 높이).

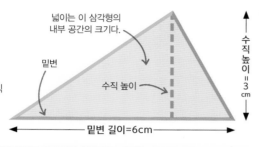

넓이는 이 삼각형의 내부 공간의 크기다.

밑변

수직 높이

수직 높이 = 3 cm

밑변 길이 = 6 cm

▷ 예각 삼각형
이 삼각형은 밑변 길이가 6cm, 수직 높이가 3cm이다. 공식을 이용해 삼각형 넓이를 구해보자.

먼저 삼각형 넓이 공식을 적는다.

그다음 알고 있는 값을 공식에 대입한다.

공식대로 곱셈을 해서 답을 구한다. $\frac{1}{2}$ × 6 × 3 = 9이다. 여기에 cm²라는 넓이 단위를 덧붙인다.

넓이 $= \frac{1}{2} ×$ 밑변 길이 × 수직 높이

넓이 $= \frac{1}{2} × 6 × 3$

넓이는 제곱 단위로 나타낸다.

넓이 $= 9\,cm^2$

수직 높이는 삼각형 바깥에서 측정해도 된다. 밑변과 정점 간의 거리이기만 하면 된다.

넓이는 삼각형의 내부 공간 크기다.

수직 높이 = 4 cm

밑변 길이 = 3 cm

▷ 둔각 삼각형
이 삼각형은 밑변 길이가 3cm, 수직 높이가 4cm이다. 공식을 이용해 삼각형 넓이를 구해보자. 어떤 종류의 삼각형이든 공식과 계산 과정은 똑같다.

먼저 삼각형 넓이 공식을 적는다.

그다음 알고 있는 값을 공식에 대입한다.

곱셈을 해서 답을 구하고, 넓이 단위를 덧붙인다.

넓이 $= \frac{1}{2} ×$ 밑변 길이 × 수직 높이

넓이 $= \frac{1}{2} × 3 × 4$

$\frac{1}{2} × 3 × 4 = 6$

넓이는 제곱 단위로 나타낸다.

넓이 $= 6\,cm^2$

자 세 히   보 기

공식의 원리

삼각형은 모양을 조금 바꾸면 직사각형으로 바꿀 수 있습니다. 그렇게 해보면 삼각형 넓이 공식을 좀 더 쉽게 이해할 수 있습니다.

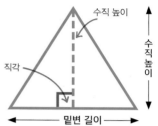

수직 높이

직각

수직 높이

밑변 길이

삼각형을 한 개 그리고, 밑변과 수직 높이를 표시한다.

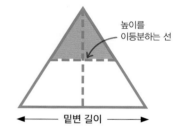

높이를 이등분하는 선

밑변 길이

높이의 중점을 지나고 밑변과 평행을 이루는 선을 긋는다.

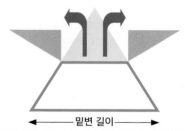

밑변 길이

그러면 작은 삼각형 두 개가 새로 생긴다. 이 두 삼각형을 회전시키면 직사각형을 하나 만들 수 있다. 직사각형은 원래 삼각형과 넓이가 똑같다.

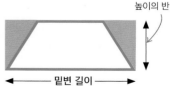

원래 삼각형 높이의 반

밑변 길이

원래 삼각형의 넓이는 직사각형 넓이 공식(밑변 길이×높이)을 이용해 구할 수 있다. 밑변 길이는 두 도형 모두 같다. 이 직사각형의 높이는 원래 삼각형 높이의 $\frac{1}{2}$이다. 따라서 삼각형 넓이 공식은 $\frac{1}{2}$×밑변 길이×수직 높이가 된다.

삼각형의 넓이와 높이를 이용해
밑변 길이 구하기

삼각형의 넓이와 높이를 안다면 밑변 길이도 구할 수 있습니다. 삼각형의 넓이와 높이가 정해져 있을 때 밑변 길이를 구하려면 삼각형 넓이 공식을 조금만 바꿔주면 됩니다.

먼저 삼각형 넓이 공식을 적는다.
삼각형 넓이는 $\frac{1}{2}$ × 밑변 길이 × 수직 높이다.

▼

아는 값을 공식에 대입한다. 여기서는 넓이 값(12cm²)과 높이 값(3cm)을 알고 있다.

▼

방정식을 최대한 간단하게 만든다. $\frac{1}{2}$과 높이를 곱하면 된다. 그 값은 1.5가 된다.

▼

밑변 길이를 구하는 형태로 공식을 바꾼다. 여기서는 양변을 1.5로 나누면 된다.

▼

12(넓이)를 1.5로 나눠 답을 구한다. 답은 8cm이다.

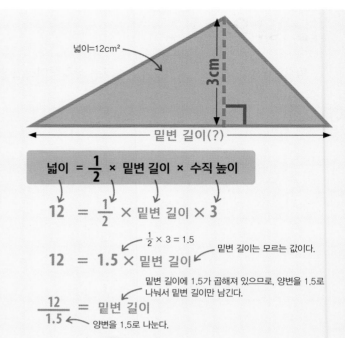

넓이=12cm²

3cm

밑변 길이(?)

$$\text{넓이} = \frac{1}{2} \times \text{밑변 길이} \times \text{수직 높이}$$

$$12 = \frac{1}{2} \times \text{밑변 길이} \times 3$$

$\frac{1}{2} \times 3 = 1.5$ 밑변 길이는 모르는 값이다.

$$12 = 1.5 \times \text{밑변 길이}$$

밑변 길이에 1.5가 곱해져 있으므로, 양변을 1.5로 나눠서 밑변 길이만 남긴다.

$$\frac{12}{1.5} = \text{밑변 길이}$$

양변을 1.5로 나눈다.

밑변 길이 = **8cm**

삼각형의 넓이와 밑변 길이를 이용해
높이 구하기

삼각형의 넓이와 밑변 길이를 알면 높이도 구할 수 있습니다. 삼각형의 넓이와 밑변 길이가 정해져 있을 때 높이를 구하려면 삼각형 넓이 공식을 조금만 바꿔주면 됩니다.

먼저 공식을 적는다. 삼각형 넓이는 $\frac{1}{2}$ × 밑변 길이 × 수직 높이다.

▼

아는 값을 공식에 대입한다. 여기서는 넓이 값(8cm²)과 밑변 길이 값(4cm)을 알고 있다.

▼

방정식을 최대한 간단하게 만든다. $\frac{1}{2}$에 밑변 길이 4를 곱하면 2가 된다.

▼

높이를 구하는 형태로 공식을 바꾼다. 여기서는 양변을 2로 나누면 된다.

▼

8(넓이)을 2로 나눠 답을 구한다. 답은 4cm이다.

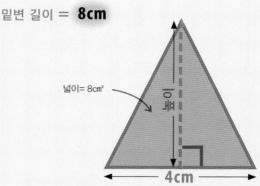

넓이= 8cm²

높이

4cm

$$\text{넓이} = \frac{1}{2} \times \text{밑변 길이} \times \text{수직 높이}$$

$$8 = \frac{1}{2} \times 4 \times \text{수직 높이}$$

높이는 모르는 값이다.

$\frac{1}{2} \times 4 = 2$

$$8 = 2 \times \text{수직 높이}$$

2로 나눠서 높이만 남아 있도록 한다.

$$\frac{8}{2} = \text{수직 높이}$$

넓이도 2로 나눠준다.

수직 높이 = **4cm**

닮은 삼각형

모양은 똑같지만 크기는 다른 두 삼각형을 닮은 삼각형이라고 합니다.

참조	
56~59 ◁	비와 비례
104~105 ◁	확대
116~117 ◁	삼각형

닮은 삼각형이란?

모양은 바꾸지 않고 확대 또는 축소하여 만들어진 삼각형을 닮은 삼각형이라고
합니다. 닮은 삼각형끼리는 대응각의 크기가 서로 같고 각 변의 길이 비도
같습니다. 예를 들면, 아래의 삼각형 ABC의 각 변 길이는 삼각형 $A_2B_2C_2$의
각 변 길이의 두 배입니다. 두 삼각형이 닮았는지 확인하는 방법은 네 가지가
있습니다(126쪽 참조). 두 삼각형이 닮은꼴일 때 비를 사용하면 모르는 변의 길이를
구할 수 있습니다.

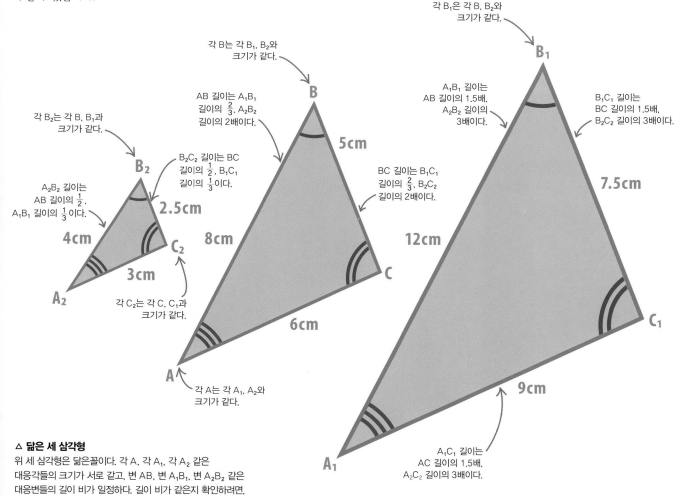

각 B_2는 각 B, B_1과 크기가 같다.

A_2B_2 길이는 AB 길이의 $\frac{1}{2}$, A_1B_1 길이의 $\frac{1}{3}$이다.

각 C_2는 각 C, C_1과 크기가 같다.

각 B는 각 B_1, B_2와 크기가 같다.

AB 길이는 A_1B_1 길이의 $\frac{2}{3}$, A_2B_2 길이의 2배이다.

B_2C_2 길이는 BC 길이의 $\frac{1}{2}$, B_1C_1 길이의 $\frac{1}{3}$이다.

BC 길이는 B_1C_1 길이의 $\frac{2}{3}$, B_2C_2 길이의 2배이다.

각 A는 각 A_1, A_2와 크기가 같다.

각 B_1은 각 B, B_2와 크기가 같다.

A_1B_1 길이는 AB 길이의 1.5배, A_2B_2 길이의 3배이다.

B_1C_1 길이는 BC 길이의 1.5배, B_2C_2 길이의 3배이다.

A_1C_1 길이는 AC 길이의 1.5배, A_2C_2 길이의 3배이다.

△ **닮은 세 삼각형**
위 세 삼각형은 닮은꼴이다. 각 A, 각 A_1, 각 A_2 같은
대응각들의 크기가 서로 같고, 변 AB, 변 A_1B_1, 변 A_2B_2 같은
대응변들의 길이 비가 일정하다. 길이 비가 같은지 확인하려면,
한 삼각형의 각 변 길이를 다른 삼각형의 대응변 길이로
나눠보면 된다. 나눈 값들이 모두 같으면, 대응변들의 길이
비가 일정하다고 할 수 있다.

어떤 경우에 두 삼각형은 닮은꼴일까?

모든 각의 크기와 변의 길이를 재보지 않아도 두 삼각형이 닮은꼴인지 아닌지 확인할 수 있습니다. 두 삼각형의 각각의 각과 변이
아래 네 가지 조합 중 어디에 해당하는지 찾아보면 됩니다. 네 가지 조합은 두 쌍의 각이 같은가, 그리고 세 변의 길이의 비가 같은가,
두 변의 길이와 그 끼인각의 크기가 같은가, 직각삼각형의 빗변과 다른 한 변의 길이의 비가 같은가입니다.

각, 각

한 삼각형의 두 각 크기와 다른 삼각형의 두 각 크기가 서로
같으면, 세 쌍의 대응각 크기가 모두 같은 셈이므로,
두 삼각형은 닮은꼴입니다.

변, 각, 변

대응변 두 쌍의 길이 비가 같고 그 끼인각의 크기도 같은 두 삼각형은
닮은꼴입니다.

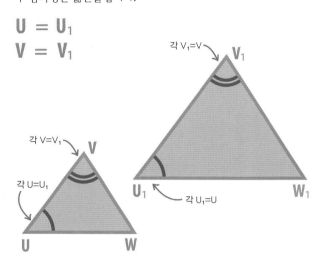

$$U = U_1$$
$$V = V_1$$

각 $V_1 = V$

각 $V = V_1$

각 $U = U_1$

각 $U_1 = U$

$$\frac{PR}{P_1R_1} = \frac{PQ}{P_1Q_1} \quad \text{그리고} \quad P = P_1$$

PQ는 P_1Q_1에 대응하는 변

P_1Q_1은 PQ에 대응하는 변

각 P=각 P_1

PR은 P_1R_1에 대응하는 변

각 P_1=각 P

P_1R_1은 PR에 대응하는 변

변, 변, 변

대응변 세 쌍의 길이 비가 같으면 두 삼각형은 닮은꼴입니다.

직각, 빗변, 변

빗변 한 쌍의 길이 비와 다른 대응변 한 쌍의 길이 비가 같은 두 직각
삼각형은 닮은꼴입니다.

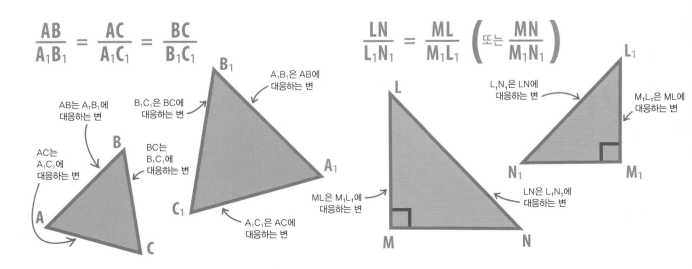

$$\frac{AB}{A_1B_1} = \frac{AC}{A_1C_1} = \frac{BC}{B_1C_1}$$

A_1B_1은 AB에 대응하는 변

B_1C_1은 BC에 대응하는 변

AB는 A_1B_1에 대응하는 변

AC는 A_1C_1에 대응하는 변

BC는 B_1C_1에 대응하는 변

A_1C_1은 AC에 대응하는 변

$$\frac{LN}{L_1N_1} = \frac{ML}{M_1L_1} \left(\text{또는} \frac{MN}{M_1N_1} \right)$$

L_1N_1은 LN에 대응하는 변

M_1L_1은 ML에 대응하는 변

ML은 M_1L_1에 대응하는 변

LN은 L_1N_1에 대응하는 변

닮은 삼각형에서 모르는 변의 길이 구하기

닮은 삼각형에서 대응변 길이의 비례를 이용하면, 모르는 변의 길이도 구할 수 있습니다.

▷ 닮은 삼각형

삼각형 ABC와 ADE는 닮은꼴이다. 길이를 알고 있는 변의 비를 이용하면, 모르는 변 AD와 변 BC의 길이를 구할 수 있다.

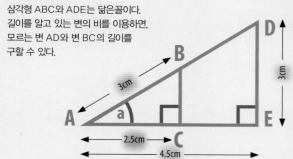

BC 길이 구하기

BC 길이를 구하려면, BC와 그 대응변인 DE의 길이 비, 그리고 길이를 아는 변 AC와 변 AE의 길이 비를 이용하면 됩니다.

대응변 두 쌍의 길이 비를 적는다. 두 비 모두 긴 변을 분자로, 짧은 변을 분모로 삼는다. 두 비는 서로 같다.

$$\frac{DE}{BC} = \frac{AE}{AC}$$

아는 길이 값을 그 등식에 대입한다. 이제 항들을 재배치하면 BC 길이를 구할 수 있다.

$$\frac{3}{BC} = \frac{4.5}{2.5}$$

방정식의 한쪽 변에 BC만 남도록 재배치한다. 이는 두 단계 이상의 계산이 필요할 수도 있다. 우선 방정식의 양변에 BC를 곱한다.

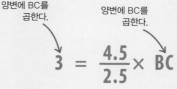

$$3 = \frac{4.5}{2.5} \times BC$$

방정식을 다시 재배치한다. 이번에는 양변에 2.5를 곱한다.

$$3 \times 2.5 = 4.5 \times BC$$

이제 방정식을 한 번만 더 재배치하면, 즉 양변을 4.5로 나누면, BC를 구하는 식으로 만들 수 있다.

$$BC = \frac{3 \times 2.5}{4.5}$$

계산을 해서 답을 구하고 단위를 덧붙이고 소수부를 적당한 자리까지 반올림한다.

$$BC = 1.67cm$$

AD 길이 구하기

AD 길이를 구하려면, AD와 그 대응변인 AB의 길이 비, 그리고 길이를 아는 변 AE와 변 AC의 길이 비를 이용하면 됩니다.

대응변 두 쌍의 길이 비를 적는다. 두 비 모두 긴 변을 분자로, 짧은 변을 분모로 삼는다. 두 비는 서로 같다.

$$\frac{AD}{AB} = \frac{AE}{AC}$$

아는 길이 값을 등식에 대입한다. 이제 항들을 재배치하면 AD의 길이를 구할 수 있다.

$$\frac{AD}{3} = \frac{4.5}{2.5}$$

방정식의 한쪽 변에 AD만 남도록 항들을 재배치한다. 여기서는 양변에 3을 곱하면 된다.

$$AD = 3 \times \frac{4.5}{2.5}$$

계산을 해서 답을 구하고, 답에 단위를 덧붙인다. 그 값이 바로 AD의 길이다.

$$AD = 5.4cm$$

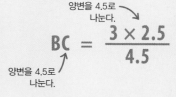

피타고라스의 정리

참조	
36~39 ◁	제곱과 제곱근
116~117 ◁	삼각형
122~124 ◁	삼각형의 넓이
공식 ▷	177~179

피타고라스의 정리는 직각삼각형에서 모르는 변의 길이를 구할 때 사용합니다.

한 직각삼각형에서 두 변의 길이를 알면 피타고라스의 정리로 나머지 한 변의 길이를 알아낼 수 있습니다.

피타고라스의 정리란?

피타고라스의 정리는 직각삼각형에서 짧은 두 변의 길이를 각각 제곱해서 더하면 가장 긴 변의 길이를 제곱한 값과 같다는 것을 기본 원칙으로 합니다. 각 변의 길이를 '제곱한다(square)'는 개념은 말 그대로 세 가지 정사각형(square)으로 나타낼 수 있다는 것입니다. 오른쪽 그림에서 직각삼각형의 각 변을 한 변으로 하는 세 개의 정사각형을 보면, 가장 큰 정사각형의 넓이가 나머지 두 정사각형의 넓이의 합과 같다는 것을 이해할 수 있습니다.

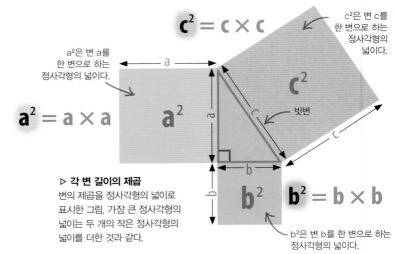

$c^2 = c \times c$

a^2은 변 a를 한 변으로 하는 정사각형의 넓이이다.

$a^2 = a \times a$

c^2은 변 c를 한 변으로 하는 정사각형의 넓이이다.

빗변

▷ 각 변 길이의 제곱
변의 제곱을 정사각형의 넓이로 표시한 그림. 가장 큰 정사각형의 넓이는 두 개의 작은 정사각형의 넓이를 더한 것과 같다.

$b^2 = b \times b$

b^2은 변 b를 한 변으로 하는 정사각형의 넓이이다.

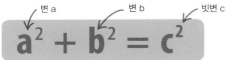

변 a 변 b 빗변 c

$$a^2 + b^2 = c^2$$

이 공식은 변 a 길이의 제곱과 변 b 길이의 제곱을 더하면 빗변 c 길이의 제곱과 같다는 뜻이다.

적당한 수치를 이 공식에 대입해보면, 실제로 피타고라스의 정리가 어떤 식으로 성립하는지 알 수 있습니다. 여기서는 c(빗변)=5, a=4, b=3으로 해보겠습니다.

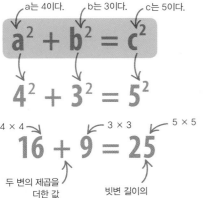

a는 4이다. b는 3이다. c는 5이다.

$$a^2 + b^2 = c^2$$

$$4^2 + 3^2 = 5^2$$

4×4 3×3 5×5

$$16 + 9 = 25$$

두 변의 제곱을 더한 값   빗변 길이의 제곱

△ **피타고라스 정리의 실례**
위 예에서, 짧은 두 변의 길이를 각각 제곱해서 더한 값($4^2 + 3^2$)은 빗변 길이의 제곱(5^2)과 같다. 피타고라스의 정리는 이런 식으로 성립한다.

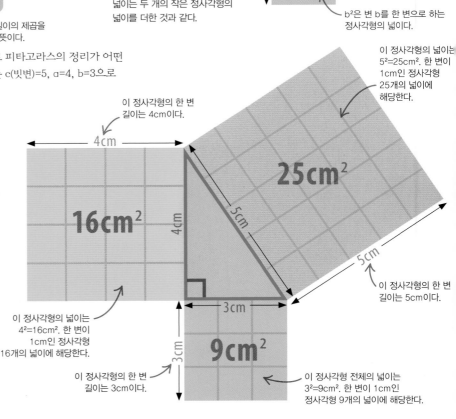

이 정사각형의 넓이는 $5^2 = 25cm^2$. 한 변이 1cm인 정사각형 25개의 넓이에 해당한다.

이 정사각형의 한 변 길이는 4cm이다.

4cm

$16cm^2$

$25cm^2$

4cm

5cm

5cm

이 정사각형의 한 변 길이는 5cm이다.

이 정사각형의 넓이는 $4^2 = 16cm^2$. 한 변이 1cm인 정사각형 16개의 넓이에 해당한다.

3cm

3cm

$9cm^2$

이 정사각형의 한 변 길이는 3cm이다.

이 정사각형 전체의 넓이는 $3^2 = 9cm^2$. 한 변이 1cm인 정사각형 9개의 넓이에 해당한다.

빗변 길이 구하기

직각삼각형에서 짧은 두 변의 길이만 알 때 피타고라스의 정리를 이용하면 빗변의 길이를 구할 수 있습니다. 여기서는 알고 있는 두 변의 길이가 3.5cm와 7.2cm일 때 빗변의 길이를 알아봅니다.

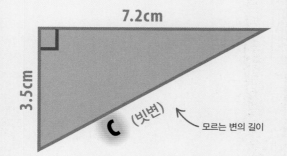

$$a^2 + b^2 = c^2$$

먼저 피타고라스 정리의 공식을 적는다.

한 변 길이 · 다른 변 길이 · 모르는 빗변 길이

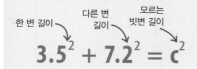

$$3.5^2 + 7.2^2 = c^2$$

아는 값(3.5와 7.2)을 공식에 대입한다.

3.5 × 3.5 · 7.2 × 7.2

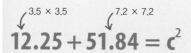

$$12.25 + 51.84 = c^2$$

아는 변의 길이들을 각각 거듭 곱해 제곱을 구한다.

12.25 + 51.84

$$64.09 = c^2$$

두 제곱을 더해 빗변 길이의 제곱을 구한다.

제곱근 기호

$$\sqrt{64.09} = \sqrt{c^2}$$

64.09의 제곱근을 구한다. 그러면 변 c의 길이가 나온다.

64.09의 제곱근은 c^2의 제곱근과 같다.

이 제곱근이 빗변의 길이다.

소수 둘째 자리까지 반올림해 적은 답

$$c = 8.01\text{cm}$$

빗변이 아닌 한 변의 길이 구하기

피타고라스 정리 공식을 재배치하면, 직각삼각형에서 빗변이 아닌 두 변 중 하나의 길이를 구할 수 있습니다. 그러려면 빗변과 나머지 한 변의 길이는 알아야 합니다. 여기에서는 한 변의 길이가 5cm이고 빗변 길이가 13cm일 때 다른 한 변의 길이를 구해보겠습니다.

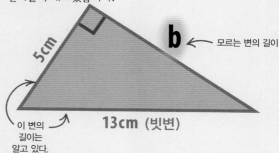

모르는 변의 길이

이 변의 길이는 알고 있다.

$$a^2 + b^2 = c^2$$

우선 피타고라스 정리의 공식을 적는다.

아는 변의 길이 · 빗변 길이

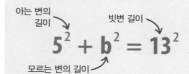

$$5^2 + b^2 = 13^2$$

모르는 변의 길이

아는 값(5와 13)을 공식에 대입한다.

모르는 변의 길이를 구하는 식이 되었다.

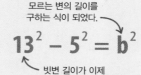

$$13^2 - 5^2 = b^2$$

빗변 길이가 이제 방정식의 맨 앞에 있다.

방정식의 양변에서 5^2을 빼면 b^2를 구하는 식으로 바뀐다.

$$169 - 25 = b^2$$

13 × 13 · 5 × 5

아는 두 변의 제곱을 계산한다.

$$144 = b^2$$

두 제곱을 뺄셈해서. 모르는 변의 길이의 제곱을 구한다.

제곱근 기호

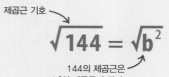

$$\sqrt{144} = \sqrt{b^2}$$

144의 제곱근을 구해. 모르는 변의 길이를 구한다.

144의 제곱근은 b^2의 제곱근과 같다.

모르는 변의 길이

이 제곱근이 바로 변 b의 길이에 해당한다.

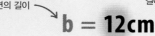

$$b = 12\text{cm}$$

사각형

사각형(사변형)은 변이 네 개인 다각형입니다.

참조	
84~85 ◁	각
86~87 ◁	직선
다각형 ◁	134~137

사각형이란?

사각형은 변이 네 개, 꼭짓점(두 변이 만나는 점)이 네 개, 내각이 네 개 있는 평면 도형입니다. 어떤 사각형이든 내각을 모두 합하면 360°가 됩니다. 내각과 그 이웃각인 외각은 일직선을 이루므로 합하면 180°가 될 수밖에 없습니다. 사각형에는 몇몇 종류가 있는데, 저마다 다른 특징을 가지고 있습니다.

꼭짓점

변

대각선

내각

내각

변의 연장선을 그으면 외각이 나타난다.

내각과 외각의 합은 180°이다.

△ 내각
한 꼭짓점에서 맞은편 꼭짓점으로 대각선을 하나 그으면, 삼각형 두 개로 나뉜다. 삼각형 내각의 합이 180°이므로, 사각형 내각의 합은 2×180°이다.

▽ **사각형의 종류**
사각형은 특징에 따라 몇 가지로 나뉜다. 크게는 정사각형과 부정사각형이 있다. 정사각형은 변의 길이와 각의 크기가 모두 같지만, 부정사각형은 변의 길이와 각의 크기가 모두 같지는 않다.

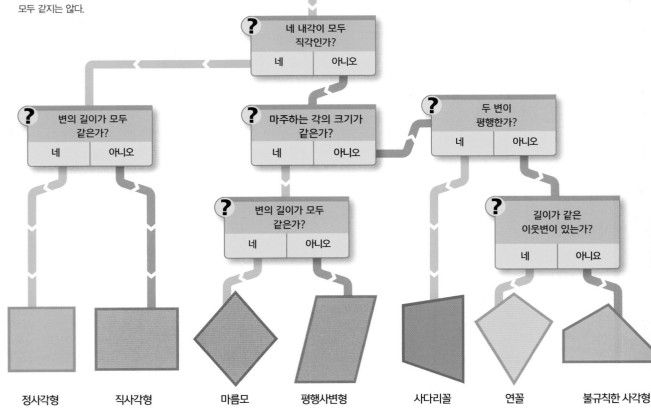

사각형의 특징

사각형은 종류별로 고유 명칭이 있고 몇 가지 독특한 특징을 띱니다. 각 사각형의 특징을 조금만 알아도 다른 종류의 사각형과 구별하는 데 도움이 됩니다. 아래에는 많이 쓰이는 여섯 종류의 사각형과 그 특징이 함께 나와 있습니다.

정사각형

정사각형은 네 각이 직각으로 같고 네 변의 길이도 같습니다. 서로 마주하는 변끼리 평행을 이룹니다. 두 대각선은 서로를 수직이등분합니다.

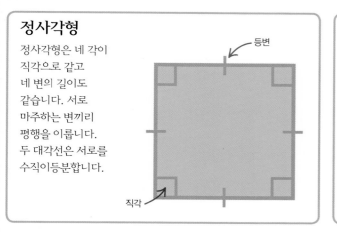

직사각형

직사각형은 네 각이 직각이고 마주하는 변끼리 길이가 같습니다. 이웃하는 변끼리는 길이가 같지 않습니다. 대변끼리 평행을 이루고, 두 대각선이 서로를 이등분합니다.

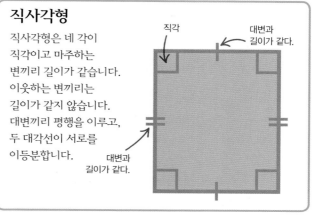

마름모

마름모는 네 변의 길이가 모두 같습니다. 대각의 크기가 같고, 대변끼리 평행을 이룹니다. 두 대각선이 서로를 이등분합니다.

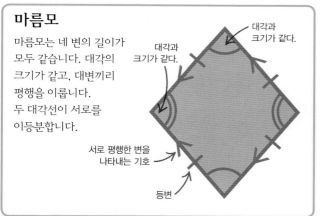

평행사변형

평행사변형은 대변끼리 평행하고 길이도 같습니다. 이웃하는 변과 길이가 같지 않습니다. 대각의 크기가 같고, 두 대각선이 도형 중심에서 서로를 이등분합니다.

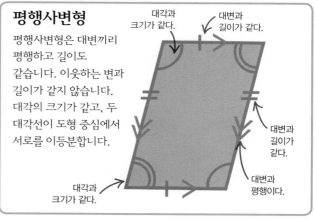

사다리꼴

사다리꼴은 한 쌍의 대변이 평행하지만 길이는 같지 않습니다.

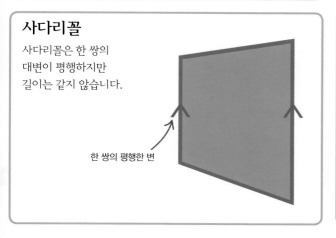

연꼴

연꼴(kite)은 길이가 같은 이웃변이 두 쌍 있습니다. 대변의 길이는 같지 않습니다. 한 쌍의 대각은 크기가 같지만, 나머지 한 쌍의 대각은 크기가 다릅니다.

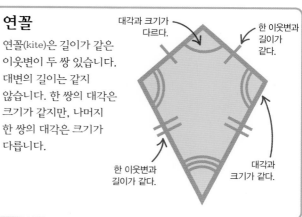

사각형 넓이 구하기

넓이란 평면 도형의 테두리 안쪽 공간의 크기를 말합니다. 넓이는 cm² 같은 제곱 단위로 나타냅니다. 도형의
넓이를 계산할 때는 공식을 많이 사용하는데 사각형은 종류별로 넓이 계산 공식이 조금씩 다릅니다.

정사각형 넓이 구하기

정사각형의 넓이는 가로와 세로를 곱해서 구합니다.
가로와 세로의 길이가 같으므로, 한 변을 제곱하면 됩니다.

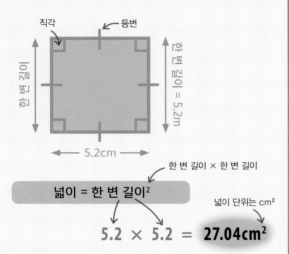

한 변 길이 × 한 변 길이

넓이 = 한 변 길이²

넓이 단위는 cm²

$$5.2 \times 5.2 = \textbf{27.04cm}^2$$

△ **한 변 길이의 제곱**
위 정사각형은 네 변의 길이가 모두 각각 5.2cm이다.
이 정사각형의 넓이를 구하려면, 5.2에 5.2를 곱하면 된다.

직사각형 넓이 구하기

직사각형의 넓이는 밑변 길이(가로)에 높이(세로)를
곱해서 구합니다.

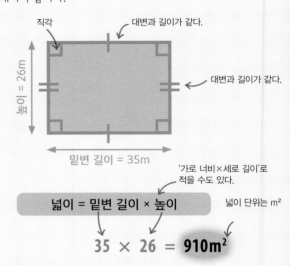

'가로 너비×세로 길이'로
적을 수도 있다.

넓이 = 밑변 길이 × 높이

넓이 단위는 m²

$$35 \times 26 = \textbf{910m}^2$$

△ **밑변 길이 곱하기 높이**
위 직사각형은 높이(세로)가 26m이고 밑변 길이(가로)가 35m이다.
그 두 수치를 곱하면 넓이를 구할 수 있다.

마름모 넓이 구하기

마름모의 넓이는 밑변 길이에 수직 높이를 곱해서
구합니다. 수직 높이는 도형의 맨 위 꼭짓점에서
밑변과 직각을 이루도록 그은 수선의 길이입니다.

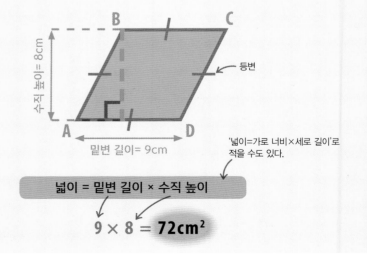

▷ **수직 높이**
마름모 넓이를 구하려면 반드시 수직 높이를
알아야 한다. 이 예에서는 수직 높이가 8cm이고
밑변 길이가 9cm이다.

'넓이=가로 너비×세로 길이'로
적을 수도 있다.

넓이 = 밑변 길이 × 수직 높이

$$9 \times 8 = \textbf{72cm}^2$$

평행사변형 넓이 구하기

마름모 넓이와 마찬가지로 평행사변형의 넓이는 밑변 길이에 수직 높이를 곱해서 구합니다.

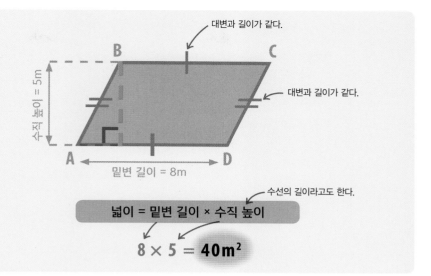

대변과 길이가 같다.

대변과 길이가 같다.

수직 높이 = 5m

밑변 길이 = 8m

수선의 길이라고도 한다.

▷ **밑변 길이 × 수직 높이**
비스듬한 변 AB가 수직 높이가 아니라는 사실을 절대 잊지 말아야 한다. 수직 높이를 사용해야만 제대로 된 넓이를 구할 수 있다.

넓이 = 밑변 길이 × 수직 높이

$$8 \times 5 = \mathbf{40\,m^2}$$

마름모의 대각의 크기가 같음을 증명하기

두 대각선을 그으면 두 쌍의 이등변삼각형이 나타납니다. 이 삼각형을 사용하면 마름모에서 대각끼리 크기가 같음을 쉽게 증명할 수 있습니다. 이등변삼각형은 두 변의 길이가 같고 두 각의 크기가 같습니다.

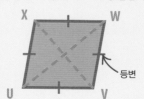

등변

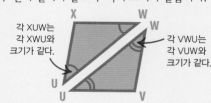

각 XUW는 각 XWU와 크기가 같다.

각 VWU는 각 VUW와 크기가 같다.

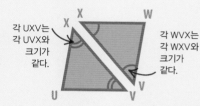

각 UXV는 각 UVX와 크기가 같다.

각 WVX는 각 WXV와 크기가 같다.

마름모는 네 변의 길이가 같다. 이를 나타내기 위해 대시 기호를 변마다 하나씩 사용한다.

한 대각선을 따라 마름모를 쪼개 이등변삼각형 두 개를 만든다. 각 삼각형에는 한 쌍의 등변이 있다.

나머지 한 대각선을 따라 마름모를 분할해 또 다른 한 쌍의 이등변삼각형을 만든다.

평행사변형의 대변이 평행함을 증명하기

대각선을 그으면 한 쌍의 합동 삼각형이 나타납니다. 이 삼각형을 이용하면 평행사변형에서 대변끼리 평행함을 쉽게 증명할 수 있습니다. 합동인 삼각형들은 크기와 모양이 똑같습니다.

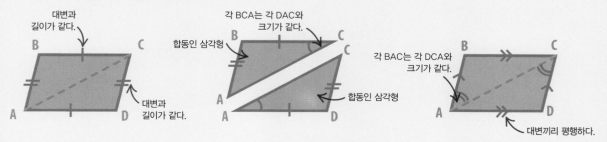

대변과 길이가 같다.

대변과 길이가 같다.

각 BCA는 각 DAC와 크기가 같다.

합동인 삼각형

합동인 삼각형

각 BAC는 각 DCA와 크기가 같다.

대변끼리 평행하다.

평행사변형은 대변끼리 길이가 같다. 대시 (—)와 이중대시(=) 기호를 사용해 표시한다.

삼각형 ABC와 삼각형 CDA는 합동이다. 따라서 각 BCA는 각 DAC와 크기가 같다. 그 두 각은 엇각이므로, 변 BC는 변 AD와 평행하다.

두 삼각형이 합동이므로 각 BAC는 각 DCA 와 크기가 같다. 그 두 각이 엇각이므로, 변 DC는 변 AB와 평행하다.

다각형

다각형은 셋 이상의 변으로 둘러싸인 평면 도형입니다.

다각형은 간단한 삼각형과 정사각형부터 더 복잡한 사다리꼴과 십이각형 같은 도형에 이르기까지 다양합니다. 다각형은 변과 각의 수에 따라 이름을 붙입니다.

참조	
84~85 ◁	각
116~117 ◁	삼각형
120~121 ◁	합동인 삼각형
130~133 ◁	사각형

다각형이란?

다각형은 선분들로 완전히 둘러싸인 이차원 도형입니다. 이 선분들은 끝과 끝이 꼭짓점으로 이어져 있습니다. 다각형의 내각은 보통 외각보다 작지만 그렇지 않을 수도 있습니다. 하나 이상의 내각이 180°보다 큰 다각형은 오목 다각형이라고 부릅니다.

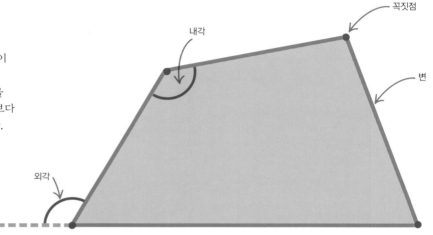

꼭짓점

내각

변

외각

▷ **다각형의 구성 요소**
모양이 어떻든 다각형은 모두 변. 꼭짓점 내각과 외각으로 이루어진다.

다각형의 특징

다각형은 변과 각의 규칙성 또는 불규칙성을 기준으로 나닙니다. 변의 길이와 각의 크기가 모두 같은 다각형은 정다각형이라고 합니다. 부정다각형은 적어도 두 변의 길이나 두 각의 크기가 다른 도형입니다.

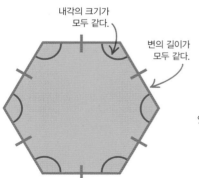

내각의 크기가 모두 같다.

변의 길이가 모두 같다.

△ **정다각형**
정다각형은 변의 길이와 각의 크기가 모두 같다. 이 육각형은 여섯 변의 길이가 같고 여섯 각의 크기도 같으므로 정육각형에 해당한다.

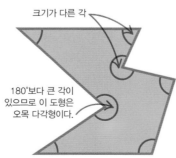

크기가 다른 각

180°보다 큰 각이 있으므로 이 도형은 오목 다각형이다.

△ **부정다각형**
부정다각형에서는 변의 길이와 각의 크기가 모두 같지는 않다. 이 칠각형은 크기가 다른 각들이 있으므로 부정칠각형에 해당한다.

자 세 히 보 기

등각 또는 등변?

정다각형은 각의 크기와 변의 길이가 모두 같습니다. 바꿔 말하면 등각 다각형이면서 등변 다각형이기도 한 셈입니다. 하지만 각의 크기만 모두 같거나(등각) 변의 길이만 모두 같은(등변) 다각형도 있습니다.

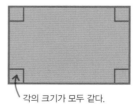

◁ **등각**
직사각형은 등각 다각형이다. 각의 크기는 모두 같지만, 변의 길이까지 모두 같지는 않다.

각의 크기가 모두 같다.

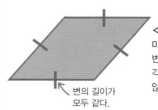

◁ **등변**
마름모는 등변 다각형이다. 변의 길이는 모두 같지만, 각의 크기까지 모두 같지는 않다.

변의 길이가 모두 같다.

다각형의 종류

정다각형이든 부정다각형이든 변과 각의 수는 같을 수밖에 없습니다. 예를 들어, 여섯 변과 여섯 각으로 구성된
다각형은 육각형이라고 부릅니다. 만약 여섯 변의 길이와 여섯 각의 크기가 모두 같다면 정육각형이라고 하고,
그렇지 않다면 부정육각형이라고 합니다.

삼각형
3
변과
각의 수

사각형
4
변과
각의 수

오각형
5
변과
각의 수
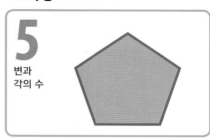

육각형
6
변과
각의 수
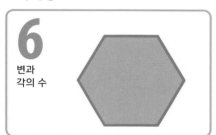

칠각형
7
변과
각의 수
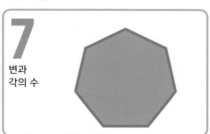

팔각형
8
변과
각의 수
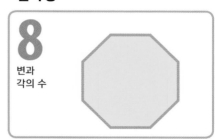

구각형
9
변과
각의 수
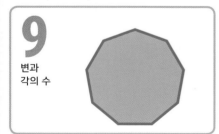

십각형
10
변과
각의 수
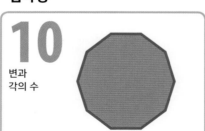

십일각형
11
변과
각의 수
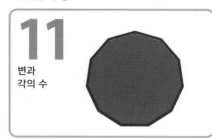

십이각형
12
변과
각의 수
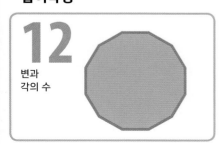

십오각형
15
변과
각의 수

이십각형
20
변과
각의 수
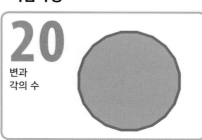

다각형의 특징

직선으로 그릴 수 있는 다각형의 종류는 무수히 많습니다. 하지만 다각형들은 모두 몇 가지 중요한 특징을 갖고 있습니다.

볼록 또는 오목

다각형은 각의 수와 상관없이 볼록 다각형과 오목 다각형 중 하나로 분류할 수 있습니다. 둘의 차이는 다각형의 내각이 180°보다 큰가 작은가 하는 데 있습니다. 오목 다각형은 적어도 한 각이 180°보다 크므로 쉽게 구별할 수 있습니다.

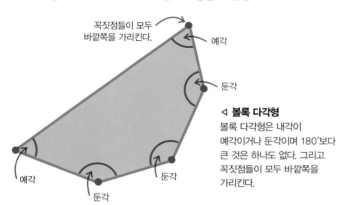

꼭짓점들이 모두 바깥쪽을 가리킨다.

예각

둔각

예각

둔각

둔각

◁ **볼록 다각형**
볼록 다각형은 내각이 예각이거나 둔각이며 180°보다 큰 것은 하나도 없다. 그리고 꼭짓점들이 모두 바깥쪽을 가리킨다.

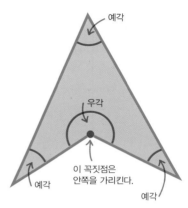

예각

우각

이 꼭짓점은 안쪽을 가리킨다.

예각

예각

◁ **오목 다각형**
오목 다각형은 하나 이상의 각이 180°보다 크다. 그런 각을 우각이라고 한다. 우각의 꼭짓점은 안쪽을 가리키며 도형의 중심을 향한다.

다각형의 내각의 합

볼록 정다각형과 볼록 부정다각형의 내각의 합은 변의 수에 따라 결정됩니다. 내각의 합은 다각형을 몇 개의 삼각형으로 나눠서 구할 수 있습니다.

볼록 사각형

대각선을 그으면 삼각형 두 개로 나뉜다.

이 사각형은 내각이 모두 180°보다 작은 볼록 다각형이다. 내각의 합은 도형을 삼각형들로 나누면 쉽게 구할 수 있다. 이웃하지 않는 두 꼭짓점을 잇는 대각선 하나를 그으면 된다.

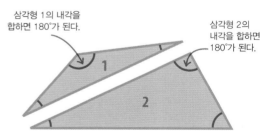

삼각형 1의 내각을 합하면 180°가 된다.

삼각형 2의 내각을 합하면 180°가 된다.

1

2

사각형은 삼각형 두 개로 나눌 수 있다. 각 삼각형의 내각의 합은 180°이므로, 사각형의 내각의 합은 두 삼각형의 내각 합을 더한 값, 즉 2×180°=360°이다.

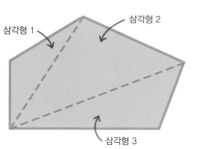

삼각형 1

삼각형 2

삼각형 3

◁ **부정오각형**
이 오각형은 삼각형 세 개로 나눌 수 있다. 내각의 합은 세 삼각형의 내각 합의 총합, 즉 3×180°=540°이다.

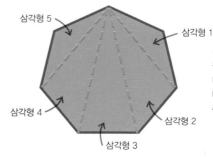

삼각형 5

삼각형 1

삼각형 4

삼각형 2

삼각형 3

◁ **정칠각형**
칠각형은 삼각형 다섯 개로 나눌 수 있다. 내각의 합은 다섯 삼각형의 내각 합의 총합, 즉, 5×180°=900°이다.

내각의 합을 구하는 공식

볼록 다각형을 나눌 때 생기는 삼각형의 수는 항상 변의 수보다 2만큼 작습니다. 어떤 볼록 다각형이든 이 공식을 이용하면 내각의 합을 구할 수 있습니다.

내각의 합 = (n − 2) × 180°

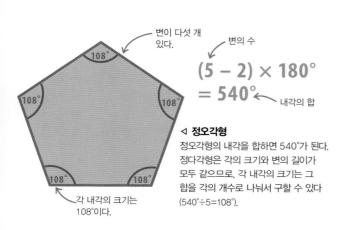

변이 다섯 개 있다.

변의 수

$(5 - 2) \times 180°$
$= 540°$ ← 내각의 합

각 내각의 크기는 108°이다.

◁ **정오각형**
정오각형의 내각을 합하면 540°가 된다. 정다각형은 각의 크기와 변의 길이가 모두 같으므로, 각 내각의 크기는 그 합을 각의 개수로 나눠서 구할 수 있다 (540°÷5=108°).

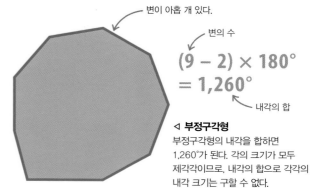

변이 아홉 개 있다.

변의 수

$(9 - 2) \times 180°$
$= 1,260°$ ← 내각의 합

◁ **부정구각형**
부정구각형의 내각을 합하면 1,260°가 된다. 각의 크기가 모두 제각각이므로, 내각의 합으로 각각의 내각 크기는 구할 수 없다.

다각형의 외각의 합

여러분이 어떤 볼록 다각형의 바깥 테두리를 따라 걸어간다고 상상해봅시다. 처음에 한 꼭짓점에서 다음 꼭짓점을 보고 그쪽으로 걸어갑니다. 그 꼭짓점에 이르면 외각의 크기만큼 몸을 돌려 그다음 꼭짓점을 향합니다. 그리고 이런 과정을 되풀이해 결국은 모든 꼭짓점을 다 돕니다. 그러면 여러분은 다각형의 둘레를 걸으면서 몸을 완전히 한 바퀴, 즉 360° 돌리게 될 것입니다. 어떤 볼록 다각형이든 외각을 합하면 360°가 되기 때문입니다.

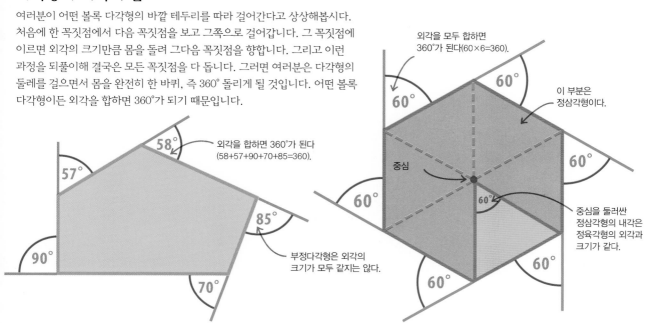

외각을 합하면 360°가 된다 (58+57+90+70+85=360).

외각을 모두 합하면 360°가 된다(60×6=360).

이 부분은 정삼각형이다.

중심

중심을 둘러싼 정삼각형의 내각은 정육각형의 외각과 크기가 같다.

부정다각형은 외각의 크기가 모두 같지는 않다.

△ **부정오각형**
정다각형이든 부정다각형이든 외각의 합은 무조건 360°이다. 바꿔 말하면, 한 다각형의 외각을 합하면 완전히 한 바퀴에 해당하는 각이 된다.

△ **정육각형**
정다각형의 외각 크기는 360°를 변의 수로 나눠서 구할 수 있다. 정육각형을 정삼각형 여섯 개로 나눴을 때, 중심을 둘러싼 정삼각형 내각(60°)은 정육각형의 외각(60°)과 크기가 같다.

 # 원

원은 한 중심점을 완전히 둘러싸고 있는 곡선입니다. 그 곡선을 이루는 점들은 중심점까지의 거리가 모두 같습니다.

참조	
82~83 ◁	기하학 도구
원주와 지름	▷ 140~141
원의 넓이	▷ 142~143

원의 특징

원은 정확히 반으로 접을 수 있으므로 '반사 대칭형'(88쪽 참조)이라고 할 수 있습니다. 그럴 때 접히는 선은 원에서 매우 중요한 부분 중 하나인 지름에 해당합니다. 또 원은 중심점을 중심으로 회전시키면 계속 자신의 윤곽과 완전히 겹쳐지므로 '회전 대칭형'이라고도 할 수 있습니다.

원주 원의 둘레 길이

활꼴 현과 호 사이의 공간

현 원주 위의 두 점을 잇는 선분

지름 원을 정확히 반으로 가르는 선분

원의 중심

부채꼴 두 반지름과 호로 둘러싸인 공간

넓이 원이 차지하는 공간 전체의 크기

호 원주의 한 부분

반지름 둘레에서 중심까지의 거리

접선 원과 한 점에서만 만나는 직선

▷ **분할된 원**
이 그림에는 원의 여러 가지 부분이 나와 있다. 이 부분들은 앞으로 배울 여러 공식에 나올 것이다.

원의 부분

원은 다양한 방법으로 측정하고 나눌 수 있습니다.
그런 각 부분은 저마다 명칭과 특징이 있습니다.

반지름
원의 중심에서 원둘레 위의
한 점에 이르는 선분

지름
중심을 지나며 원둘레 위의
두 점을 잇는 선분

현
원주 위의 두 점을 잇는 선분

활꼴
현으로 원을 두 부분으로 나눴을 때
작은쪽 부분

원주(원둘레)
원의 바깥 테두리의 총길이

호(원호)
원주의 한 부분

부채꼴
원에서 조각 파이 모양으로 분할된 일부분.
두 반지름과 호로 둘러싸여 있다.

넓이
원주 안쪽 공간의 크기

접선
원과 한 점에서만 만나는 직선

원 그리는 법

원을 그리려면 두 가지 도구가 필요합니다. 바로 컴퍼스와
연필입니다. 컴퍼스의 바늘로 누르는 곳이 중심이 되고, 컴퍼스
바늘과 컴퍼스에 끼운 연필 끝의 간격이 원의 반지름이 됩니다.
원의 반지름을 정확하게 나타내려면 자도 필요합니다.

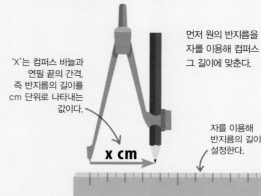

'X'는 컴퍼스 바늘과
연필 끝의 간격,
즉 반지름의 길이를
cm 단위로 나타내는
값이다.

x cm

먼저 원의 반지름을 정한 다음,
자를 이용해 컴퍼스 다리 간격을
그 길이에 맞춘다.

자를 이용해
반지름의 길이를
설정한다.

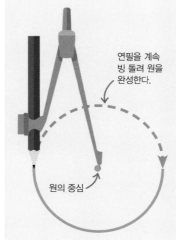

연필을 계속
빙 돌려 원을
완성한다.

원의 중심

어느 곳을 원의 중심으로
삼을지 정한 다음, 컴퍼스
바늘로 그곳을 잘 누른다.
그리고 연필을 종이에 대고
빙 돌려 원주를 그린다.

반지름

x cm

원주

완성된 원의 반지름은
처음에 잡았던 컴퍼스
다리 간격과 같다.

원주와 지름

원에서 둘레의 길이를 원주라고 하고, 중심을 지나는 선분의 길이를 지름이라고 합니다.

원은 모두 모양이 똑같으므로 닮은꼴입니다. 이는 어떤 원이든 원주와 지름 등의 비가 일정하다는 뜻입니다.

참조	
56~59 ◁	비와 비례
104~105 ◁	확대
138~139 ◁	원
원의 넓이 ▷	142~143

'파이'라는 수

원의 둘레와 지름의 비, 즉 원주율은 파이(pi)라는 수에 해당합니다. 기호로는 π로 나타냅니다. 이 수는 원주와 지름을 구하는 공식은 물론 원과 관련된 여러 공식에서 사용됩니다.

파이 기호

$$\pi = 3.14$$

소수 둘째 자리까지 반올림한 값

◁ **파이 값**
파이는 3.1415926······으로 소수부가 불규칙하게 끝없이 이어지지만, 보통 소수 둘째 자리까지 반올림해서 나타낸다.

원주(c)

원주는 원의 둘레입니다. 그 길이는 지름 또는 반지름과 원주율 파이를 이용해서 구할 수 있습니다. 지름은 언제나 반지름의 두 배입니다.

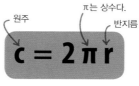

원주 · π는 상수다. · 반지름

$$c = 2\pi r$$

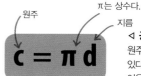

원주 · π는 상수다. · 지름

$$c = \pi d$$

◁ **공식**
원주 공식은 두 가지가 있다. 하나에서는 지름을 이용하고, 다른 하나에서는 반지름을 이용한다.

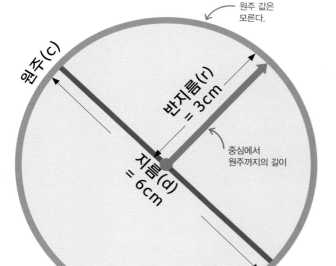

원주 값은 모른다.

원주(c)
반지름(r) = 3cm
지름(d) = 6cm
중심에서 원주까지의 길이

원주 공식에 따르면, 원주는 원주율에 지름을 곱한 값과 같다.

$$c = \pi d$$

d=2×r이므로, 이 공식은 c=2πr 로도 적을 수 있다.

아는 값을 원주 공식에 대입한다. 여기서는 원의 반지름이 3cm다.

$$c = 3.14 \times 6$$

파이는 소수 둘째 자리까지 반올림하면 3.14이다.

계산하여 원주를 구한다. 그 답은 적당한 소수 자리까지 반올림해서 적는다.

$$c = 18.8cm$$

소수 첫째 자리까지 반올림한 수

△ **원주 구하기**
지름을 알면 원주를 구할 수 있다. 이 예에서는 지름이 6cm이다.

지름(d)

지름은 원주 위의 두 점을 이으며 중심을 지나는 선분의 길이로, 반지름의 두 배에 해당합니다.
원의 지름은 반지름을 두 배로 해서 구할 수도 있고, 원주와 원주율 파이를 이용하는 아래
공식으로 구할 수도 있습니다. 이 공식은 원주를 구하는 공식을 재배치한 식입니다.

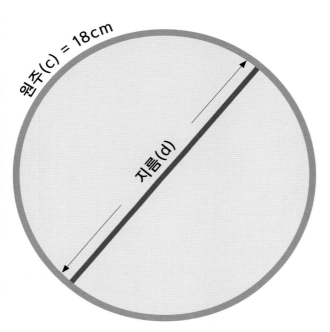

△ **지름 구하기**
이 원은 원주가 18cm이다.
지름은 위의 공식을 이용하면 구할 수 있다.

지름은 원주를 원주율로
나눈 값과 같다.

아는 값을 공식에 대입한다.
이 예에서는 원주가 18cm이다.

원주를 파이 값 3.14로 나눠
지름을 구한다.

답을 적당한 소수 자리까지
반올림한다. 여기서는 답을 소수
둘째 자리까지 반올림해 적는다.

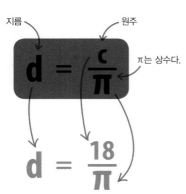

지름 ←　→ 원주

$$d = \frac{c}{\pi}$$

π는 상수다.

$$d = \frac{18}{\pi}$$

$$d = \frac{18}{3.14}$$

계산기의 π버튼을
이용하면 더 정확하게
계산할 수 있다.

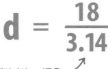
d = **5.73cm**

소수 둘째 자리까지 반올림한 수 →

자 세 히　보 기

왜 π를 쓸까?

원들은 모두 닮은꼴입니다. 바꿔 말하면, 지름과 원주 길이의 비는 어느 원에서나
일정합니다. π는 원주를 지름으로 나누면 나오는 수입니다. 즉, 어떤 원이든 원주를
지름으로 나누면 π가 나오는 것입니다. π는 변하지 않는 상수입니다.

▷ **닮은 원**
원들은 모두 서로 닮은꼴이다. 그래서 원주(c1, c2)와
지름(d1, d2)의 비는 어느 원에서나 일정하다.

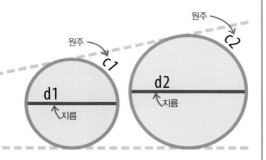

원의 넓이

원의 넓이는 그 둘레(원주)로 에워싸여 있는 안쪽 공간의 크기입니다.

참조	
138~139 ◁	원
140~141 ◁	원주와 지름
공식 ▷	177~179

원의 넓이는 반지름이나 지름을 이용해 구할 수 있습니다.

원 넓이 구하기

원의 넓이는 반지름(r)과 아래의 공식을 이용하여 구할 수 있습니다. 지름만 알고 반지름은 모른다면, 지름을 2로 나눠 반지름을 구하면 됩니다. 원의 넓이는 제곱 단위로 나타냅니다.

원의 넓이를 구하는 공식 πr²은 'π×반지름×반지름'을 의미한다.

π는 고정된 값이다.

원의 넓이　　반지름

$$넓이 = π r^2$$

아는 값을 공식에 대입한다. 여기서는 반지름이 4cm이다.

$$넓이 = 3.14 × 4^2$$

π는 3.14이다.　　4×4

반지름을 거듭 곱한다. 그러면 마지막 곱셈이 간단해진다.

$$넓이 = 3.14 × 16$$

4 × 4 = 16

답은 적당히 반올림하고 적절한 단위 (여기서는 cm²)를 붙인다.

$$넓이 = 50.24cm^2$$

계산을 하면 정확히 50.24가 나온다.

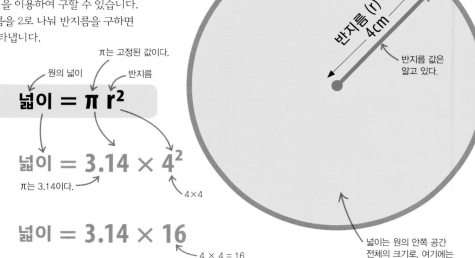

원의 둘레 길이가 곧 원주다.

반지름 (r) = 4cm

반지름 값은 알고 있다.

넓이는 원의 안쪽 공간 전체의 크기로, 여기에는 노란색으로 표시되어 있다.

자 세 히 보 기

원 넓이 공식의 증명

원의 넓이를 구하는 공식을 증명하려면, 원을 자잘한 부채꼴로 나눈 뒤 부채꼴들을 재배열해 직사각형을 만들어보면 됩니다. 직사각형 넓이 공식(가로×세로)은 원 넓이 공식보다 간단합니다. 그 직사각형의 세로는 부채꼴의 반지름, 즉 원의 반지름과 같습니다. 직사각형의 가로는 부채꼴 호 길이를 모두 더한 값의 절반, 즉 원주의 절반과 같습니다.

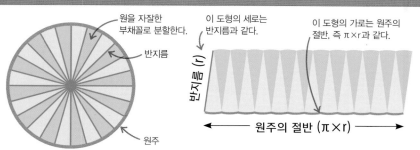

원을 자잘한 부채꼴로 분할한다.

반지름

원주

원을 같은 크기의 부채꼴로 최대한 자잘하게 분할한다.

이 도형의 세로는 반지름과 같다.

이 도형의 가로는 원주의 절반, 즉 π×r과 같다.

반지름 (r)

원주의 절반 (π×r)

자잘한 부채꼴을 배열해 직사각형을 만든다. 직사각형의 넓이는 '가로×세로'인데, 이 경우에는 '원주의 절반×반지름', 즉 'πr×r' 이므로 πr²이 된다.

지름으로 넓이 구하기

공식으로 원 넓이를 구할 때 보통은 반지름을 사용하지만, 지름도 사용할 수 있습니다.

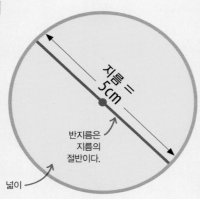

지름 = 5cm

반지름은 지름의 절반이다.

넓이

어떤 값을 알든, 원의 넓이 공식은 언제나 같다.

$$넓이 = \pi\, r^2$$

▼

아는 값을 공식에 대입한다. 여기서는 반지름이 지름의 절반인 2.5cm이다.

$$넓이 = 3.14 \times 2.5^2$$

반지름은 지름의 절반, 즉 5÷2=2.5이다.

▼

공식대로 반지름을 제곱한다. 그러면 마지막 곱셈이 간단해진다.

π의 유효 숫자

$$넓이 = 3.14 \times 6.25$$

2.5 × 2.5 = 6.25

▼

답은 적당히 반올림하고 적절한 단위(여기서는 cm²)로 적는다.

19.6349……를 소수 둘째 자리까지 반올림한다.

$$넓이 = \mathbf{19.63cm^2}$$

넓이로 반지름 구하기

원 넓이 공식을 이용하면, 원의 넓이를 알 때 그 원의 반지름도 구할 수 있습니다.

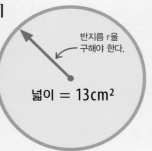

반지름 r을 구해야 한다.

넓이 = 13cm²

원 넓이 공식을 이용하면, 넓이를 알 때 반지름을 구할 수 있다.

$$넓이 = \pi\, r^2$$

▼

아는 값을 공식에 대입한다. 여기서는 넓이가 13cm²이다.

$$13 = 3.14 \times r^2$$

이 변을 3.14로 나눈다.

이 변을 3.14로 나눠 r²만 남겨둔다.

▼

양변을 3.14로 나눠 r²만 남게 한다.

$$\frac{13}{3.14} = r^2$$

▼

나눗셈 결과를 반올림하고, 좌변과 우변을 바꿔 r²을 구하는 식으로 바꾼다.

r²을 구하는 식으로 바꾼다.

$$r^2 = 4.14$$

4.1380……을 소수 둘째 자리까지 반올림한다.

▼

그 나눗셈 결과의 제곱근을 구해 반지름 값을 알아낸다.

$$r = \sqrt{4.14}$$

▼

답은 적당히 반올림하고 적절한 단위(여기서는 cm)로 적는다.

2.0342……를 소수 둘째 자리까지 반올림한다.

$$= \mathbf{2.03cm}$$

자 세 히 보 기

더 복잡한 도형

두 가지 이상의 도형이 합쳐진 것을 복합 도형이라고 부릅니다. 복합 도형의 넓이는 부분들의 넓이를 합해서 구할 수 있습니다. 오른쪽 예에서는 반원 하나와 직사각형 하나가 합쳐져 있는 복합도형으로, 총넓이는 1,414cm²(반원 넓이, 즉 원 넓이의 절반, $\frac{1}{2} \times \pi r^2$)+5,400cm²(직사각형 넓이)=6,814cm²입니다.

◁ 복합 도형

이 복합 도형은 반원 하나와 직사각형 하나로 이루어져 있다. 이 경우 두 수치만으로도 넓이를 구할 수 있다.

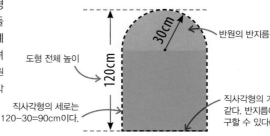

도형 전체 높이

120cm

30cm

반원의 반지름

직사각형의 세로는 120-30=90cm이다.

직사각형의 가로는 원의 지름과 같다. 반지름에 2를 곱하면 구할 수 있다(30×2=60cm).

원 안의 각

원 안의 각들은 몇 가지 특수한 성질을 띕니다.

원주 위의 두 점에서 중심으로 선분을 두 개 그어 만든 중심각은 원주 위의 한 점으로 선분을 두 개 그어 만든 원주각보다 두 배 더 큽니다(맨 아래쪽 원 그림 참조).

호에 대한 각

원 안의 각이란 한 호의 양 끝 점에서 원주(원의 둘레) 위에 있는 한 점을 이었을 때 호와 마주 보는 각을 말합니다. 원 안의 각은 호의 양 끝 점에서 원의 중심으로 그어 만들 수도 있습니다. 오른쪽 그림에서 볼 수 있는 원 안의 각 R은 호 PQ에서 선을 그어 만든 것입니다. 이러한 각은 원 내부의 어느 곳에든 만들 수 있습니다.

▷ **호에 대한 각**
이 두 원을 보면, 호의 양 끝 점과 원주 위의 한 점을 선분으로 이으면 각이 하나 생긴다는 것을 알 수 있다. 점 R에 있는 각은 호 PQ에 대한 각이다.

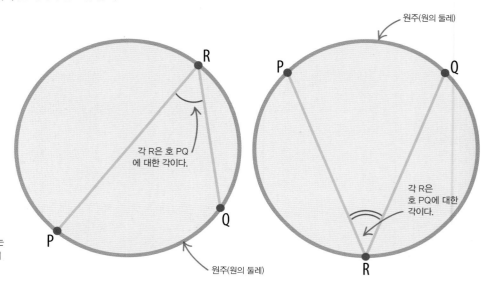

각 R은 호 PQ에 대한 각이다.

원주(원의 둘레)

각 R은 호 PQ에 대한 각이다.

원주(원의 둘레)

중심각과 원주각

한 호의 양 끝 점과 원의 중심을 이어 생기는 중심각은 그 호의 양 끝 점과 원주 위의 또 다른 한 점을 이어 생기는 원주각보다 항상 두 배로 더 큽니다. 이 예에서 원주각 PRQ와 중심각 POQ는 둘 다 하나의 호 PQ에 대한 각입니다.

중심각 = 2 × 원주각

▷ **각의 특징**
각 POQ와 각 PRQ는 모두 호 PQ에 대한 각이다. 이는 각 POQ가 각 PRQ보다 두 배로 더 크다는 뜻이다.

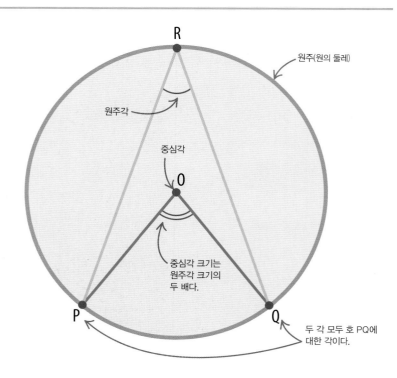

원주(원의 둘레)

원주각

중심각

중심각 크기는 원주각 크기의 두 배다.

두 각 모두 호 PQ에 대한 각이다.

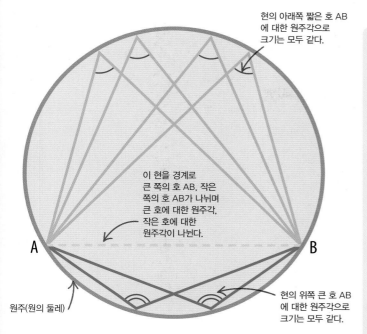

현의 아래쪽 짧은 호 AB에 대한 원주각으로 크기는 모두 같다.

이 현을 경계로 큰 쪽의 호 AB, 작은 쪽의 호 AB가 나뉘며 큰 호에 대한 원주각, 작은 호에 대한 원주각이 나뉜다.

원주(원의 둘레)

현의 위쪽 큰 호 AB에 대한 원주각으로 크기는 모두 같다.

△ 같은 호에 대한 원주각
같은 호에 대한 원주각들은 크기가 같다. 여기서는 빨간 선한 개로 표시된 각끼리 크기가 같고, 빨간 선 두 개로 표시된 각끼리 크기가 같다.

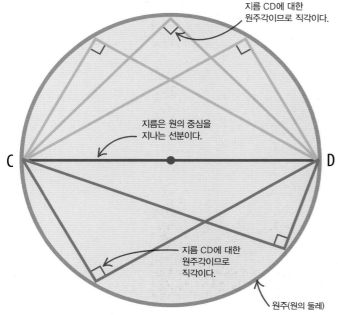

지름 CD에 대한 원주각이므로 직각이다.

지름은 원의 중심을 지나는 선분이다.

지름 CD에 대한 원주각이므로 직각이다.

원주(원의 둘레)

△ 지름에 대한 원주각
지름에 대한 원주각들은 모두 크기가 90°, 즉 직각으로 같다.

원주각 정리 증명하기

수학 법칙들을 이용하면, 하나의 호에 대한 중심각 크기가 원주각 크기의 두 배라는 원주각 정리를 증명할 수 있습니다.

R, P, Q는 원주 위에 있는 세 점이다.

원주 위의 세 점을 임의로 선택해 P, Q, R이라고 하자. 그리고 원의 중심을 표시하고 O라고 하자.

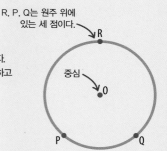

중심

각 PRQ는 호 PQ에 대한 원주각

선분 RP, RQ, OP, OQ를 긋는다. 그러면 각이 두 개 생긴다. 하나는 원주 위의 한 점 R에, 하나는 원의 중심 O에 생긴다. 두 각은 모두 호 PQ에 대한 각이다.

이 선을 경계로 이등변삼각형이 두 개 생긴다.

각 POQ는 호 PQ에 대한 중심각

R에서 O를 지나는 선을 긋는다. 그러면 이 선을 경계로 이등변 삼각형이 두 개 생긴다. 이등변 삼각형은 두 변의 길이와 두 각의 크기가 같다. 이 경우에 삼각형 POR과 QOR 각각의 두 등변은 원의 반지름에 해당한다.

각 POQ는 각 PRQ의 두 배

이등변삼각형에서 밑변의 양 끝각은 크기가 같다. 그 각을 A라고 하자. 이때 각 POR의 외각은 A+A, 즉 2A와 같다. 삼각형 내각의 합은 180도이기 때문이다. 따라서 점 O에 있는 중심각의 크기가 점 R에 있는 원주각의 크기의 두 배임을 확인할 수 있다.

2A

현과 내접 사각형

현은 원주 위의 두 점을 잇는 선분입니다. 원의 내접 사각형은 네 현을 변으로 하는 도형입니다.

현은 길이가 다양합니다. 한 원의 지름 또한 그 원의 가장 긴 현에 해당합니다. 한 원에서 길이가 같은
현들은 모두 그 원의 중심까지의 거리가 같습니다. 원의 내접 사각형은 꼭짓점들이 모두 원의 둘레에
닿아 있습니다.

참조	
130~133 ◁	사각형
138~139 ◁	원

현이란?

현은 원을 가로지르는 선분입니다. 어떤
원에서든 가장 긴 현은 지름입니다. 지름은
원에서 가장 긴 부분을 가로지르기 때문입니다.
현의 수직 이등분선은 현의 중점을 직각(90°)으로
지나는 직선입니다. 모든 현의 수직 이등분선은
원의 중심을 지납니다. 어떤 현에서 원의
중심까지의 거리는 현의 수직 이등분선의 길이를
재면 됩니다. 길이가 같은 현들은 모두 원의
중심까지의 거리가 같습니다.

현들은 모두 두
점에서 원주와
닿는다.

이 두 현은 길이가 같으므로,
원의 중심까지의 거리도 같다.

원의 중심

지름은 원의 중심을
지나는 가장 긴 현이다.

원의 중심에서 현까지의
거리는 현의 수직 이등분선의
길이로 구한다.

직각

현

▷ **현의 특징**
이 원에는 현이 네 개 그려져 있다. 그중 가장 긴 현은 지름이다.
길이가 서로 같은 현이 두 개 있고, 나머지 한 현은 수직 이등분선
(그 현을 직각으로 이등분하는 직선)과 함께 나타나 있다.

이 점선은 현의
수직 이등분선이다.

원주(원의 둘레)

자 세 히 보 기

교차하는 현

두 현이 교차하면, 흥미로운 특징이 나타납니다.
한 현에서 교차점을 경계로 갈린 두 부분의 길이를
곱하면, 다른 현의 두 부분 길이의 곱과 같은 값이
나옵니다.

▷ **교차하는 현**
이 원에는 교차하는 두 현이 나타나 있다.
한 현은 A와 B로 나뉘고,
다른 현은 C와 D로 나뉘어 있다.

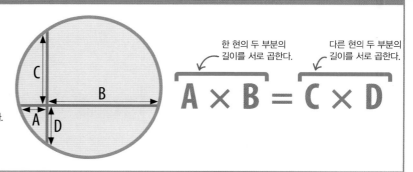

한 현의 두 부분의
길이를 서로 곱한다.

다른 현의 두 부분의
길이를 서로 곱한다.

$$A \times B = C \times D$$

원의 중심 찾기

현을 이용해 원의 중심을 찾을 수 있습니다. 먼저 원을 가로지르는 현을 두 개 그립니다. 그다음 각 현의 중점을 지나며 직각을 이루는 직선(수직 이등분선)을 하나씩 그리면 됩니다. 원의 중심은 두 수직 이등분선이 교차하는 점입니다.

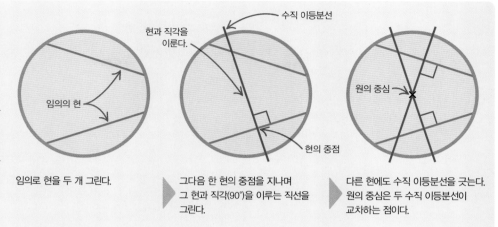

임의로 현을 두 개 그린다.

그다음 한 현의 중점을 지나며 그 현과 직각(90°)을 이루는 직선을 그린다.

다른 현에도 수직 이등분선을 긋는다. 원의 중심은 두 수직 이등분선이 교차하는 점이다.

원의 내접 사각형

원의 내접 사각형은 네 현으로 둘러싸인 사각형입니다. 내접 사각형의 각 꼭짓점은 원주와 닿아 있고 사각형이 다 그렇듯이 내각의 합이 360°입니다. 또한 마주하는 각끼리 합하면 180°가 되고, 외각은 내대각과 크기가 같습니다.

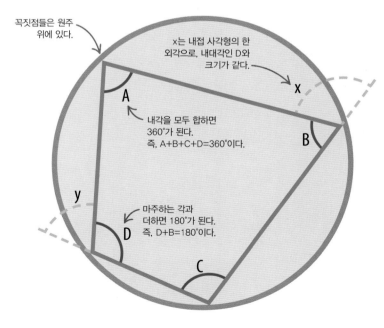

△ **원의 내접 사각형의 내·외각**
이 내접 사각형은 네 내각이 A, B, C, D이고, x와 y는 각각 B와 D의 외각이다.

$$A + B + C + D = 360°$$

△ **내각의 합**
원의 내접 사각형의 내각을 모두 더하면 360°이다. 그러므로 네 내각 A+B+C+D=360°이다.

$$A + C = 180°$$
$$B + D = 180°$$

△ **대각**
원의 내접 사각형에서 대각끼리의 합은 180°이다. 따라서 A+C=180°이고 B+D=180°이다.

y의 내대각은 B이다.

$$y = B$$

x의 내대각은 D이다.

$$x = D$$

△ **외각**
원의 내접 사각형에서 외각은 그 내대각과 크기가 같다. 따라서 y=B이고 x=D이다.

접선

접선은 원주(원의 둘레)와 한 점에서만 만나는 직선입니다.

접선이란?

접선은 원 외부의 한 점에서부터 뻗어 원의 둘레와 한 점에서 만나는 직선입니다. 이 점을 접점이라고 합니다. 접점과 원의 중심을 잇는 선분은 반지름 중 하나로, 접선과 직각(90°)을 이룹니다. 원 외부의 한 점에서 원에 그을 수 있는 접선은 두 개가 있습니다.

▷ **접선의 특징**
원 외부의 한 점에서 각 접점까지의 길이는 두 접선 모두 같다.

참조
110~113 ◁ 소수
128~129 ◁ 피타고라스의 정리
138~139 ◁ 원

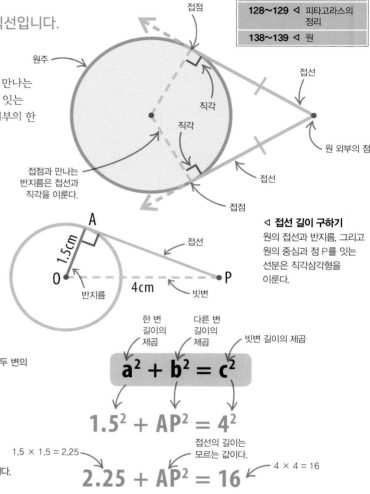

접점

원주

직각

직각

접점과 만나는 반지름은 접선과 직각을 이룬다.

접선

접선

원 외부의 점

접선

접점

접선 길이 구하기

접선은 접점에서 반지름과 직각을 이룹니다. 그러므로 반지름과 접선, 그리고 빗변에 해당하는 그 사이 선분으로 직각삼각형을 하나 만들 수 있습니다. 피타고라스의 정리를 이용하면, 직각삼각형의 세 변 중 두 변의 길이를 알 때 나머지 한 변의 길이를 구할 수 있습니다.

◁ **접선 길이 구하기**
원의 접선과 반지름, 그리고 원의 중심과 점 P를 잇는 선분은 직각삼각형을 이룬다.

A
1.5cm
접선
O
반지름
4cm
빗변
P

피타고라스의 정리에 따르면, 직각삼각형에서 빗변 길이의 제곱은 나머지 두 변의 길이를 각각 제곱해서 합한 값과 같다.

한 변 길이의 제곱   다른 변 길이의 제곱   빗변 길이의 제곱

$$a^2 + b^2 = c^2$$

아는 값을 공식에 대입한다. 빗변인 변 OP의 길이는 4cm이고, 반지름은 1.5cm이다. 길이를 모르는 변은 접선 AP이다.

$$1.5^2 + AP^2 = 4^2$$

접선의 길이는 모르는 값이다.

아는 변의 길이 값을 제곱한다. 1.5의 제곱은 2.25이고, 4의 제곱은 16이다. 모르는 변의 길이 제곱인 AP²은 그대로 둔다.

1.5 × 1.5 = 2.25

$$2.25 + AP^2 = 16$$

4 × 4 = 16

방정식의 항을 재배치해, 한쪽 변에 AP², 즉 접선 길이의 제곱만 남겨둔다. 그러기 위해서는 방정식의 양변에서 2.25를 빼면 된다.

양변에서 2.25를 빼 미지항만 남겨둔다.   양변에서 2.25를 빼야 한다.

$$AP^2 = 16 - 2.25$$

방정식 우변의 뺄셈을 한다. 결과값 13.75는 모르는 변의 길이인 AP 값의 제곱에 해당한다.

16 − 2.25 = 13.75

AP × AP

$$AP^2 = 13.75$$

방정식 양변의 제곱근을 구해 AP 값을 알아본다. AP²의 제곱근은 AP이다. 13.75의 제곱근을 구한다.

AP²의 제곱근은 AP이다.   제곱근 기호

$$AP = \sqrt{13.75}$$

계산해서 나온 답을 적당한 소수 자리까지 반올림한다. 그 값이 바로 모르는 접선의 길이다.

3.708……을 소수 둘째 자리까지 반올림한다.

$$AP = \mathbf{3.71cm}$$

접선 작도하기

접선을 정확하게 그리려면 컴퍼스와 곧은자가 필요합니다. 이 예를 보면, 점 O를 중심으로 하는 원과 원 외부의 점 P 사이에 접선 두 개를 그리는 방법을 알 수 있습니다.

원을 그린다.

원의 중심점

원 외부의 점을 표시한다.

컴퍼스로 원을 그리고, 중심을 O라고 하자. 원 외부에도 점 P를 찍는다. 그 점에서 원으로 이어지는 접선 두 개를 그려보자.

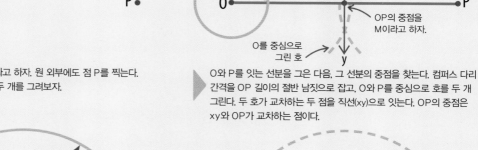

점 P를 중심으로 그린 호

OP의 중점을 M이라고 하자.

O를 중심으로 그린 호

O와 P를 잇는 선분을 그은 다음, 그 선분의 중점을 찾는다. 컴퍼스 다리 간격을 OP 길이의 절반 남짓으로 잡고, O와 P를 중심으로 호를 두 개 그린다. 두 호가 교차하는 두 점을 직선(xy)으로 잇는다. OP의 중점은 xy와 OP가 교차하는 점이다.

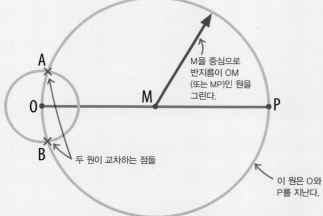

M을 중심으로 반지름이 OM (또는 MP)인 원을 그린다.

두 원이 교차하는 점들

이 원은 O와 P를 지난다.

▶ 컴퍼스 다리 간격을 OM(또는 같은 길이인 MP)에 맞추고, M을 중심으로 원을 하나 그린다. 이 원이 원래 원과 교차하는 두 점을 A와 B라고 하자.

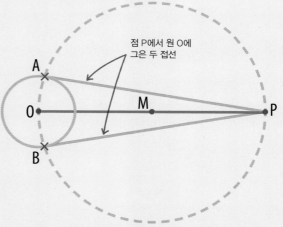

점 P에서 원 O에 그은 두 접선

▶ 끝으로, 두 원의 교차점 A와 B를 각각 점 P와 연결한다. 그 두 선분은 점 P에서 원 O로 이어지는 접선이다. 두 접선은 길이가 같다.

접선과 각

원의 접선은 각과 관련하여 특수한 성질을 띱니다. 한 접선이 원과 점 B에서 만날 때, 점 B에서부터 원을 가로지르는 현 BC를 그리면, 점 B에서 접선과 현 사이에 각이 하나 생깁니다. 현 BC의 양 끝 점에서 원주 위의 한 점 D로 선분을 두 개(BD와 CD) 그으면, 점 B에 있는 각과 같은 크기의 각이 점 D에도 생깁니다.

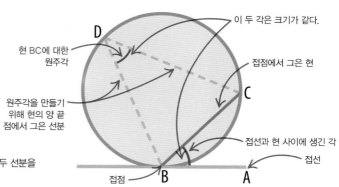

이 두 각은 크기가 같다.

현 BC에 대한 원주각

접점에서 그은 현

원주각을 만들기 위해 현의 양 끝 점에서 그은 선분

접선과 현 사이에 생긴 각

접선

접점

▷ 접선과 현

접선과 현 사이에 생긴 각은 현의 양 끝 점에서 원주 위의 한 점으로 두 선분을 그을 때 생기는 원주각과 크기가 같다.

호

호는 원둘레의 한 부분입니다. 호의 길이는 호에 대한 중심각을 이용해서 구할 수 있습니다.

호란?

호는 원주의 일부분입니다. 호의 길이는 호의 양 끝 점에서 원의 중심으로 선분을 두 개 그을 때 생기는 각에 비례합니다. 호의 길이를 모를 때는 중심각과 원주를 이용해서 정확한 값을 구할 수 있습니다. 하나의 원이 두 개의 호로 나뉘어 있으면, 큰 호를 '우'호라고 부르고, 작은 호를 '열'호라고 부릅니다.

우호에 대한 중심각

열호

우호

호의 길이를 구하는 공식

열호에 대한 중심각

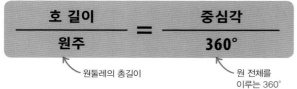

$$\frac{\text{호 길이}}{\text{원주}} = \frac{\text{중심각}}{360°}$$

원둘레의 총길이

원 전체를 이루는 360°

▷ **호와 각**
이 그림에는 두 개의 호 (우호와 열호)와 각 호에 대한 중심각이 나타나 있다.

호 길이 구하기

호의 길이는 원둘레 전체 길이의 일부에 해당합니다. 그 정확한 비율은 호에 대한 중심각과 원 전체를 이루는 각도인 360°의 비입니다. 이 비는 호 길이를 구하는 공식의 한 부분입니다.

120°

◁ **호 길이 구하기**
이 원은 원주가 10cm이다. 중심각이 120°인 호의 길이를 구해보자.

원주가 10cm이다.

호의 길이를 구하는 공식을 적는다. 이 공식에서는 호 길이와 원주의 비, 그리고 호 중심각과 360°(원 전체를 이루는 각도)의 비를 이용한다.

▼

아는 값을 공식에 대입한다. 여기서는 원주가 10cm이고, 호 중심각이 120°이다. 360°는 그대로 둔다.

▼

양변에 10을 곱해 한쪽 변에 미지수인 호 길이만 남겨둔다.

▼

10과 120의 곱을 360으로 나눠 호 길이 값을 구한다. 그리고 그 답을 적당한 소수 자리까지 반올림한다.

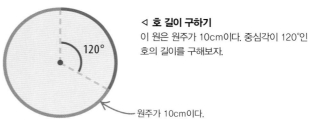

$$\frac{\text{호 길이}}{\text{원주}} = \frac{\text{중심각}}{360°}$$

$$\frac{\text{호 길이}}{10} = \frac{120}{360}$$

양변에 10을 곱하면 10은 약분되어 사라진다.

이 변에도 10을 곱한다.

$$\text{호 길이} = \frac{10 \times 120}{360}$$

3.333……을 소수 둘째 자리까지 반올림한다.

C = 3.33cm

부채꼴

부채꼴은 원 넓이의 일부를 차지하는 조각입니다. 넓이는 부채꼴에 대한 중심각을 이용해서 구할 수 있습니다.

참조	
56~59 ◁	비와 비례
138~139 ◁	원
140~141 ◁	원주와 지름

부채꼴이란?

부채꼴은 원에서 두 반지름과 한 호로 둘러싸인 공간입니다. 부채꼴의 넓이는 두 반지름이 원의 중심에서 이루는 각에 따라 결정됩니다. 부채꼴의 넓이를 모를 때는 중심각과 원의 넓이를 이용해서 정확한 값을 구할 수 있습니다. 하나의 원이 두 개의 부채꼴로 나뉘어 있으면, 큰 부분을 '우'부채꼴, 작은 부분을 '열'부채꼴이라고 부릅니다.

$$\frac{\text{부채꼴 넓이}}{\text{원 넓이}} = \frac{\text{중심각}}{360°}$$

↖ 부채꼴 넓이를 구하는 공식

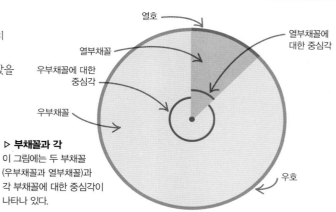

▷ **부채꼴과 각**
이 그림에는 두 부채꼴 (우부채꼴과 열부채꼴)과 각 부채꼴에 대한 중심각이 나타나 있다.

부채꼴 넓이 구하기

부채꼴의 넓이는 원 전체 넓이의 일부에 해당합니다. 정확한 비율은 부채꼴의 중심각과 360°의 비입니다. 비는 부채꼴 넓이를 구하는 공식의 한 부분입니다.

◁ **부채꼴 넓이 구하기**
이 원은 넓이가 7cm²이다. 중심각이 45°인 부채꼴의 넓이를 구해보자.

부채꼴의 중심각 45°

← 원의 넓이는 7cm²

부채꼴 넓이를 구하는 공식을 적는다. 이 공식에서는 부채꼴 넓이와 원 넓이의 비, 그리고 부채꼴 중심각과 360°의 비를 이용한다.

▼

아는 값을 공식에 대입한다. 여기서는 원 넓이가 7cm²이고, 부채꼴 중심각이 45°이다. 360°는 원 전체를 이루는 각도이다.

▼

미지수인 부채꼴 넓이만 남겨두기 위해 양변에 7을 곱한다.

▼

45와 7의 곱을 360으로 나눠 부채꼴 넓이를 구한다. 그리고 그 답을 적당한 소수 자리까지 반올림한다.

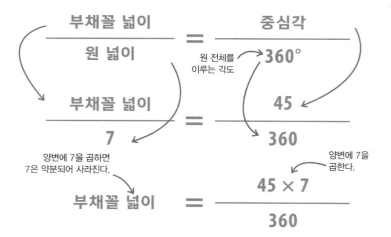

$$\frac{\text{부채꼴 넓이}}{\text{원 넓이}} = \frac{\text{중심각}}{360°}$$

원 전체를 이루는 각도

$$\frac{\text{부채꼴 넓이}}{7} = \frac{45}{360}$$

양변에 7을 곱하면 7은 약분되어 사라진다.

양변에 7을 곱한다.

$$\text{부채꼴 넓이} = \frac{45 \times 7}{360}$$

0.875를 소수 둘째 자리까지 반올림한다.

$$C = 0.88\text{cm}^2$$

입체

입체는 삼차원 도형입니다.

입체는 가로, 세로, 높이가 있는 삼차원의 도형입니다. 도형은 겉넓이와 부피도 있습니다.

참조	
134~137 ◁	다각형
부피 ▷	154~155
입체의 겉넓이 ▷	156~157

기둥체

입체 도형의 대부분은 다면체, 즉 평평한 면과 곧은 모서리로 구성된 삼차원 도형입니다.
기둥체는 모양과 크기가 똑같은 두 개의 평행한 평면 도형(밑면)이 옆면으로 연결된
일종의 다면체입니다. 오른쪽 예에서는 평행한 두 오각형 밑면이 직사각형 옆면들로
연결되어 있습니다. 기둥체의 이름은 보통 밑면의 모양에 따라 부릅니다.
예컨대 원기둥은 밑면이 원인 기둥체입니다. 그리고 직육면체는
밑면이 직사각형인 기둥체로 직사각기둥이라고도 할 수 있습니다.

모서리
면들이 만나는 선분

높이
맨 위에서 맨 아래까지의 거리

너비
높이 방향과 직각을 이루는 가로 거리

▷ **기둥체**
이 기둥체는 횡단면이 오각형(다섯
변으로 둘러싸인 도형)이어서
오각기둥이라고 부릅니다.

◁ **부피**
입체가 차지하는 공간의 크기

오각기둥의 횡단면은
오각형이다.

오각형은
다섯 변으로
둘러싸인
도형이다.

이 그림은 일곱
면으로 둘러싸인
도형의 전개도다.

△ **횡단면**
횡단면은 물체를 길이 방향에 직각으로
자를 때 생기는 면이다.

횡단면

이 전개도를 오려 내어
모서리를 따라 접으면
입체 모양을 만들 수 있다.

◁ **겉넓이**
입체의 겉넓이는 전개도의 총넓이에
해당한다. 전개도는 접으면 입체
모양이 되는 이차원 도형이다.

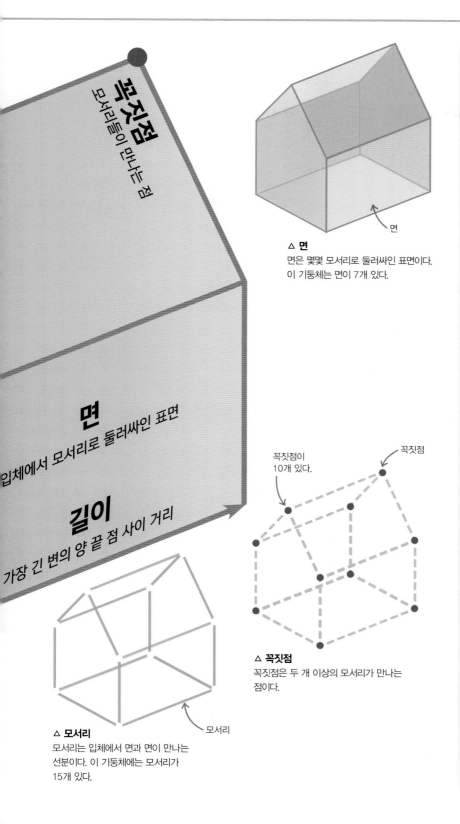

꼭짓점
모서리들이 만나는 점

면
입체에서 모서리로 둘러싸인 표면

길이
가장 긴 변의 양 끝 점 사이 거리

△ **면**
면은 몇몇 모서리로 둘러싸인 표면이다.
이 기둥체는 면이 7개 있다.

꼭짓점이
10개 있다.

꼭짓점

△ **꼭짓점**
꼭짓점은 두 개 이상의 모서리가 만나는
점이다.

모서리

△ **모서리**
모서리는 입체에서 면과 면이 만나는
선분이다. 이 기둥체에는 모서리가
15개 있다.

그 밖의 기둥체

평면으로만 둘러싸인 입체는
다면체라고 부르고, 곡면이
하나라도 있는 입체는 곡면체라고
부릅니다. 일반적인 입체들은
저마다 명칭이 따로 있습니다.

▷ **원기둥**
원기둥은 두 원형 밑면이
곡면 하나로 연결되어
있는 기둥체다.

원형 밑면

이 면은 맞은편의
면과 합동이다.

▷ **직육면체**
직육면체는 마주 보는
면들이 합동이며
평행한 기둥체다.
모서리 길이가 모두
같은 직육면체는
정육면체에 해당한다.

▷ **구**
구는 표면 위의 어떤
점에서든 중심까지의
거리가 같은 둥근 입체다.

꼭짓점

▷ **각뿔**
각뿔은 한 개의 다각형
밑면과, 한 개의
꼭짓점을 공유하는
삼각형 옆면들로
둘러싸인 입체다.

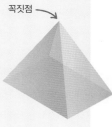

정점

▷ **원뿔**
원뿔은 원형 밑면 한 개와
정점(가장 높은 점)
한 개가 한 곡면으로
연결되어 있는 입체다.

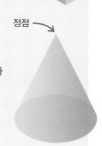

부피

삼차원 도형의 내부 공간 크기를 부피라고 합니다.

참조	
28~29 ◁	측정 단위
152~153 ◁	입체
입체의 겉넓이 ▷	156~157

입체 공간

부피를 측정할 때는 cm³와 m³ 같은 세제곱 단위를 사용하는데, 각 변의
길이가 한 단위인 정육면체를 단위정육면체라고 부릅니다. 정육면체를
비롯한 일부 입체는 그 안에 꼭 맞게 들어가는 단위정육면체의 수가
정해지지만, 원기둥을 비롯한 대부분의 입체는 그렇지 않습니다.
그래서 일반적으로 부피를 구할 때는 공식을 사용합니다. 그런 부피를
계산할 때 중요한 것은 밑면 또는 횡단면의 넓이를 구하는 일입니다.
입체는 저마다 횡단면이 제각각입니다.

▷ 단위정육면체

단위정육면체는 변의 길이가
모두 한 단위로 같다. 각 변
길이가 1cm인 단위정육면체는
부피가 1cm×1cm×1cm, 즉
1cm³이다. 입체의 부피는
그 내부에 꼭 맞게 들어가는
단위정육면체의 수로 측정할
수 있다. 이 직육면체는 부피가
3cm×2cm×2cm, 즉 12cm³
이다.

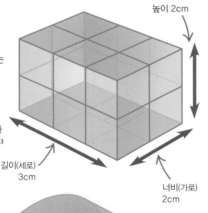

높이 2cm

길이(세로)
3cm

너비(가로)
2cm

원기둥 부피 구하기

원기둥은 두 원형 밑면이 하나의 곡면(전개도에서는 직사각형)으로
연결되어 있습니다. 그 부피는 원의 넓이에 원기둥의
길이(높이)를 곱해서 구합니다.

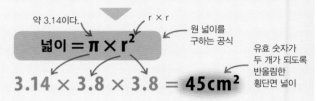

$$부피 = π × r^2 × l$$

원기둥 부피를
구하는 공식

원기둥 부피를 구하는 공식에서는 원 넓이 공식에 원기둥 길이(l)를 곱한다.

약 3.14이다.   r × r

$$넓이 = π × r^2$$

원 넓이를
구하는 공식

$$3.14 × 3.8 × 3.8 = 45cm^2$$

유효 숫자가
두 개가 되도록
반올림한
횡단면 넓이

먼저 원 넓이 공식을 이용해 원기둥의 횡단면 넓이를 구한다. 아래의 원기둥
그림에 나와 있는 값을 그 공식에 대입한다.

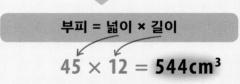

$$부피 = 넓이 × 길이$$

$$45 × 12 = 544cm^3$$

그다음 그 넓이에 원기둥 길이를 곱해 부피를 구한다.

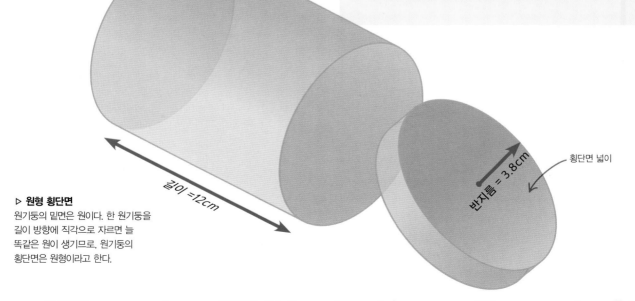

▷ 원형 횡단면

원기둥의 밑면은 원이다. 한 원기둥을
길이 방향에 직각으로 자르면 늘
똑같은 원이 생기므로, 원기둥의
횡단면은 원형이라고 한다.

길이 =12cm

반지름 =3.8cm

횡단면 넓이

직육면체 부피 구하기

직육면체는 여섯 평면으로 둘러싸여 있는데, 이 면들은 모두 직사각형입니다. 길이(세로)와 너비(가로)와 높이를 곱하면 직육면체의 부피를 구할 수 있습니다.

이 공식은 v=h(높이)× w(너비)×l(길이)로 적기도 한다.

부피 = 길이 × 너비 × 높이

$$4.3 \times 2.2 \times 1.7 = \mathbf{16cm^3}$$

반올림한 값

▷ **세 변의 길이 곱하기**
이 직육면체는 길이가 4.3cm, 너비가 2.2cm, 높이가 1.7cm이다. 이를 모두 곱하면 그 부피를 구할 수 있다.

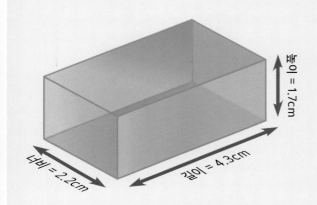

높이 = 1.7cm

너비 = 2.2cm

길이 = 4.3cm

원뿔 부피 구하기

밑면의 넓이(원 넓이)에 원뿔의 정점에서 밑면의 중심까지의 거리(수직 높이)를 곱한 다음, 그 결과에 $\frac{1}{3}$ 을 곱하면 됩니다.

높이라고도 한다.

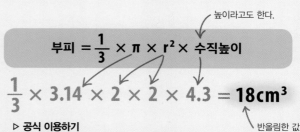

부피 = $\frac{1}{3}$ × π × r^2 × 수직높이

$$\frac{1}{3} \times 3.14 \times 2 \times 2 \times 4.3 = \mathbf{18cm^3}$$

반올림한 값

▷ **공식 이용하기**
원뿔의 부피를 구하려면, $\frac{1}{3}$, π, 반지름 제곱, 수직 높이를 모두 곱하면 된다.

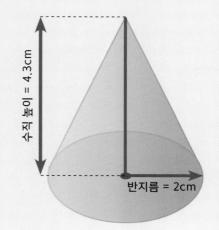

수직높이 = 4.3cm

반지름 = 2cm

구 부피 구하기

구의 부피를 구할 때는 반지름 값만 알면 됩니다. 이 구는 반지름이 2.5㎝입니다.

반지름을 세 개 곱한다.

부피 = $\frac{4}{3}$ × π × r^3

$$\frac{4}{3} \times 3.14 \times 2.5 \times 2.5 \times 2.5 = \mathbf{65cm^3}$$

반올림한 값

▷ **공식 이용하기**
이 구의 부피를 구하려면, $\frac{4}{3}$, π, 반지름 세제곱(반지름을 세 개 곱한 값)을 모두 곱하면 된다.

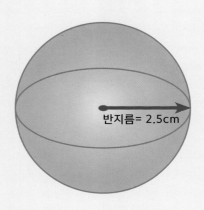

반지름 = 2.5cm

입체의 겉넓이

겉넓이는 도형의 바깥 표면이 차지하는 공간의 크기입니다.

입체는 대부분 면들의 넓이를 더하면 겉넓이를 구할 수 있습니다.
구는 예외이지만, 쉽게 이용할 수 있는 공식이 있습니다.

도형의 표면

모서리가 곧은 입체는 모두 면들의 넓이를 전부 합해서 겉넓이를
구할 수 있습니다. 그 방법 중 하나는 입체를 분해하여 평평하게
펴서 이차원 도형으로 만들어보는 것입니다. 그다음 그 구성
도형들의 넓이를 각각 구해 더하면 됩니다. 그런 식으로 입체를
평면에 펴놓은 그림을 전개도라고 합니다.

▷ **원기둥**
원기둥은 평면 두 개와 곡면 한 개로 이루어진다.
그 전개도를 만들려면, 두 평면을 분리하고
곡면을 펼치면 된다.

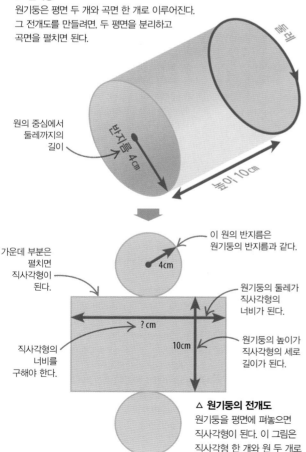

원의 중심에서 둘레까지의 길이

반지름 4cm

높이 10cm

둘레

가운데 부분은 펼치면 직사각형이 된다.

이 원의 반지름은 원기둥의 반지름과 같다.

4cm

원기둥의 둘레가 직사각형의 너비가 된다.

? cm

10cm

직사각형의 너비를 구해야 한다.

원기둥의 높이가 직사각형의 세로 길이가 된다.

△ **원기둥의 전개도**
원기둥을 평면에 펴놓으면
직사각형이 된다. 이 그림은
직사각형 한 개와 원 두 개로
이루어져 있다.

원기둥 겉넓이 구하기

원기둥을 그 구성 요소로 분해하면 직사각형 한 개와 원 두 개가
나옵니다. 총겉넓이를 구하려면, 이 세 도형 각각의 넓이를 구한 후
합산하면 됩니다.

원 넓이 구하는 공식

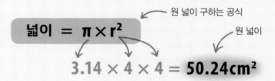

넓이 = π × r²

원 넓이

$$3.14 \times 4 \times 4 = 50.24 \text{cm}^2$$

두 원의 넓이는 아는 반지름 값과 원 넓이 공식을 이용해서 구할 수 있다.
원주율 π는 보통 3.14로 반올림해서 쓰고, 넓이는 항상 제곱 단위로 적는다.

원주 구하는 공식

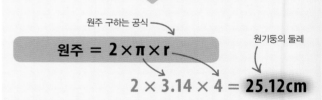

원주 = 2 × π × r

원기둥의 둘레

$$2 \times 3.14 \times 4 = 25.12 \text{cm}$$

직사각형의 넓이를 구하려면, 먼저 직사각형의 너비, 즉 원기둥의 둘레를
알아내야 한다. 이 계산은 아는 반지름과 원주 공식을 이용해서 한다.

직사각형 너비 = 원기둥 둘레

직사각형 길이 = 원기둥 높이

직사각형 넓이

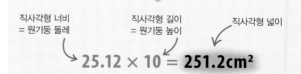

$$25.12 \times 10 = 251.2 \text{cm}^2$$

직사각형의 넓이는 이제 직사각형 넓이 공식(길이×너비)을 이용해서 구할 수
있다.

원기둥 겉넓이

$$50.24 + 50.24 + 251.2 = 351.68 \text{cm}^2$$

원기둥의 겉넓이는 그 전개도를 구성하는 세 도형(원 두 개와 직사각형 한 개)
의 넓이를 합해서 구한다.

직육면체 겉넓이 구하기

직육면체는 세 쌍의 직사각형 면으로 이루어져 있습니다. 이를 여기서는 A, B, C라고 하겠습니다. 직육면체의 겉넓이는 면들의 넓이를 모두 합한 값입니다.

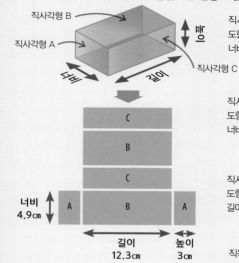

△ **직육면체 전개도**
직육면체의 전개도는 세 쌍의 직사각형으로 이루어져 있다.

직사각형 A의 넓이를 구하려면, 도형의 두 변, 즉 직육면체의 높이와 너비를 곱하면 된다.

직사각형 B의 넓이를 구하려면, 도형의 두 변, 즉 직육면체의 길이와 너비를 곱하면 된다.

직사각형 C의 넓이를 구하려면, 도형의 두 변, 즉 직육면체의 높이와 길이를 곱하면 된다.

직육면체의 겉넓이는 면들의 넓이를 전부 합한 값, 다시 말해 A 넓이의 두 배, B 넓이의 두 배, C 넓이의 두 배의 총합이다.

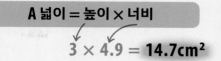

A 넓이 = 높이 × 너비

$3 × 4.9 =$ **14.7cm²**

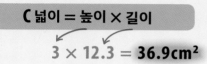

B 넓이 = 길이 × 너비

$12.3 × 4.9 =$ **60.27cm²**

C 넓이 = 높이 × 길이

$3 × 12.3 =$ **36.9cm²**

덧셈과 곱셈의 순서가 헷갈리지 않게 하기 위해 괄호를 썼다.

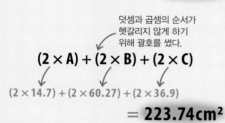

$(2 × A) + (2 × B) + (2 × C)$

$(2 × 14.7) + (2 × 60.27) + (2 × 36.9)$

$=$ **223.74cm²**

원뿔 겉넓이 구하기

원뿔은 두 부분으로 구성됩니다. 원형 밑면 하나와 원뿔형 옆면 하나. 두 부분의 넓이를 공식으로 구한 다음, 그 결과값을 합하면 원뿔 전체의 겉넓이를 얻을 수 있습니다.

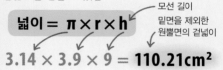

넓이 = π × r × h

모선 길이
밑면을 제외한 원뿔면의 겉넓이

$3.14 × 3.9 × 9 =$ **110.21cm²**

원뿔면의 겉넓이를 구하려면, π에 반지름과 모선 길이를 곱하면 된다.

π × r²

원 넓이 공식
밑면 넓이

$3.14 × 3.9 × 3.9 =$ **47.76cm²**

밑면의 넓이를 구하려면, 원 넓이 공식 π×r²을 이용하면 된다.

원뿔의 총겉넓이

$110.21 + 47.76 =$ **157.97cm²**

▷ **원뿔**
공식으로 원뿔면의 겉넓이와 밑면의 넓이를 각각 구하고 두 결과값을 더하면 원뿔의 총겉넓이를 구할 수 있다.

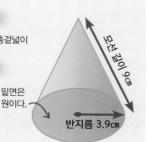

모선 길이 9㎝
밑면은 원이다.
반지름 3.9㎝

구 겉넓이 구하기

다른 입체 도형과 달리 구는 평면에 펴놓을 수가 없습니다. 그래도 공식을 이용하면 겉넓이를 구할 수 있습니다.

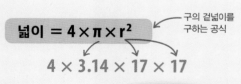

넓이 = 4 × π × r²

구의 겉넓이를 구하는 공식

$4 × 3.14 × 17 × 17$

$=$ **3,629.84cm²**

▷ **구**
구의 겉넓이를 구하는 공식은 원 넓이(π r²)×4이다. 구 하나의 겉넓이는 반지름이 같은 원 네 개의 총겉넓이와 같은 셈이다.

반지름 17㎝

삼각법

삼각법이란 무엇일까?

삼각법에서는 삼각형의 각 크기와 변 길이의 관계를 다룹니다.

참조
56~59 ◁ 비와 비례
125~127 ◁ 닮은 삼각형

닮은 삼각형

삼각법에서는 (모양은 같지만 크기는 다른) 닮은 직각삼각형들의 변 길이를 비교해 모르는 각 크기와 변 길이를 구합니다. 아래 그림을 보면, 햇빛이 비쳐서 한 사람과 한 건물의 그림자가 생겼는데, 그 결과로 닮은 직각 삼각형 두 개가 만들어졌습니다. 두 그림자의 길이를 재면 사람 키를 이용해 건물 높이를 구할 수 있습니다.

▽ 닮은 삼각형
햇빛이 비쳐 사람과 건물의 그림자가 각각 드리워지면서 닮은 삼각형이 두 개 나타난다.

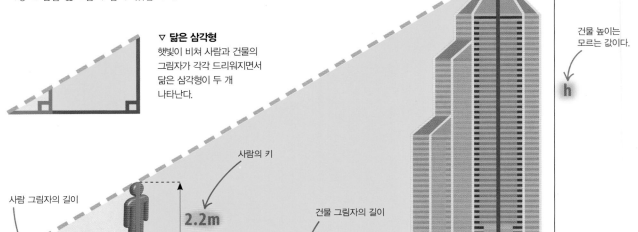

태양

햇빛이 비쳐 사람과 건물의 그림자가 생긴다.

건물 높이는 모르는 값이다.

h

사람의 키

2.2m

건물 그림자의 길이

사람 그림자의 길이

3.2m

58m

▷ 닮은 삼각형은 대응변의 길이 비가 일정하다. 그러므로 건물 높이를 사람 키로 나눈 값은 건물 그림자 길이를 사람 그림자 길이로 나눈 값과 같다.

▷ 위 그림에 나와 있는 값을 이 방정식에 대입한다. 그러면 건물 높이 (h)만 미지수로 남는데, 그 값은 방정식 항들을 재배치해 구할 수 있다.

▷ 방정식의 항들을 재배치해 한쪽 변에 h(건물 높이)만 남겨둔다. 그러려면 방정식의 양변에 2.2를 곱하면 된다. 그러면 좌변은 2.2가 상쇄되어 h만 남는다.

▷ 방정식의 우변을 계산해 h 값을 구한다. 그 값이 바로 건물 높이이다.

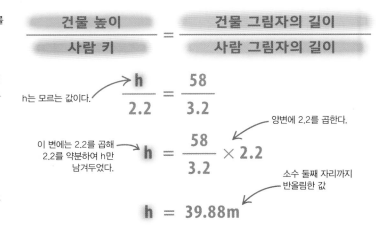

$$\frac{건물 높이}{사람 키} = \frac{건물 그림자의 길이}{사람 그림자의 길이}$$

h는 모르는 값이다.

$$\frac{h}{2.2} = \frac{58}{3.2}$$

양변에 2.2를 곱한다.

이 변에는 2.2를 곱해 2.2를 약분하여 h만 남겨두었다.

$$h = \frac{58}{3.2} \times 2.2$$

소수 둘째 자리까지 반올림한 값

$$h = 39.88m$$

삼각비 정의 공식 이용하기

삼각비 정의 공식을 이용하면 삼각형의 변 길이와 각 크기를 계산할 수 있습니다.

직각삼각형

직각삼각형의 세 변은 빗변, 대변, 인접변이라고 부릅니다. 어떤 경우에든 빗변은 직각의 맞은편에 있는 변입니다. 나머지 두 변의 이름은 특정 각과의 위치 관계에 따라 결정됩니다.

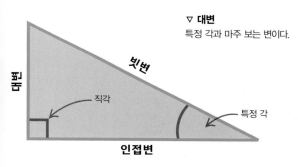

▽ 대변
특정 각과 마주 보는 변이다.

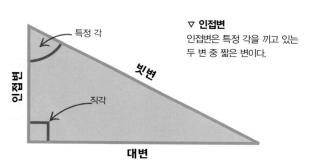

▽ 인접변
인접변은 특정 각을 끼고 있는 두 변 중 짧은 변이다.

삼각비 정의 공식

삼각법에서 사용하는 기본 공식이 세 가지 있습니다. 'A'는 특정 각을 나타냅니다(경우에 따라 θ로 적기도 함). 셋 중 어느 공식을 이용하는가는 삼각형의 어느 변 길이와 어느 각 크기를 아느냐에 달려 있습니다.

$$\sin A = \frac{대변}{빗변}$$

△ 사인 정의 공식
사인 정의 공식은 특정 각 크기, 대변 길이, 빗변 길이 중 둘만 알고 하나를 모를 때 사용한다.

$$\cos A = \frac{인접변}{빗변}$$

△ 코사인 정의 공식
코사인 정의 공식은 특정 각 크기, 인접변 길이, 빗변 길이 중 둘만 알고 하나를 모를 때 사용한다.

$$\tan A = \frac{대변}{인접변}$$

△ 탄젠트 정의 공식
탄젠트 정의 공식은 특정 각 크기, 대변 길이, 인접변 길이 중 둘만 알고 하나를 모를 때 사용한다.

계산기 사용하기

사인, 코사인, 탄젠트의 값은 각도별로 정해져 있습니다. 계산기에는 그 값을 불러오는 버튼이 있습니다. 이 버튼을 사용하면 특정 각의 사인, 코사인, 탄젠트 값을 구할 수 있습니다.

△ 사인, 코사인, 탄젠트
사인, 코사인, 탄젠트 버튼 중 하나를 누른 다음, 각도를 입력하면 그 각의 사인, 코사인, 탄젠트 값을 구할 수 있다.

 그리고

△ 역사인, 역코사인, 역탄젠트
시프트 버튼을 누르고 나서, 사인, 코사인, 탄젠트 버튼 중 하나를 누른 다음, 사인, 코사인, 탄젠트 중 해당 값 하나를 입력하면 역으로 각도를 구할 수 있다.

모르는 변 길이 구하기

직각삼각형의 한 각 크기와 한 변 길이를 알면, 나머지 변들의 길이를
구할 수 있습니다.

참조	
160 ◁	삼각법이란 무엇일까?
모르는 각 크기 구하기	▷ 164~165
공식	▷ 177~179

삼각비 정의 공식을 이용하면, (직각이 아닌) 한 각의 크기와 한 변의 길이를 알 때 나머지 변들의
길이를 구할 수 있습니다. 특정 각의 사인, 코사인, 탄젠트 값은 계산기를 이용해 구합니다.

▽ **계산기 버튼**
입력된 어떤 각도에 대해서든
사인, 코사인, 탄젠트 값을
불러온다.

어느 공식을 이용할까?

어느 공식을 이용해야 하는가는 어떤 값을 알고 있느냐에 달려 있습니다. 아는
변 길이와 구해야 하는 변 길이가 둘 다 포함된 공식을 선택하면 됩니다. 예컨대
빗변 길이를 알고 직각이 아닌 한 각의 크기도 아는데 그 특정 각의 대변 길이를
구해야 한다면 사인 정의 공식을 사용하면 됩니다.

사인 버튼 ↗   코사인 버튼 ↗   탄젠트 버튼 ↗

$$\sin A = \frac{대변}{빗변}$$

△ **사인 정의 공식**
이 공식은 한 각의 크기를 알고, 그 각의 대변
길이나 빗변 길이 중 하나만 알 때 사용한다.

$$\cos A = \frac{인접변}{빗변}$$

△ **코사인 정의 공식**
이 공식은 한 각의 크기를 알고, 그 각의
인접변 길이나 빗변 길이 중 하나만 알 때
사용한다.

$$\tan A = \frac{대변}{인접변}$$

△ **탄젠트 정의 공식**
이 공식은 한 각의 크기를 알고, 그 각의
대변 길이나 인접변 길이 중 하나만 알 때
사용한다.

사인 정의 공식 이용하기

이 직각삼각형에서는 직각이 아닌 한 각의
크기와 빗변의 길이를 알고 있습니다. 그 각의
대변 길이는 알아내야 하는 미지수입니다.

적절한 공식을 선택한다. 빗변 길이를
알고 대변 길이를 구해야 하므로, 사인
정의 공식을 이용한다.

▽

아는 값을 사인 정의 공식에
대입한다.

▽

공식의 항들을 재배치해 한쪽 변에
미지수(x)만 남겨둔다. 그러려면 양변에
7을 곱하면 된다.

▽

계산기를 사용해 sin 37°의 값을
구한다. 사인 버튼을 누른 후 37을
입력하면 된다.

▽

답을 적당한 소수 자리까지
반올림한다.

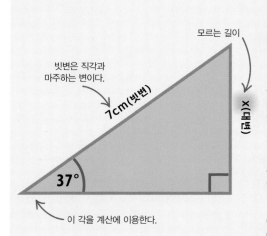

모르는 길이

빗변은 직각과
마주하는 변이다.

7cm(빗변)

x(대변)

37°

이 각을 계산에 이용한다.

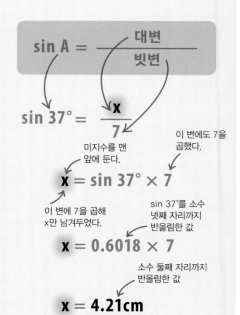

$$\sin A = \frac{대변}{빗변}$$

$$\sin 37° = \frac{x}{7}$$

미지수를 맨
앞에 둔다.

이 변에도 7을
곱했다.

$$x = \sin 37° \times 7$$

이 변에 7을 곱해
x만 남겨두었다.

sin 37°를 소수
넷째 자리까지
반올림한 값

$$x = 0.6018 \times 7$$

소수 둘째 자리까지
반올림한 값

$$x = 4.21cm$$

코사인 정의 공식 이용하기

이 직각삼각형에서는 직각이 아닌 한 각의
크기와 그 각의 인접변 길이를 알고 있습니다.
빗변 길이는 알아내야 하는 미지수입니다.

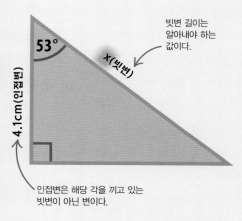

53°

빗변 길이는
알아내야 하는
값이다.

4.1cm(인접변)

X(빗변)

인접변은 해당 각을 끼고 있는
빗변이 아닌 변이다.

적절한 공식을 선택한다. 각의 인접변
길이를 알고 빗변 길이를 모르므로,
코사인 정의 공식을 이용한다.

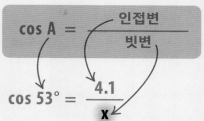

$$\cos A = \frac{인접변}{빗변}$$

아는 값을 공식에 대입한다.

$$\cos 53° = \frac{4.1}{x}$$

방정식의 항들을 재배치해 한쪽 변에
x만 남겨둔다. 그러려면 먼저 양변에
x를 곱해야 한다.

양변에 x를 곱했다.

$$\cos 53° \times x = 4.1$$

x를 곱해 4.1만
남겨두었다.

방정식의 양변을 cos 53°로 나눠 한쪽
변에 x만 남겨놓는다.

cos 53°로 나눠
x만 남겨두었다.

$$x = \frac{4.1}{\cos 53°}$$

양변을
cos 53°로
나눈다.

계산기를 사용해 cos 53°의 값을 구한다.
코사인 버튼을 누른 후 53을 입력하면
된다.

$$x = \frac{4.1}{0.6018}$$

cos 53°의 값을
소수 넷째
자리까지
반올림했다.

답을 적당한 소수 자리까지
반올림한다.

$$x = 6.81cm$$

소수 둘째
자리까지
반올림한 값

탄젠트 정의 공식 이용하기

이 직각삼각형에서는 직각이 아닌 한 각의
크기와 그 각의 인접변 길이를 알고 있습니다.
그 각과 마주하는 대변의 길이를 구해봅시다.

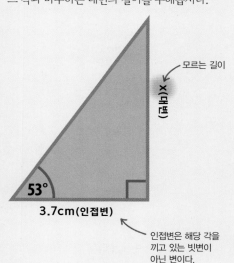

모르는 길이

X(대변)

53°

3.7cm(인접변)

인접변은 해당 각을
끼고 있는 빗변이
아닌 변이다.

적절한 공식을 선택한다. 인접변 길이를
알고 대변 길이를 구해야 하므로,
탄젠트 정의 공식을 선택한다.

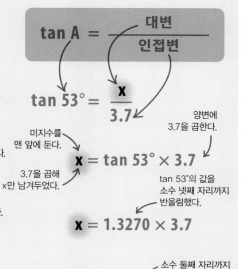

$$\tan A = \frac{대변}{인접변}$$

아는 값을 탄젠트 정의 공식에 대입한다.

$$\tan 53° = \frac{x}{3.7}$$

양변에
3.7을 곱한다.

항들을 재배치해 한쪽 변에 x만 남겨둔다.
그러려면 양변에 3.7을 곱하면 된다.

미지수를
맨 앞에 둔다.

3.7을 곱해
x만 남겨두었다.

$$x = \tan 53° \times 3.7$$

tan 53°의 값을
소수 넷째 자리까지
반올림했다.

계산기를 사용해 tan 53°의 값을 구한다.
탄젠트 버튼을 누른 후 53을 입력하면
된다.

$$x = 1.3270 \times 3.7$$

답을 적당한 소수 자리까지
반올림한다.

소수 둘째 자리까지
반올림한 값

$$x = 4.91cm$$

모르는 각 크기 구하기

직각삼각형의 두 변 길이를 알면, 모르는 각의 크기를 구할 수 있습니다.

직각삼각형에서 모르는 각의 크기를 구할 때는 역사인, 역코사인, 역탄젠트를 사용합니다.
계산은 계산기를 이용하면 쉽게 구할 수 있습니다.

참조	
72~73 ◁	계산기 사용하기
160 ◁	삼각법이란 무엇일까?
162~163 ◁	모르는 변 길이 구하기
공식 ▷	177~179

어느 공식을 이용할까?

알고 있는 두 변 길이가 포함된 공식을 선택하면 됩니다. 예컨대
빗변 길이와 모르는 각의 대변 길이를 알면, 사인 정의 공식을
이용하면 됩니다. 그리고 빗변 길이와 모르는 각의 인접변 길이를
알면, 코사인 정의 공식을 이용하면 됩니다.

▽ 계산기 버튼
역사인, 역코사인, 역탄젠트 값을 구하려면, 시프트 버튼을 누른 후
사인, 코사인, 탄젠트 버튼 중 적절한 하나를 누르면 된다.

$$\sin A = \frac{대변}{빗변}$$

△ 사인 정의 공식
빗변 길이와 모르는 각의 대변 길이를 알면,
사인 정의 공식을 이용한다.

$$\cos A = \frac{인접변}{빗변}$$

△ 코사인 정의 공식
빗변 길이와 모르는 각의 인접변 길이를 알면,
코사인 정의 공식을 이용한다.

$$\tan A = \frac{대변}{인접변}$$

△ 탄젠트 정의 공식
모르는 각의 대변 길이와 인접변 길이를 알면,
탄젠트 정의 공식을 이용한다.

사인 정의 공식 이용하기

이 직각삼각형에서는 빗변의 길이와 각 A의 대변 길이를 알고 있습니다.
사인 정의 공식을 이용해 각 A의 크기를 구해봅시다.

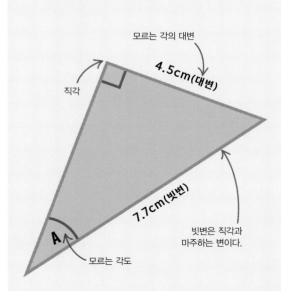

모르는 각의 대변

4.5cm(대변)

직각

7.7cm(빗변)

빗변은 직각과
마주하는 변이다.

A

모르는 각도

적절한 공식을 선택한다. 이 예에서는
빗변의 길이와 모르는 각 A의 대변
길이를 알고 있으므로, 사인 정의
공식을 이용한다.

▼

아는 값을 사인 정의 공식에
대입한다.

▼

대변 길이를 빗변 길이로 나눠
sin A의 값을 알아낸다.

▼

계산기의 역사인 기능을 사용해
각의 크기를 구한다.

▼

답을 적당히 반올림한다. 그 값이
바로 모르는 각의 크기다.

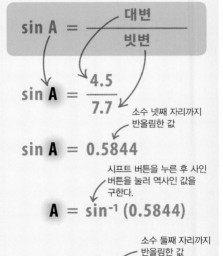

$$\sin A = \frac{대변}{빗변}$$

$$\sin A = \frac{4.5}{7.7}$$

소수 넷째 자리까지
반올림한 값

$$\sin A = 0.5844$$

시프트 버튼을 누른 후 사인
버튼을 눌러 역사인 값을
구한다.

$$A = \sin^{-1}(0.5844)$$

소수 둘째 자리까지
반올림한 값

$$A = 35.76°$$

코사인 정의 공식 이용하기

이 직각삼각형에서는 빗변의 길이와 각 A의 인접변 길이를 알고
있습니다. 코사인 정의 공식을 이용해 각 A의 크기를 구해봅시다.

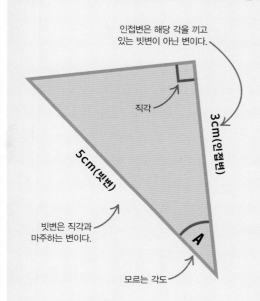

인접변은 해당 각을 끼고
있는 빗변이 아닌 변이다.

직각

3cm(인접변)

5cm(빗변)

빗변은 직각과
마주하는 변이다.

모르는 각도

A

적절한 공식을 선택한다. 이 예에서는
빗변의 길이와 모르는 각 A의 인접변
길이를 알고 있으므로, 코사인 정의
공식을 이용한다.

아는 값을 그 공식에 대입한다.

인접변 길이를 빗변 길이로 나눠
cos A의 값을 알아낸다.

계산기의 역코사인 기능을 사용해
각의 크기를 구한다.

답을 적당히 반올림한다. 그 값이 바로
모르는 각의 크기다.

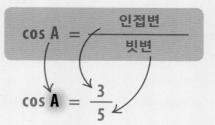

$$\cos A = \frac{\text{인접변}}{\text{빗변}}$$

$$\cos A = \frac{3}{5}$$

$$\cos A = 0.6$$

시프트 버튼을 누른 후
코사인 버튼을 눌러
역코사인 값을 구한다.

$$A = \cos^{-1}(0.6)$$

소수 둘째
자리까지
반올림한 값

$$A = 53.13°$$

탄젠트 정의 공식 이용하기

이 직각삼각형에서는 각 A의 대변 및 인접변의 길이를 알고 있습니다.
탄젠트 정의 공식을 이용해 각 A의 크기를 구해봅시다.

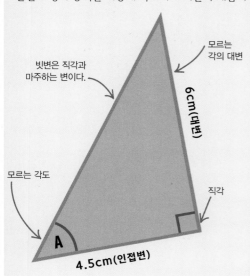

빗변은 직각과
마주하는 변이다.

모르는
각의 대변

6cm(대변)

모르는 각도

직각

A

4.5cm(인접변)

적절한 공식을 선택한다. 여기서는 모르는
각 A의 대변 및 인접변의 길이를 알고
있으므로, 탄젠트 정의 공식을 이용한다.

아는 값을 탄젠트 정의 공식에 대입한다.

대변 길이를 인접변 길이로 나눠 tan A의
값을 알아낸다.

계산기의 역탄젠트 기능을 사용해 각의
크기를 구한다.

답을 적당히 반올림한다. 그 값이 바로
모르는 각의 크기다.

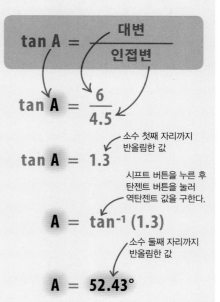

$$\tan A = \frac{\text{대변}}{\text{인접변}}$$

$$\tan A = \frac{6}{4.5}$$

소수 첫째 자리까지
반올림한 값

$$\tan A = 1.3$$

시프트 버튼을 누른 후
탄젠트 버튼을 눌러
역탄젠트 값을 구한다.

$$A = \tan^{-1}(1.3)$$

소수 둘째 자리까지
반올림한 값

$$A = 52.43°$$

대수학

b=? 대수학이란 무엇일까?

대수학은 문자와 부호를 사용해 수의 성질과 관계를 나타내는 수학의 한 분야입니다.

대수학은 수학과 물리학 같은 과학에서뿐만 아니라 경제학 같은 다른 영역에서도 널리 쓰입니다.
갖가지 문제를 푸는 각종 공식들은 보통 대수식의 형태로 만들어져 있습니다.

문자와 부호 사용하기

대수학에서는 문자와 부호를 사용합니다. 문자는 보통 수를 나타내고,
부호는 덧셈과 뺄셈 같은 연산을 나타냅니다. 이렇게 하면 수량의
관계를 간결하고 일반적인 방식으로 적을 수 있습니다. 실제 값으로
구성된 구체적인 예를 하나하나 들 필요가 없어지는 것입니다. 이를테면
직육면체의 부피는 lwh(길이×너비×높이)로 적을 수 있는데, 그렇게 하면
수치를 아는 온갖 직육면체의 부피를 구할 수 있습니다.

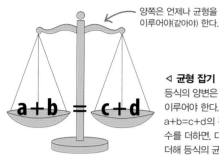

양쪽은 언제나 균형을
이루어야(같아야) 한다.

◁ **균형 잡기**
등식의 양변은 항상 균형을
이루어야 한다. 예를 들어, 등식
a+b=c+d의 경우, 한 변에 어떤
수를 더하면, 다른 변에도 수를
더해 등식의 균형을 유지해야 한다.

항(項)
대수식에서 +와 – 같은 연산
부호를 경계로 구별되는 부분들.
하나의 항은 숫자일 수도 있고
문자일 수도 있고 숫자와 문자의
곱일 수도 있다.

연산
덧셈, 뺄셈, 곱셈, 나눗셈
등을 계산하는 것.

변수
문자로 나타내는 모르는 수.

수식
수식(대수식)은 위 예의 '2+b'처럼 대수의 형태로 적은 식이다.
수식에는 숫자, 문자, 부호가 어떤 식으로든 조합되어 있을 수 있다.

△ **대수식**
등식은 두 대상이 같다는 수학적 표현이다. 이 예에서
좌변(2+b)은 우변(8)과 같다.

일상생활 속의 대수학

대수학은 부호와 문자가 늘어선 수식을 보면 어렵게 느껴질 수도 있지만, 일상생활 속에서 많이 응용됩니다. 예를 들어, 어떤 등식을 이용하면 테니스장 같은 곳의 넓이를 구할 수 있습니다.

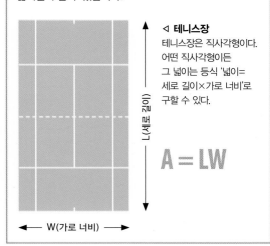

◁ **테니스장**
테니스장은 직사각형이다. 어떤 직사각형이든 그 넓이는 등식 '넓이= 세로 길이×가로 너비'로 구할 수 있다.

L(세로 길이)

W(가로 너비)

$$A = LW$$

등호

등식의 양변이 서로 균형을 이루고 있음을 의미하는 부호다.

상수

값이 항상 일정한 수.

답은 다음과 같다.

b = 6

대수학의 기본 원칙

수학의 다른 분야와 마찬가지로 대수학에는 정확한 답을 얻기 위해 지켜야 하는 원칙이 있습니다. 예를 들면 연산하는 순서에 대한 규칙입니다.

덧셈과 뺄셈

대수학에서는 항들을 어떤 순서로든 더할 수 있습니다. 하지만 뺄셈을 할 때는 항의 순서를 나와 있는 그대로 지켜야 합니다.

$$a + b \quad = \quad b + a$$

△ **두 항**
두 항을 더할 때는 둘 중 어느 항이든 앞에 둘 수 있다.

$$(a + b) + c \quad = \quad a + (b + c)$$

△ **세 항**
두 항을 더할 때처럼 세 항도 어떤 순서로든 더할 수 있다.

곱셈과 나눗셈

대수학에서는 항들을 어떤 순서로든 곱할 수 있습니다. 하지만 나눗셈을 할 때는 항의 순서를 나와 있는 그대로 지켜야 합니다.

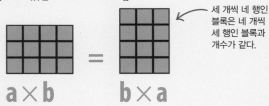

세 개씩 네 행인 블록은 네 개씩 세 행인 블록과 개수가 같다.

$$a \times b \quad = \quad b \times a$$

△ **두 항**
두 항을 곱할 때는 항의 순서를 어떻게 하든 상관없다.

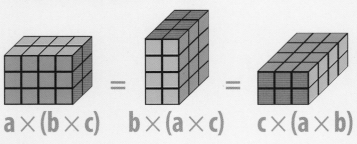

$$a \times (b \times c) \quad = \quad b \times (a \times c) \quad = \quad c \times (a \times b)$$

△ **세 항**
세 항의 곱셈도 어떤 순서로든 할 수 있다.

수열

수열은 특정 패턴, 즉 '규칙'에 따라 한 줄로 배열된 수의 열입니다.

수열을 구성하는 각 수를 '항'이라고 부릅니다. 어떤 수열의 몇 번째 항이든 해당 수열의 규칙을 이용하면 그 값을 알아낼 수 있습니다.

참조	
36~39 ◁	제곱과 제곱근
168~169 ◁	대수학이란 무엇일까?
수식 ▷ 172~173 다루기	
공식 ▷ 177~179	

수열의 항

수열에서 맨 처음 수, 두 번째 수 등은 첫째 항(초항, 제1항), 둘째 항(제2항) 등으로 부릅니다.

▷ **기본적인 수열**
이 수열의 규칙은 각 항이 앞항에 2를 더한 값이라는 것이다.

이 수열의 규칙은 각 항이 앞항에 2를 더한 값이라는 것이다.

첫째 항은 2이다.

다섯째 항은 10이다.

수열이 계속됨을 나타낸다.

$$+2 \quad +2 \quad +2 \quad +2$$

$$2, \quad 4, \quad 6, \quad 8, \quad 10, \ldots$$

제1항 제2항 제3항 제4항 제5항

'n번째' 항 구하기

특정 항의 값을 찾을 때 그 항까지 수열을 다 적어보지 않아도 됩니다. 수열의 규칙을 수식으로 적은 다음, 그 수식을 이용해 해당 항의 값을 알아내기만 하면 됩니다.

▷ **수식으로 표현한 규칙**
수식(이 예에서는 2n)을 알면 몇 번째 항의 값이든 쉽게 알아낼 수 있다.

$$2n$$

항의 값을 구하는 데 사용하는 수식. n에 1, 2 등을 대입하면 첫째 항, 둘째 항 등의 값을 알아낼 수 있다.

$2 \times n$

n에 1을 대입한다.

$$2n = 2 \times 1 = 2$$
제1항
제1항을 구하려면 n에 1을 대입한다.

$$2n = 2 \times 2 = 4$$
제2항
제2항을 구하려면 n에 2를 대입한다.

$$2n = 2 \times 41 = 82$$
제41항
제41항을 구하려면 n에 41을 대입한다.

$$2n = 2 \times 1,000 = 2,000$$
제1,000항
제1,000항을 구하려면 n에 1,000을 대입한다. 여기서 천 번째 항은 2,000이다.

아래의 수식은 '4n-2'입니다. 이는 '각 항은 앞항에 4를 더한 값이다'와 같은 뜻입니다.

$$+4 \quad +4 \quad +4 \quad +4$$

$$2, \quad 6, \quad 10, \quad 14, \quad 18, \ldots$$

제1항 제2항 제3항 제4항 제5항

14와 4의 합

$$4n-2$$

이 수식은 4와 n의 곱에서 2를 뺀다는 뜻이다.

항의 값

$$4n - 2 = 4 \times 1 - 2 = 2$$
제1항
제1항을 구하려면 n에 1을 대입한다.

$$4n - 2 = 4 \times 2 - 2 = 6$$
제2항
제2항을 구하려면 n에 2를 대입한다.

$$4n - 2 = (4 \times 1,000,000) - 2 = 3,999,998$$
제1,000,000항
제1,000,000항을 구하려면 n에 1,000,000을 대입한다. 여기서 백만 번째 항은 3,999,998이다.

중요한 수열

규칙이 복잡한 수열도 있습니다. 그중에 꼭 알아야 할 수열이 있는데,
바로 제곱수와 피보나치수열입니다.

제곱수

제곱수는 정수를 거듭 곱하면 얻을 수
있습니다. 이는 정사각형의 면적을
나타내는 그림으로 표현할 수 있습니다.
각 변의 길이가 정수이고 이를 제곱하면
제곱수는 정사각형의 면적이 됩니다.

변의 길이가
1인 정사각형
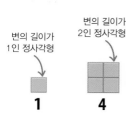
1

변의 길이가
2인 정사각형
4

변의 길이가
3인 정사각형
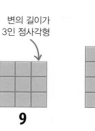
9

변의 길이가
4인 정사각형
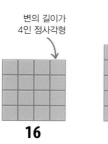
16

변의 길이가
5인 정사각형
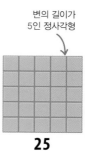
25

피보나치수열

피보나치수열은 널리 알려진 수열로, 자연계와 건축물에서 흔히 나타납니다.
이 수열에서 첫 두 항은 1이고, 그다음의 항들은 앞의 두 항의 합입니다.

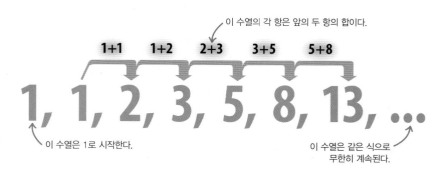

이 수열의 각 항은 앞의 두 항의 합이다.

1+1   1+2   2+3   3+5   5+8

1, 1, 2, 3, 5, 8, 13, ...

이 수열은 1로 시작한다.

이 수열은 같은 식으로
무한히 계속된다.

현 실 세 계
피보나치와 자연

피보나치수열의 실례는 자연계를 비롯한
여러 곳에서 찾아볼 수 있습니다. 이 수열
은 일종의 나선을 그리는데(아래 참조), 고
동껍데기의 나선형(오른
쪽 사진)이나 해바라기
씨의 배열 등에서 나타납
니다. 이 이름은 이탈
리아의 수학자
레오나르도 피
보나치의 이름
에서 따온 것입
니다.

피보나치 나선 그리는 법

피보나치수열을 이용해 일종의 나선을 그려볼 수 있습니다. 그러려면 한 변 길이가 수열의 각 항에 해당하는
정사각형들을 그린 다음, 정사각형별로 한 꼭짓점에서 맞은편 꼭짓점으로 곡선을 그려 나가면 됩니다.

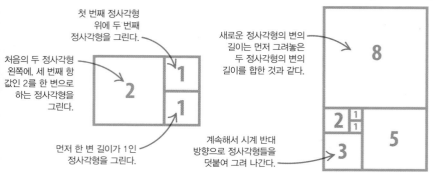

첫 번째 정사각형
위에 두 번째
정사각형을 그린다.

처음의 두 정사각형
왼쪽에, 세 번째 항
값인 2를 한 변으로
하는 정사각형을
그린다.

먼저 한 변 길이가 1인
정사각형을 그린다.

새로운 정사각형의 변의
길이는 먼저 그려놓은
두 정사각형의 변의
길이를 합한 것과 같다.

계속해서 시계 반대
방향으로 정사각형들을
덧붙여 그려 나간다.

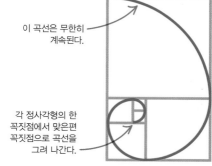

이 곡선은 무한히
계속된다.

각 정사각형의 한
꼭짓점에서 맞은편
꼭짓점으로 곡선을
그려 나간다.

먼저 가로와 세로가 각각 1인 정사각형을 그린다.
그리고 그 위에 똑같은 정사각형을 하나 더 그린
다음, 그 두 정사각형 옆에 한 변 길이가 2인
정사각형을 그린다. 각 정사각형의 한 변 길이는
피보나치수열의 각 항에 해당한다.

피보나치수열의 각 항을 한 변의 길이로 하는
정사각형들을 시계 반대 방향으로 계속 덧붙여
그려 나간다. 위 그림은 피보나치수열의 처음
여섯 항을 나타낸다.

끝으로, 각 정사각형의 한 꼭짓점에서 맞은편
꼭짓점으로 곡선을 그린다. 정사각형이 만들어진
순서대로 시계 반대 방향으로 그려 나간다.
그런 곡선이 바로 피보나치 나선이다.

2ab 수식 다루기

수식은 일반적인 숫자, x와 y 같은 기호 문자, +와 − 같은 연산 부호로 이루어집니다.

수식은 수학의 모든 분야에서 중요하게 쓰입니다. 항의 개수가 최소한이 되도록
간략하게 만들면 좀 더 이해하기 쉽습니다.

참조
168~169 ◁ 대수학이란 무엇일까?
공식 ▷ 177~179

동류항

수식을 구성하는 각 부분을 '항'이라고 부릅니다. 항은 숫자일 수도 있고, 문자일 수도 있고, 숫자와 문자의
곱일 수도 있습니다. 문자 부분(인수)이 같은 항들을 '동류항'이라고 하는데, 이들끼리는 합칠 수 있습니다.

x는 문자다.

동류항

+는 연산 부호다.

$$2x + 2y - 4y + 3x$$

동류항

◁ **동류항 분류하기**
항 2x와 3x는 동류항이다. 둘 다 문자 부분이
x이기 때문이다. 그리고 항 2y와 −4y도
동류항이다. 문자 부분이 y이기 때문이다.

수식 간단하게 만들기 − 덧셈 · 뺄셈

수식이 덧셈과 뺄셈으로 이루어져 있을 때, 아래와 같은 단계를 거치면 그 식을 간단하게 만들 수 있습니다.

▷ **수식 적기**
수식을 간단하게 만들기 전에 수식을
왼쪽에서 오른쪽으로 한 줄로 적는다.

$$3a - 5b + 6b - 2a + 3b - 7b$$

▷ **동류항 모으기**
연산 부호를 그대로 유지하면서
동류항끼리 모은다.

$$3a - 2a - 5b + 6b + 3b - 7b$$

동류항   동류항

▷ **동류항 계산하기**
동류항끼리 계산해 각 문자 앞의 계수를
알아낸다.

$3a - 2a = 1a$ → $$1a - 3b$$ ← $-5b + 6b + 3b - 7b = -3b$

▷ **더 간단하게 만들기**
계수가 1이면 생략하여 결과를
더 간단하게 만든다.

1a는 간단히
a라고 적는다. → $$a - 3b$$

수식 간단하게 만들기 – 곱셈

곱셈 부호로 연결된 수식을 간단하게 만들려면, 우선 숫자와 문자를 서로 분리해야 합니다.

간단하게 만든 수식은
곱셈 부호 없이 적는다.

$$6a \times 2b \quad \Rightarrow \quad 6 \times a \times 2 \times b \quad \Rightarrow \quad 12 \times ab = 12ab$$

항 6a는 6×a라는 뜻이고,
2b는 2×b라는 뜻이다.

수식의 각 숫자와 문자를 서로
분리한다.

6과 2의 곱은 12이고, a와 b의 곱은 ab이다.
간단하게 만든 수식은 12ab이다.

수식 간단하게 만들기 – 나눗셈

나눗셈이 포함된 수식을 간단하게 만들려면, 약분할 수 있는 부분이 있는지 꼼꼼히 따져봐야 합니다.
다시 말해, 나눠지는 수와 나누는 수의 공통 인수에 해당하는 숫자와 문자를 모두 찾아야 합니다.

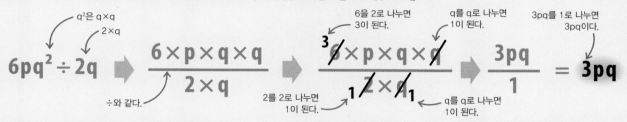

q^2은 q×q
2×q

6을 2로 나누면
3이 된다.

q를 q로 나누면
1이 된다.

3pq를 1로 나누면
3pq이다.

$$6pq^2 \div 2q \quad \Rightarrow \quad \frac{6 \times p \times q \times q}{2 \times q} \quad \Rightarrow \quad \frac{\overset{3}{\cancel{6}} \times p \times q \times \cancel{q}}{\underset{1}{\cancel{2}} \times \cancel{q}_1} \quad \Rightarrow \quad \frac{3pq}{1} = 3pq$$

÷와 같다.

2를 2로 나누면
1이 된다.

q를 q로 나누면
1이 된다.

수식을 약분해 더 이해하기 쉽고 간단하게 만들 수 있는지
꼼꼼히 따져본다. 우선 나눗셈식을 분수식으로 적는다.

분모와 분자를 둘 다 2와 q로 나눠
약분을 할 수 있다.

분모와 분자를 같은 수로 나눠
약분을 하면 수식이 더 간단해진다.

대입

수식의 각 문자에 들어갈 수치를 알면(예컨대 y=2), 수식 전체의 값을 구할 수
있습니다. 이럴 때 수치를 수식에 '대입한다', 또는 수식의 '값을 구한다'라고
합니다.

L = 세로 길이

W = 가로 너비

◁ **수식에 대입하기**
직사각형의 넓이를 구하는 공식은
'가로 너비×세로 길이'이다. 가로
너비에 5cm를, 세로 길이에 8cm
를 대입하면, 5cm×8cm=40cm²
라는 넓이가 나온다.

$x = 1$ 이고 $y = 2$ 를 수식
$2x - 2y - 4y + 3x$ 에 대입해봅시다.

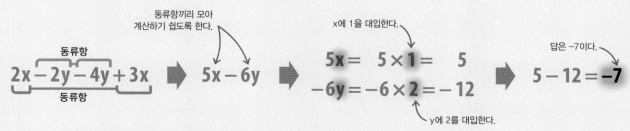

동류항끼리 모아
계산하기 쉽도록 한다.

x에 1을 대입한다.

답은 −7이다.

동류항

$$2x - 2y - 4y + 3x \quad \Rightarrow \quad 5x - 6y \quad \Rightarrow \quad \begin{array}{l} 5x = 5 \times 1 = 5 \\ -6y = -6 \times 2 = -12 \end{array} \quad \Rightarrow \quad 5 - 12 = -7$$

동류항

y에 2를 대입한다.

동류항끼리 모아 수식을 간단하게
만든다.

수식을 간단하게
만들어놓았다.

정해진 수치를 x와 y에 대입한다.

이 수식의 답은 −7이다.

2(a + 2) 수식의 전개와 인수분해

참조

172~173 ◁ 수식 다루기

이차식 ▷ 176

하나의 수식을 다양한 방법으로 적을 수 있습니다. 이를테면 곱셈으로 표현된 수식을 덧셈의 형태로 고칠 수도 있고(전개), 전개된 수식을 인수의 곱의 형태로 바꿀 수도 있습니다(인수분해).

수식 전개하기

하나의 수식을 다양한 방법으로 적을 수 있습니다. 이는 그 식을 어떻게 사용할 것인가에 달려 있습니다. 곱셈을 하여 괄호를 없애서 합의 형태로 수식을 고치는 것을 전개한다고 합니다.

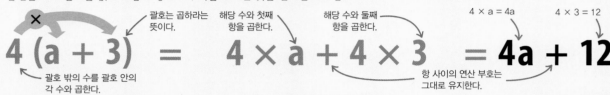

괄호는 곱하라는 뜻이다.

해당 수와 첫째 항을 곱한다.

해당 수와 둘째 항을 곱한다.

$4 \times a = 4a$ $4 \times 3 = 12$

$$4(a + 3) = 4 \times a + 4 \times 3 = 4a + 12$$

괄호 밖의 수를 괄호 안의 각 수와 곱한다.

항 사이의 연산 부호는 그대로 유지한다.

| 괄호 있는 수식을 전개하려면, 괄호 밖에 있는 수를 괄호 안의 모든 항과 곱해야 한다. | ▶ | 괄호 밖의 수와 괄호 안의 각 항을 곱한다. 두 항(문자와 숫자) 사이의 연산 부호는 그대로 유지한다. | ▶ | 그 결과를 최대한 간단하게 정리하여 적는다. |

괄호가 두 쌍 있는 수식 전개하기

괄호가 두 쌍 있는 수식을 전개할 때는 첫 번째 괄호 안의 각 항과 두 번째 괄호 안의 각 항을 곱합니다. 그러려면 먼저 첫 번째 괄호 안의 식(파란색)을 항별로 나눕니다. 그런 다음 첫 번째 괄호의 첫 항과 두 번째 괄호 안의 식(노란색)을 곱한 후, 첫 번째 괄호의 둘째 항과 두 번째 괄호 안의 식을 곱합니다.

첫 번째 괄호의 첫 항을 두 번째 괄호 안의 식과 곱한다.

$3x \times 2y = 6xy$ $3x \times 3 = 9x$ $1 \times 2y = 2y$ $1 \times 3 = 3$

$$(3x + 1)(2y + 3) = 3x(2y + 3) + 1(2y + 3) = 6xy + 9x + 2y + 3$$

첫 번째 괄호   두 번째 괄호

첫 번째 괄호의 둘째 항을 두 번째 괄호 안의 식과 곱한다.

부호는 그대로

| 괄호가 두 쌍 있는 수식을 전개하려면, 첫 번째 괄호의 모든 항과 두 번째 괄호의 모든 항을 각각 곱해야 한다. | ▶ | 첫 번째 괄호 안의 식을 항별로 나눈다. 그리고 첫 번째 괄호의 각 항과 두 번째 괄호 안의 식을 차례차례 곱한다. | ▶ | 그 결과로 나온 항들이 간단해지도록 곱셈을 한다. 연산 부호들은 그대로 유지한다. |

수식 제곱하기

괄호로 묶인 수식을 제곱한다는 것은 괄호 안의 식을 거듭 곱한다는 뜻입니다. 괄호로 묶인 식을 연달아 두 번 나란히 적은 다음, 각 항을 곱하여 전개하면 됩니다.

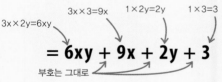

마이너스와 플러스를 곱하면 마이너스가 된다. $-3 \times x = -3x$.

마이너스와 마이너스를 곱하면 플러스가 된다. $-3 \times -3 = 9$.

$x \times x = x^2$ $x \times (-3) = -3x$

$$(x - 3)^2 = (x - 3)(x - 3) = x(x - 3) - 3(x - 3) = x^2 - 3x - 3x + 9 = x^2 - 6x + 9$$

첫 번째 괄호의 첫 항과 두 번째 괄호 안의 식을 곱한다.

부호는 그대로 유지한다.

첫 번째 괄호의 둘째 항과 두 번째 괄호 안의 식을 곱한다.

| 괄호 한 쌍으로 묶인 수식의 제곱을 전개하려면, 식을 두 번 연달아 적는다. | ▶ | 첫 번째 괄호 안의 식을 항별로 나누고, 각 항을 두 번째 괄호 안의 식과 차례차례 곱한다. | ▶ | 그 결과로 나온 항들을 간단하게 만든다. 연산 부호의 곱셈을 정확히 하도록 유의한다. 끝으로 동류항(172~173쪽 참조)끼리 더하거나 뺀다. |

수식 인수분해하기

수식을 인수분해한다는 것은 수식의 전개와 정반대되는 일입니다. 먼저 수식의 모든 항에 공통되는 인수(숫자나 문자)를 찾아야 합니다. 그다음 공통 인수를 괄호 밖으로 빼고 나머지 항들은 괄호로 묶어주면 됩니다.

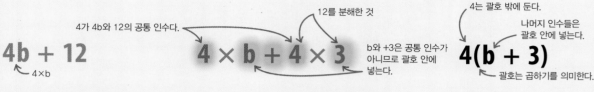

4가 4b와 12의 공통 인수다.
12를 분해한 것
4는 괄호 밖에 둔다.
나머지 인수들은 괄호 안에 넣는다.

$$4b + 12$$
$4 \times b$

$$4 \times b + 4 \times 3$$
b와 +3은 공통 인수가 아니므로 괄호 안에 넣는다.

$$4(b + 3)$$
괄호는 곱하기를 의미한다.

수식을 인수분해하려면, 먼저 모든 항에 공통되는 문자나 숫자(인수)가 있는지 전부 찾아본다.

이 경우에는 4가 4b와 12의 공통 인수다. 둘 다 4로 나눠떨어지기 때문이다. 각 항을 4로 나누고 남은 인수들은 괄호 안에 넣는다.

수식이 간단해지도록 공통 인수(4)를 괄호 밖에 둔다. 나머지 두 인수는 괄호 안에 둔다.

복잡한 수식 인수분해하기

인수분해를 하면, 항이 많은 복잡한 수식을 더 간결하게 적을 수 있습니다. 먼저 수식의 모든 항에 공통되는 인수를 찾아봅시다.

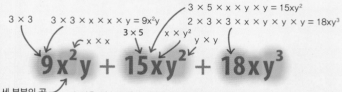

3×3
$3 \times 3 \times x \times x \times y = 9x^2y$
$x \times x$
3×5
$3 \times 5 \times x \times y \times y = 15xy^2$
$2 \times 3 \times 3 \times x \times y \times y \times y = 18xy^3$
$x \times y^2$
$y \times y$

$$9x^2y + 15xy^2 + 18xy^3$$
세 부분의 곱

수식을 인수분해하려면, 먼저 각 항의 인수를 풀어서 적어봐야 한다. 이를테면 y^2은 y×y로 적는 것이다. 그런 다음에는 모든 항에 공통되는 숫자와 문자를 찾아본다.

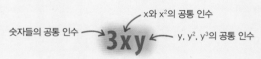

숫자들의 공통 인수
x와 x^2의 공통 인수
$3xy$
y, y^2, y^3의 공통 인수

수식의 항들은 모두 x와 y라는 문자를 포함하고 있고, 3이라는 수로 나눠떨어진다. 그런 인수들을 조합하면 하나의 공통 인수가 된다.

3xy는 이 수식의 모든 항에 공통되는 인수다.

$9x^2y \div 3xy = 3x$
$15xy^2 \div 3xy = 5y$
$18xy^3 \div 3xy = 6y^2$

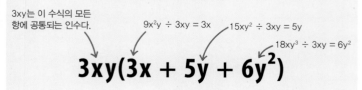

$$3xy(3x + 5y + 6y^2)$$

공통 인수(3xy)를 괄호 밖에 둔다. 괄호 안에는 공통 인수를 제외한 나머지 부분들을 적는다.

자세히 보기

공식 인수분해하기

입체의 겉넓이 공식(156~157쪽 참조)은 부분별로 넓이를 구하는 식이었습니다. 따라서 길고 어려워 보이기도 했지요. 이때 인수분해를 사용하면 공식을 훨씬 간결하게 만들 수 있습니다.

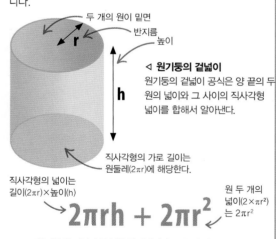

두 개의 원이 밑면
반지름
높이

◁ **원기둥의 겉넓이**
원기둥의 겉넓이 공식은 양 끝의 두 원의 넓이와 그 사이의 직사각형 넓이를 합해서 알아낸다.

h

직사각형의 가로 길이는 원둘레(2πr)에 해당한다.

직사각형의 넓이는 길이(2πr)×높이(h)

원 두 개의 넓이(2×πr²)는 2πr²

$$2\pi rh + 2\pi r^2$$

원기둥의 겉넓이 공식을 알아내려면, 부분별 넓이 공식들을 합해야 한다.

2πr은 공통인수
괄호는 곱하기를 의미
h와 r은 공통 인자가 아니므로 괄호 안에 둔다.

$$2\pi r (h + r)$$

겉넓이 공식을 사용하기 쉽게 만들려면, 그 형태가 간단해지도록 공통 인수(이 경우에는 2πr)를 찾아 괄호 밖에 두면 된다.

 이차식

이차식에는 x^2 같은 제곱 꼴의 미지항(변수항)이 들어 있습니다.

참조	
174~175 ◁	수식의 전개와 인수분해
이차방정식 인수분해하기	▷190~191

대수학은 x와 y 같은 기호 문자와 +와 − 같은 연산 부호 등으로 구성됩니다. 이차식은 보통 한 변수의 제곱(x^2), 어떤 숫자와 그 변수(x)의 곱, 또 다른 어떤 숫자로 이루어집니다.

이차식이란?

이차식은 보통 ax^2+bx+c의 형태로 나타냅니다. 여기서 a는 x^2의 계수, b는 x의 계수, c는 상수항이라고 합니다. 상수인 a, b, c는 양수일 수도, 음수일 수도 있습니다.

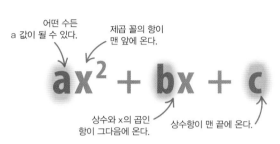

어떤 수든 a 값이 될 수 있다.

제곱 꼴의 항이 맨 앞에 온다.

상수와 x의 곱인 항이 그다음에 온다.

상수항이 맨 끝에 온다.

◁ **이차식**
이차식의 일반형은 맨 앞에 제곱 꼴의 이차 변수항(ax^2), 그다음에 상수와 x의 곱인 일차 변수항, 맨 끝에 상수항이 있는 형태다.

전개하여 이차식의 일반형으로

이차식은 두 일차식(변수 x항과 상수항으로 이루어진 식)을 곱한 형태, 즉 인수분해된 형태로 나타낼 수 있습니다. 반대로 두 일차식의 곱을 전개하면 이차식의 일반형이 됩니다.

괄호로 묶인 두 일차식의 곱을 전개한다는 것은 한 일차식의 모든 항을 다른 일차식의 모든 항과 곱한다는 뜻이다. 결과는 이차식의 일반형이 된다.

▼

두 일차식의 곱을 전개하려면, 먼저 한 일차식을 항별로 나눠야 한다. 그다음 첫 번째 일차식의 변수항을 두 번째 일차식의 모든 항과 곱하고 첫 번째 일차식의 상수항을 두 번째 일차식의 모든 항과 곱한다.

▼

첫 번째 일차식의 각 항을 두 번째 일차식의 두 항과 차례차례 곱하면, 그 결과로 제곱 꼴의 항 한 개, 상수와 x의 곱인 항 두 개, 상수와 상수의 곱인 항 한 개가 나온다.

▼

수식이 간단해지도록 두 일차항을 더한다. 오른쪽에 나와 있듯이 계수끼리 괄호로 묶어 더한 다음 그 합을 x에 곱하는 것이다.

▼

두 일차식의 곱 형태인 원래의 식과 비교해보면 b는 괄호 안의 상수를 더한 값이고, c는 괄호 안 상수를 곱한 값이 된다.

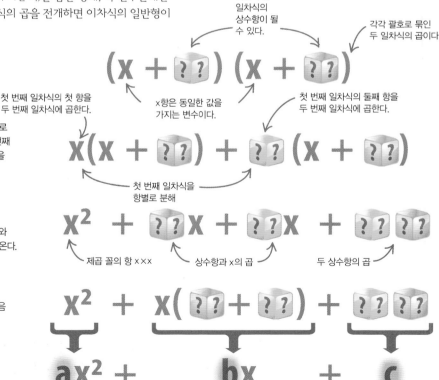

어떤 수든 일차식의 상수항이 될 수 있다.

각각 괄호로 묶인 두 일차식의 곱이다.

첫 번째 일차식의 첫 항을 두 번째 일차식에 곱한다.

x항은 동일한 값을 가지는 변수이다.

첫 번째 일차식의 둘째 항을 두 번째 일차식에 곱한다.

첫 번째 일차식을 항별로 분해

제곱 꼴의 항 x×x

상수항과 x의 곱

두 상수항의 곱

상수항들을 합하면 b가 된다.

상수항들을 곱하면 c가 된다.

 공식

수학에서 공식은 아는 값들을 이용해 모르는 값을 구하기 위한 '레시피' 같은 것입니다.

공식은 보통 하나의 대상과 등호, 그리고 그 대상의 값을 구하는 방법을 나타내는 문자식으로 구성됩니다.

참조	
74~75 ◁	개인 재무
172~173 ◁	수식 다루기
방정식 풀기	▷180~181

공식이란?

공식을 이루는 레시피는 간단할 수도 있고 복잡할 수도 있습니다. 하지만 공식은 보통 세 가지 기본적인 부분으로 구성됩니다. 좌변의 한 문자(대상), 대상과 레시피를 연결하는 등호, 대상의 값을 알아내는 방법인 레시피입니다.

이것은 세로 길이(L)와 가로 너비(W)를 아는 직사각형의 넓이를 구하는 공식이다.

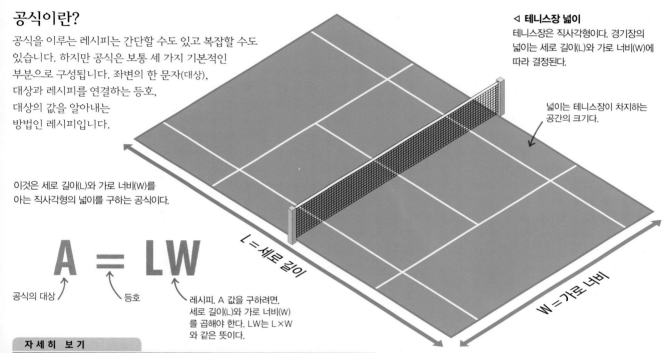

◁ 테니스장 넓이
테니스장은 직사각형이다. 경기장의 넓이는 세로 길이(L)와 가로 너비(W)에 따라 결정된다.

넓이는 테니스장이 차지하는 공간의 크기다.

L = 세로 길이

W = 가로 너비

$$A = LW$$

공식의 대상

등호

레시피. A 값을 구하려면, 세로 길이(L)와 가로 너비(W)를 곱해야 한다. LW는 L×W와 같은 뜻이다.

자 세 히 보 기

공식 삼각형

공식의 항들을 재배치하여 형태를 바꿀 수 있습니다. 여러 다양한 값을 구할 때 유용합니다. 모르는 값을 구하는 식으로 변형하면 답을 더 쉽게 구할 수 있습니다.

◁ 간단한 재배치
이런 삼각형을 보면, 직사각형 넓이 공식의 항을 어떤 식으로 다양하게 재배치할 수 있는지 알 수 있다.

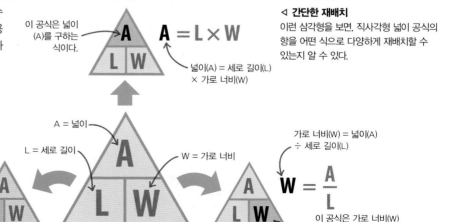

이 공식은 넓이(A)를 구하는 식이다.

$$A = L \times W$$

넓이(A) = 세로 길이(L) × 가로 너비(W)

세로 길이(L) = 넓이(A) ÷ 가로 너비(W)

A = 넓이

L = 세로 길이

W = 가로 너비

가로 너비(W) = 넓이(A) ÷ 세로 길이(L)

$$L = \frac{A}{W}$$

이 공식은 세로 길이(L)를 구하는 식이다.

$$W = \frac{A}{L}$$

이 공식은 가로 너비(W)를 구하는 식이다.

공식의 대상 바꾸기

구하고자 하는 대상에 따라 공식을 바꾸려면 대상 항만 남겨두고 다른 것은 모두 반대쪽 변으로 옮겨야 합니다. 옮기는 방법은 이동하는 숫자나 문자가 양수(+c)인지 음수(-c)인지, 곱셈(bc)의 일부인지 나눗셈(b/c)의 일부인지에 따라 결정됩니다. 등식을 변형하는 것이기 때문에 반드시 양변에 같은 작업을 해야 합니다. 아래 예는 모두 b를 구하는 식으로 변형하는 방법입니다.

양수 항 옮기기

$$A = b + c$$

b를 대상으로 만들려면, +c를 등호 너머의 변으로 옮겨야 한다.

-c를 좌변에 더한다. ／ -c를 우변에 더한다.

$$A - c = b + c - c$$

-c를 양변에 더한다. 우변의 +c를 없애기 위해 양변에서 c를 빼는 것과 같은 의미다.

c-c=0이므로 c가 사라진다.

$$A - c = b + \cancel{c} - \cancel{c}$$

우변에서 +c와 -c를 상쇄시켜 b만 남겨둔다.

공식의 대상은 하나의 문자여야 한다.

$$A - c = b$$

이 공식은 다음과 같은 형태로 쓸 수 있다.

b=A-c

음수 항 옮기기

$$A = b - c$$

b를 대상으로 만들려면, -c를 등호 너머의 변으로 옮겨야 한다.

좌변에 +c를 더한다. ／ 우변에 +c를 더한다.

$$A + c = b - c + c$$

+c를 양변에 더한다. -c를 옮기려면, 부호가 반대인 수(+c)를 양변에 더해 균형을 유지해야 한다.

c-c=0이므로 c가 사라진다.

$$A + c = b - \cancel{c} + \cancel{c}$$

우변에서 -c와 +c를 상쇄시켜 b만 남겨둔다.

공식의 대상은 하나의 문자여야 한다.

$$A + c = b$$

이 공식은 다음과 같은 형태로 쓸 수 있다.

b=A+c

곱셈식에서 항 옮기기

bc는 b×c

$$A = bc$$

이 예에서는 b가 c와 곱해져 있다. b를 대상으로 만들려면, ×c를 다른 변으로 옮겨야 한다.

좌변을 c로 나눈다. ／ 우변을 c로 나눈다.

$$\frac{A}{c} = \frac{bc}{c}$$

양변을 c로 나눈다. 우변의 c를 약분하여 없애기 위해 양변을 c로 나누는 것이다.

c는 약분하여 사라진다.

$$\frac{A}{c} = \frac{b\cancel{c}}{\cancel{c}}$$

우변에서 c/c는 약분되어 1이 되므로 b만 남는다.

공식의 대상은 하나의 문자여야 한다.

$$\frac{A}{c} = b$$

이 공식은 다음과 같은 형태로 쓸 수 있다.

b=A/c

나눗셈식에서 항 옮기기

b/c는 b÷c

$$A = \frac{b}{c}$$

이 예에서는 b가 c로 나눠져 있다. b를 대상으로 만들려면, ÷c를 다른 변으로 옮겨야 한다.

좌변에 c를 곱한다. ／ 우변에 c를 곱한다.

$$A \times c = \frac{b \times c}{c}$$

양변에 c를 곱한다. 우변의 c를 약분하여 없애기 위해 양변에 c를 곱하는 것이다.

c/c=1이므로 c와 1/c은 상쇄된다.

$$A \times c = \frac{b\cancel{c}}{\cancel{c}}$$

우변에서 c/c는 약분되어 1이 되므로 b만 남는다.

A×c는 Ac로 적는다. ／ 공식의 대상은 하나의 문자여야 한다.

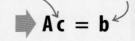

$$Ac = b$$

이 공식은 다음과 같은 형태로 쓸 수 있다.

b=Ac

공식 적용해보기

은행에 돈을 맡겨두면 이자가 생깁니다. 특정 기간 동안
돈을 맡겨두면 이자는 얼마가 생기는지 구하는 공식은
다음과 같습니다. 원금×이자율×시간÷100

원금(principal)　이자율(rate of interest)

$$I = \frac{PRT}{100}$$

이자가 붙는 데
걸린 시간(time)

이자(interest)

500달러가 들어 있는 은행 계좌가 있습니다. 이 원금에는 단리(74~75쪽 참조)로 연 2%의 이자가 붙습니다.
이자를 50달러 벌려면 시간(T)이 얼마나 걸릴지 위 공식을 이용해 알아봅시다. 먼저 공식을 재배치해 T를 대상으로 만들어야 합니다.
그다음 실제 값들을 식에 대입해 T 값을 계산합니다.

▷ **P 옮기기**
첫 단계는 양변을 P로 나눠
P를 좌변으로 옮기는 일이다.

$$I = \frac{PRT}{100} \quad\Rightarrow\quad \frac{I}{P} = \frac{RT}{100}$$

우변에서 P를 없애기 위해
공식의 양변을 P로 나눈다.

$\frac{PRT}{P100}$에서 P가 약분되어
사라지고 $\frac{RT}{100}$만 남는다.

▷ **R 옮기기**
다음 단계는 양변을 R로 나눠
R을 좌변으로 옮기는 일이다.

양변을 R로 나눈다.

$$\frac{I}{P} = \frac{RT}{100} \quad\Rightarrow\quad \frac{I}{PR} = \frac{T}{100}$$

$\frac{RT}{R100}$에서 R이 약분되어
사라지고 $\frac{T}{100}$만 남는다.

▷ **100 옮기기**
그다음에는 양변을 100으로
곱해 100을 좌변으로 옮긴다.

양변에 100을 곱한다.

$$\frac{I}{PR} = \frac{T}{100} \quad\Rightarrow\quad \frac{I\,100}{PR} = T \quad\Rightarrow\quad T = \frac{I\,100}{PR}$$

$\frac{100T}{100}$에서 100이 약분되어
사라지고 T만 남는다.

▷ **수치 대입하기**
이자 I에 50(달러), 원금 P에
500(달러), 이자율 R에 2(%)를
대입해 T값을 구한다. 50달러의
이자가 붙는 데 5년이 걸린다는
것을 알 수 있다.

이자(I)는 50달러

$$T = \frac{I\,100}{PR} \quad\Rightarrow\quad \frac{50 \times 100}{500 \times 2} = 5년$$

이자 50달러를 버는 데
걸리는 시간(T)은 5년이다.

원금(P)은 500달러

이자율(R)은 2%

🔲 x=? 방정식 풀기

방정식은 변수의 값에 따라 참 또는 거짓이 되는 등식입니다.

방정식의 항들을 재배치하면 x나 y 같은 변수(미지수)의 값을 구할 수 있습니다.

참조
168~169 ◁ 대수학이란 무엇일까?
172~173 ◁ 수식 다루기
177~179 ◁ 공식
일차방정식 그래프 ▷ 182~185

간단한 일차방정식

방정식의 항들을 재배치하면 변수(미지수)의 값을 구할 수 있습니다. 변수는 x나 y 같은 문자로 나타냅니다. 방정식을 재배치하기 위해 덧셈, 뺄셈, 곱셈, 나눗셈을 할 때는 꼭 양변에 똑같이 해줘야 합니다.

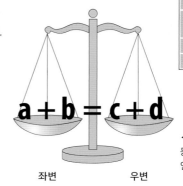

$$a + b = c + d$$

좌변　　　　　우변

◁ **균형 잡기**
등식에서 등호 양쪽의 두 수식은 언제나 값이 같다.

x 값을 구하려면 방정식에서 항들을 재배치해 한쪽 변에 x만 남겨둬야 한다.

▼

방정식의 한쪽 변에 어떤 변화를 주면, 다른 변에도 똑같이 해줘야 한다. 양변에서 2를 빼 한 변에 x만 남겨둔다.

▼

방정식이 간단해지도록 좌변에서 +2와 −2를 상쇄시키고 x만 남긴다.

▼

방정식의 우변을 계산하면 x 값을 구할 수 있다.

2를 없애려면, 양변에서 2를 뺀다. ／　변수 ↓　　등호 양쪽의 값은 같다.

$$2 + x = 8$$

좌변에서 2를 뺀다. ↘　　　우변에서도 2를 뺀다. ↙

$$2 + x - 2 = 8 - 2$$

+2와 −2를 상쇄시킨다.

$$\cancel{2} + x \cancel{-2} = 8 - 2$$

x가 방정식의 대상이다.

$$x = 6$$

방정식의 우변(8−2)을 계산하면 x 값(6)이 나온다.

자 세 히 보 기

방정식 세우기

일상생활에서도 방정식이 쓰입니다. 예를 들어 미국의 한 택시 회사가 기본요금을 3달러 받고, 1km를 더 달릴 때마다 2달러씩 받는다고 했을 때 요금을 구하는 방정식을 만들 수 있습니다.

기본요금 ↓　　　　이동거리 ↓

$$c = 3 + 2d$$

↑ 택시비 총액

만약 한 손님이 택시비를 총 18달러 낸다면, 이 방정식을 이용해 택시의 이동거리를 알아낼 수 있습니다.

택시비 총액 ↓　　킬로미터당 추가요금 × 거리 ↓

$$18 = 3 + 2d$$

기본요금 ↑

택시비 총액을 방정식에 대입한다.

▼

좌변에서 3을 뺀다. →

$$15 = 2d$$

← 우변에서 3을 뺀다.

방정식의 항들을 재배치한다. 먼저 양변에서 3을 뺀다.

▼

2로 나눈다. →

$$7\tfrac{1}{2} \text{ km} = d$$

← 2d에서 2를 없애기 위해 양변을 2로 나눈다.

양변을 2로 나눠 이동거리를 구한다.

조금 더 복잡한 방정식

복잡한 방정식도 간단한 방정식과 마찬가지 방법으로 항을 재배치할 수 있습니다. 방정식의 한 변에
변화를 주면 다른 변에도 똑같이 해줘야 합니다. 어느 항부터 재배치하든 방정식의 답은 같게 나옵니다.

예제 1

이 방정식은 양변에 상수항과 미지항이 있으므로,
답을 구하려면 항들을 몇 차례 재배치해야 한다.

상수항 · a를 포함한 항 · 양변에 상수항이 있다.
$$3 + 2a = 5a - 9$$

먼저 상수항을 재배치한다. −9를 우변에서 없애기 위해
양변에 9를 더한다.

$3 + 9$ · −9+9=0이므로, 5a만 남는다.
$$12 + 2a = 5a$$

a가 있는 항들이 상수항과 반대 변에 있도록
양변에서 2a를 뺀다.

2a−2a=0이므로, 좌변에 12만 남는다. · 5a − 2a = 3a
$$12 = 3a$$

한 변에 a만 남도록 해보자. 방정식에 3a가 있으므로,
양변을 3으로 나눈다.

우변을 3으로 나눴으므로, 좌변도 3으로 나눠야 등호가 성립한다. · 3a를 3으로 나눠 a만 남겨둔다.
$$\frac{12}{3} = \frac{3a}{3}$$

이제 방정식의 우변에는 대상 a만 있고, 좌변에는
상수항만 있다.

12÷3=4이므로 a값은 4다. · a는 방정식의 대상으로 한 변에 혼자 남아 있다.
$$4 = a$$

방정식의 좌·우변을 뒤바꿔 a항이 맨 앞에 오게 한다.
양변의 값이 같으므로 방정식의 의미는 변하지 않는다.

변수를 앞에 둔다. · 방정식의 해, 변수(a)의 값이다.
$$a = 4$$

예제 2

이 방정식은 양변에 미지항과 상수항이 있으므로,
답을 구하려면 항들을 몇 차례 재배치해야 한다.

양변에 상수항이 있다. · 양변에 미지수 a가 포함된 항이 있다.
$$6a + 4 = 5 - 2a$$

먼저 상수항들을 재배치한다. 방정식의 양변에서
4를 빼, 상수항이 한 변에만 있게 한다.

4−4=0이므로, 6a만 남는다. · $5 - 4$
$$6a = 1 - 2a$$

그다음 양변에 2a를 더해 미지의 변수가 상수항과
반대 변에 있게 만든다.

6a + 2a = 8a · −2a+2a=0이므로, 1만 남는다.
$$8a = 1$$

끝으로, 양변을 8로 나눠, a를 방정식의 대상으로
만들고 방정식의 해를 구한다.

8a를 8로 나눠 방정식 좌변에 a만 남겨둔다. · a만 남겨두려고 좌변을 8로 나눴으므로, 우변도 8로 나눠야 등호가 성립한다.
$$a = \frac{1}{8}$$

일차방정식 그래프

그래프는 방정식을 그림으로 나타내는 한 가지 방법입니다.
일차방정식은 항상 직선으로 나타납니다.

참조	
90~93 ◁	좌표
180~181 ◁	방정식 풀기
이차방정식 그래프	▷ 194~197

일차방정식의 그래프

변수 y를 변수 x의 일차식으로 나타낼 수 있다고 하면 y는 x의 일차방정식이라고 말합니다(x²이 있으면 이차식이므로 이차 방정식이 된다). 일차함수의 그래프는 그 방정식을 만족시키는 좌표를 지납니다. 예를 들어 x=1, y=6은 y=x+5를 만족시키므로 y=x+5 그래프는 점 (1, 6)을 지나는 직선입니다.

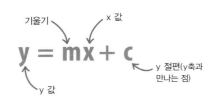

△ **직선의 방정식**
직선 그래프마다 해당 방정식이 하나씩 있다.
m 값은 직선의 기울기이고, c 값은 직선이 y축과 만나는 점의 y좌표다.

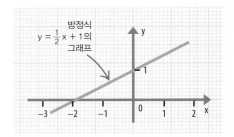

△ **일차방정식 그래프**
한 방정식의 그래프는 좌표가 그 방정식을 만족시키는 점들의 집합이다.

직선의 방정식 구하기

직선의 방정식을 구하려면, 먼저 그래프를 이용해 직선의 기울기와 y 절편을 찾아야 합니다.
그다음 두 값을 직선 방정식의 표준형 y=mx+c에 대입하면 됩니다.

직선의 기울기(m)를 구하려면 아래 그림처럼 그래프 위의 두 점에서 각각 수평선과 수직선을 그려 거리를 잰다. 그런 다음 수직 거리를 수평 거리로 나누면 된다.

y 절편을 구하려면, 그래프에서 직선이 y축과 만나는 곳을 찾아본다. 그 점의 y좌표가 바로 y 절편으로, 방정식 표준형에서 c 값에 해당한다.

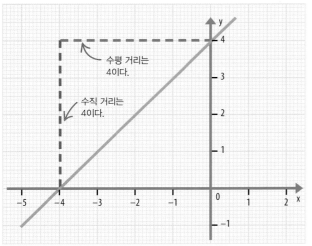

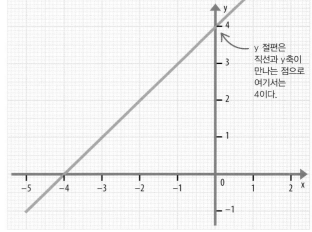

그래프에서 알아낸 두 값을 직선 방정식의 표준형에 대입한다. 그러면 위에 보이는 직선의 방정식이 나온다.

양의 기울기

오른쪽 위로 올라가는 직선은 기울기가 양수입니다. 기울기가
양수인 직선의 방정식은 그래프를 이용해 아래와 같은 방법으로
알아낼 수 있습니다.

직선의 기울기를 구하려면, 오른쪽 그림처럼 직선의 일부 구간을 선택하고 수평선
(녹색)과 수직선(빨간색)을 그어 서로 만나게 한다. 그렇게 새로 그은 두 선분의
길이를 각각 좌표로 헤아린 다음. 수직 거리를 수평 거리로 나눈다.

$$기울기 = \frac{수직\ 거리}{수평\ 거리} = \frac{6}{3} = +2$$

+부호는 직선이
오른쪽 위로
올라감을
의미한다.

y 절편은 그래프에서 쉽게 읽어낼 수 있다. 그 값은 직선이 y축과
만나는 점의 y좌표다.

$$y\ 절편 = +1$$

기울기와 y 절편의 값을 직선 방정식 표준형에 대입해 직선의 방정식을 구한다.

기울기는 +2   y 절편은 1   기울기   y 절편

$$y = mx + c \implies y = 2x + 1$$

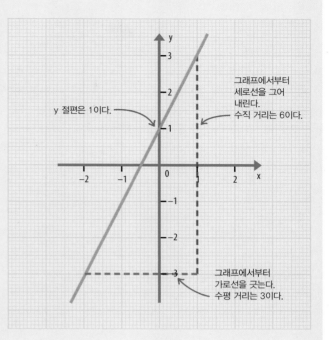

y 절편은 1이다.

그래프에서부터
세로선을 그어
내린다.
수직 거리는 6이다.

그래프에서부터
가로선을 긋는다.
수평 거리는 3이다.

음의 기울기

오른쪽 아래로 내려가는 직선은 기울기가 음수입니다. 기울기가
양수인 직선과 마찬가지 방법으로 방정식을 구할 수 있습니다.

직선의 기울기를 구하려면, 오른쪽 그림처럼 직선의 일부 구간을 선택하고 수평선
(녹색)과 수직선(빨간색)을 그어 서로 만나게 한다. 그렇게 새로 그은 두 선분의
길이를 각각 좌표로 헤아린 다음, 그 수직 거리를 수평 거리로 나눈다.

$$기울기 = \frac{수직\ 거리}{수평\ 거리} = \frac{4}{1} = 4 \implies -4$$

직선이 오른쪽
아래로 내려가므로
마이너스 부호를
붙인다.

y 절편은 그래프에서 쉽게 읽어낼 수 있다. 그 값은 직선이
y축과 만나는 점의 y좌표다.

$$y\ 절편 = -4$$

기울기와 y 절편의 값을 직선 방정식 표준형에 대입해 직선의 방정식을 구한다.

기울기는 −4   y 절편은 −4   기울기   y 절편

$$y = mx + c \implies y = -4x - 4$$

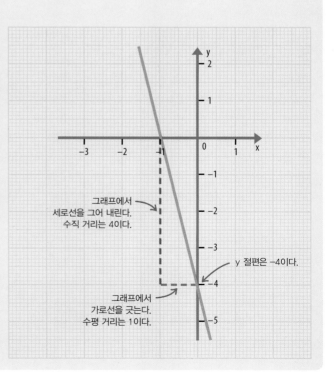

그래프에서
세로선을 그어 내린다.
수직 거리는 4이다.

y 절편은 −4이다.

그래프에서
가로선을 긋는다.
수평 거리는 1이다.

일차방정식 그래프 그리는 법

일차방정식의 그래프는 x, y 값을 몇 쌍 알아낸 다음 좌표평면에
점을 찍어 선으로 이으면 그릴 수 있습니다. x 값은 x축을 따라,
y 값은 y축을 따라 표시합니다.

2 곱하기 x라는
뜻이다.

▷ **방정식**
이 방정식에서 y 값은 x 값의 두
배에 해당한다.

$$y = 2x$$

먼저 x의 값을
몇 개 고른다.

x	y =2x
1	2
2	4
3	6
4	8

x 값을
두 배로 한
y 값을 구한다.

먼저 x의 값을 몇 개 선택한다. 10보다 작은 수들이 다루기 쉽다. 위와 같은
표를 이용해, 각 x 값에 대응하는 y 값을 구한다. 표 왼쪽에 x 값들을 넣고
그 수에 2를 곱해 y 값을 구하여 오른쪽에 적는다.

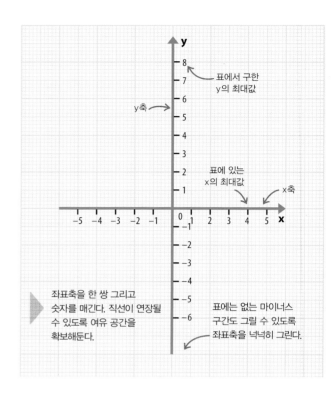

표에서 구한
y의 최대값

y축

표에 있는
x의 최대값

x축

▷ 좌표축을 한 쌍 그리고
숫자를 매긴다. 직선이 연장될
수 있도록 여유 공간을
확보해둔다.

표에는 없는 마이너스
구간도 그릴 수 있도록
좌표축을 넉넉히 그린다.

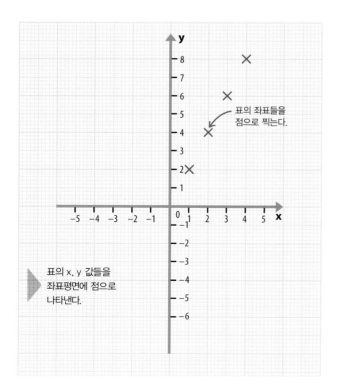

표의 좌표들을
점으로 찍는다.

▷ 표의 x, y 값들을
좌표평면에 점으로
나타낸다.

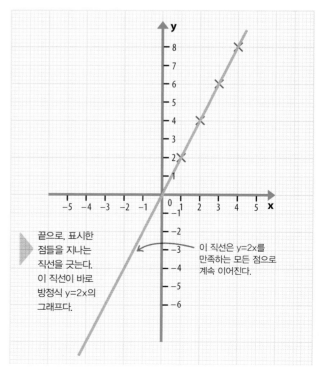

▷ 끝으로, 표시한
점들을 지나는
직선을 긋는다.
이 직선이 바로
방정식 y=2x의
그래프다.

이 직선은 y=2x를
만족하는 모든 점으로
계속 이어진다.

내려가는 그래프

일차방정식의 그래프는 왼쪽에서 오른쪽으로 내려갈 수도 있고
올라갈 수도 있습니다. 내려가는 그래프는 기울기가 음수이고,
올라가는 그래프는 기울기가 양수입니다.

이 방정식 x에 음수(−2)가
곱해져 있으므로, 그래프는
아래로 내려가는 모양일
것이다.

$$y = -2x + 1$$

기울기가 −2

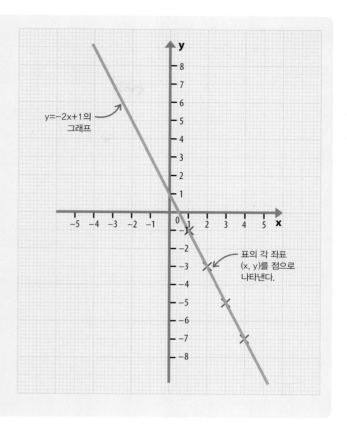

$y=-2x+1$의
그래프

이 방정식은 왼쪽의 방정식보다 조금 더 복잡하므로 표에 −2x와 +1의 칸을
추가한다. 이 값들을 각각 계산한 뒤 합산하여 y 값을 구한다. 마이너스 부호에
주의한다.

표의 각 좌표
(x, y)를 점으로
나타낸다.

x	−2x	+1	y=−2x+1
1	−2	+1	−1
2	−4	+1	−3
3	−6	+1	−5
4	−8	+1	−7

x의 값을
몇 개 적는다.

x에 −2를 곱한 값

1을 더한다.

방정식의 각
항을 합산해
y 값을
알아낸다.

현 실 세 계

온도 환산 그래프

일차방정식 그래프는 온도 측정 단위인 화
씨온도와 섭씨온도를 변환할 때도 사용할
수 있습니다. 화씨에서 섭씨로 변환하려면 y
축 위의 화씨온도에서 수평으로 움직여서
직선에 닿으면 아래로 내려가 x축 위의 섭씨
온도를 확인하면 됩니다.

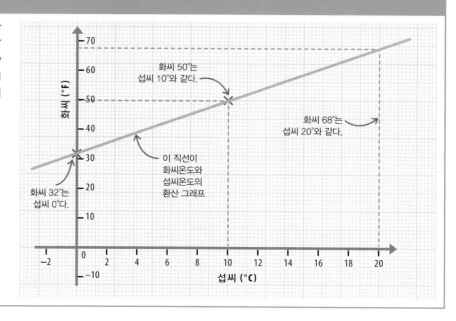

화씨 50°는
섭씨 10°와 같다.

화씨 68°는
섭씨 20°와 같다.

이 직선이
화씨온도와
섭씨온도의
환산 그래프

화씨 32°는
섭씨 0°다.

°F	°C
32.0	0
50.0	10

△ **온도 환산**
화씨온도(F)와 섭씨온도(C) 값을 두 쌍만
알면 그래프를 그릴 수 있다.

연립 방정식

참조
172~173 ◁ 수식 다루기
177~179 ◁ 공식

같은 미지수를 포함한 두 개 이상의 방정식 묶음을 연립 방정식이라고 합니다.

연립 방정식 풀기

두 개의 미지수를 포함한 방정식의 묶음을 연립 방정식이라고 합니다. 연립방정식을 푸는 법으로는 가감법, 대입법, 그래프를 이용하는 방법의 세 가지가 있습니다.

두 방정식 모두 변수 x가 있다.　　두 방정식 모두 변수 y가 있다.

$$3x - 5y = 4$$
$$4x + 5y = 17$$

◁ **한 쌍의 방정식**
이 연립 방정식은 모두 미지의 변수 x와 y를 포함하고 있다.

가감법으로 풀기

두 방정식의 x항이나 y항의 계수를 똑같이 만든 다음, 두 식을 더하거나 빼서 그 항을 없앱니다. 그 결과로 얻는 방정식에서 한 변수의 값을 구한 후, 그 값을 이용해 다른 변수의 값도 구합니다.

▷ **연립 방정식**
이 연립 방정식을 가감법으로 풀어보자.

$$10x + 3y = 2$$
$$2x + 2y = 6$$

미지항의 계수를 똑같이 만들기 위해 한 방정식에 곱셈이나 나눗셈을 한다. 여기서는 두 번째 방정식에 5를 곱해 x항의 계수를 같게 만들었다.

두 번째 방정식의 양변에 5를 곱한다.

$$10x + 3y = 2$$ 　← 첫 번째 방정식

$$2x + 2y = 6$$ 　$\times 5$　$$10x + 10y = 30$$

양변에 5를 곱해 10x로 같아졌다. x항을 빼서 없앨 수 있다.

두 번째 방정식　　　x의 계수가 서로 같아졌다.

그다음 두 개의 방정식을 빼거나 더해서 똑같은 항을 없앤다. 여기서는 첫 번째 방정식에서 두 번째 방정식을 뺀 다음, 남은 항들을 재배치해 한 변에 y만 남겨둔다.

x항이 없어진다.　　　　　상수항끼리도 뺄셈을 한다.

$$10x - 10x + 3y - 10y = 2 - 30$$

10x−10x=0이므로, x 항은 없어졌다.　→ $$-7y = -28$$

−7로 나눠 y만 남겨둔다. → $$y = \frac{-28}{-7}$$ ← 양변을 −7로 나눈다.

$$y = 4$$ ← y 값

원래의 두 방정식 중 어느 것이든 하나를 선택해서, 위에서 구한 y 값을 대입한다. 그러면 방정식에서 변수 y가 없어지고 x만 변수로 남는다. 항들을 재배치해 방정식을 풀면 x 값도 구할 수 있다.

$$2x + 2y = 6$$ ← 두 번째 방정식

$$2x + (2 \times 4) = 6$$ ← y=4이므로, 2y=2×4이다.

$$2x + 8 = 6$$ ← 2 × 4 = 8

8을 빼 2x만 남겨둔다. → $$2x = -2$$ ← 양 변에서 8을 뺀다 (6−8=−2).

2로 나눠 x만 남겨둔다. → $$\frac{2x}{2} = \frac{-2}{2}$$ ← 이 변도 2로 나눈다.

$$x = -1$$ ← x 값

이제 두 미지수의 값을 구했다. 이 값이 원래 연립 방정식의 해다.

$$x = -1 \qquad y = 4$$

대입법으로 풀기

이 방법을 사용하려면 연립 방정식의 한쪽 식을 x= 또는 y= 식의 형태로 바꿔야 합니다. 이 형태를 한 식을 다른 방정식에 대입하면 하나의 미지항으로만 이루어진 방정식이 되므로 바로 풀 수 있습니다. 가감법으로 풀기 힘든 방정식들은 대입법을 이용해 쉽게 풀 수 있습니다.

▷ **연립 방정식**
이 연립 방정식을 대입법으로 풀어보자.

$$x + 2y = 7$$
$$4x - 3y = 6$$

두 방정식 중 하나를 선택하고, 그 식의 항들을 재배치해, 두 미지수 중 하나를 대상으로 만든다. 여기서는 x를 대상으로 만들기 위해 방정식의 양변에서 2y를 뺀다.

첫 번째 방정식

$$x + 2y = 7$$

양변에서 2y를 빼 x를 대상으로 만든다. → $$x = 7 - 2y$$

양변에서 2y를 뺀다.

위에서 정리한 수식(x=7-2y)을 다른 방정식에 대입한다. 그 결과로 얻은 새 방정식에는 미지수가 하나뿐이다. 새 방정식의 항들을 재배치해 한쪽 변에 y만 남겨두고 값을 구한다.

x에 수식을 대입한다.

$$4x - 3y = 6$$ ← 두 번째 방정식

$$4(7 - 2y) - 3y = 6$$ ← 미지수가 하나뿐이어서 바로 풀 수 있다.

$$28 - 8y - 3y = 6$$

괄호를 풀고 곱셈을 한다(4×7=28, 4×-2y=-8y).

$$28 - 11y = 6$$ ← y항을 간단하게 정리한다. -8y-3y=-11y

28을 빼 y만 남겨둔다.

$$-11y = -22$$ ← 양변에 28을 뺀다. 6-28=-22

-11로 나눠 y만 남겨둔다

$$\frac{-11y}{-11} = \frac{-22}{-11}$$ ← 양변을 -11로 나눈다.

$$y = 2$$ ← y 값

y 값을 원래의 두 방정식 중 하나에 대입한다. 그 방정식의 항들을 재배치해 한 변에 x만 남겨두고 그 값을 구한다.

첫 번째 방정식

$$x + 2y = 7$$

$$x + (2 \times 2) = 7$$ ← y=2이므로, 2y는 2×2=4

$$x + 4 = 7$$

괄호 안의 식을 계산한다(2×2=4).

$$x = 3$$ ← 양변에 4를 뺀다. 7-4=3

4를 빼 x만 남겨둔다.

이제 두 미지수의 값을 모두 구했다. 이 값이 원래의 연립 방정식의 해다.

$$x = 3 \qquad y = 2$$

그래프로 연립 방정식 풀기

연립 방정식을 두 개의 그래프를 이용해 풀 수 있습니다. 각각의 방정식을 재배치하여
y에 대한 식으로 만들고 이 방정식을 만족시키는 좌표를 알아낸 다음 그래프를 그려보는
것입니다. 이때 두 직선이 교차하는 점의 좌표가 연립 방정식의 해가 됩니다.

▷ **연립 방정식**
이 연립 방정식은 그래프를 이용해
풀 수 있다. 두 방정식의 그래프는
모두 직선이 될 것이다.

두 방정식 모두 y항이 있다.

$$2x + y = 7$$
$$-3x + 3y = 9$$

두 방정식 모두 x항이 있다.

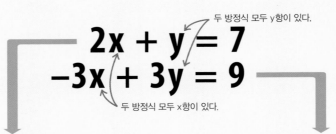

첫 번째 방정식에서 항들을 재배치해 한쪽 변에
y만 남겨둔다. 여기서는 방정식의 양변에서 2x를
빼면 된다.

두 번째 방정식에서 항들을 재배치해 한쪽 변에
y만 남겨둔다. 여기서는 양변에 3x를 더한 다음,
3으로 나누면 된다.

첫 번째 방정식

$$2x + y = 7$$

양변에 −2x를
더한다.

−2x를 더해 2x를 없애고
y만 남겨두었다.

$$y = 7 - 2x$$

두 번째 방정식

$$-3x + 3y = 9$$

양변에 3x를
더한다.

3x를 더해 −3x를 없애고
3y만 남겨두었다.

$$3y = 9 + 3x$$

방정식 전체를 3으로 나눠
좌변에 y만 남겨둔다.

$$y = 3 + x$$

$3y \div 3 = y$ $9 \div 3 = 3$ $3x \div 3 = x$

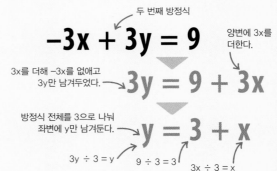

표를 이용해, 첫 번째 방정식을 만족시키는 x, y 값의
쌍들을 알아낸다. 먼저 0에 가까운 x 값을 몇 개 선택한
다음, 표를 이용해 y 값을 구한다.

표를 이용해, 두 번째 방정식을 만족시키는 x, y 값의
쌍들을 알아낸다. x 값을 왼쪽 표에서와 똑같이 선택한
다음, y 값을 구한다.

0에 가까운 x 값들을 몇 개 선택한다.

7은 x 값과
상관없이
일정하다.

x	1	2	3	4
7	7	7	7	7
−2x	−2	−4	−6	−8
y (7 − 2x)	5	3	1	−1

x 값별로
−2x의 값을
계산한다.

y 값은 7과 −2x의 합이다.

7 − 6 = 1

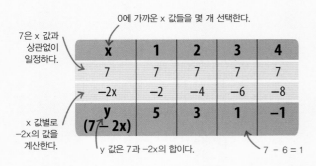

x 값을 왼쪽 표에서와
똑같이 선택한다.

3은 x 값과
상관없이
일정하다.

x	1	2	3	4
3	3	3	3	3
+x	1	2	3	4
y (3 + x)	4	5	6	7

+x 값은 x 값과
같다.

y 값은 3과 x 값의 합이다.

3 + 3 = 6

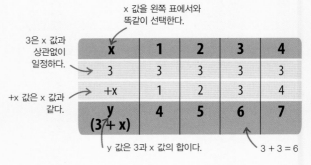

두 좌표축을 그린 다음, 앞에서 정리해둔 x, y값들을
좌표평면에 점으로 나타낸다. 왼쪽 표와 오른쪽 표의 점들을
각각 이으면 두 개의 직선이 만들어진다. 표에서 다루지 않은
좌표로도 직선은 계속 이어진다. 이 연립 방정식의 해는
두 직선이 교차하는 점이다.

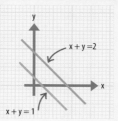

자 세 히　보 기

풀 수 없는 연립 방정식

해가 없는 연립 방정식도 있습니다. 예
를 들어 x+y=1과 x+y=2는 각각의 그
래프가 서로 평행해서 어디에서도 교차
하지 않기 때문에 해가 없습니다.

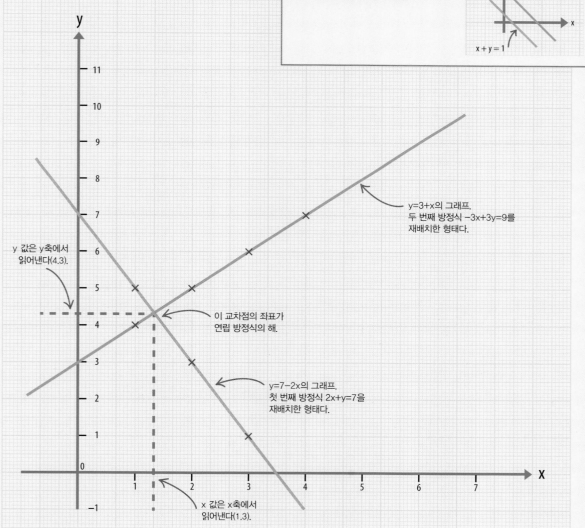

y=3+x의 그래프.
두 번째 방정식 −3x+3y=9를
재배치한 형태다.

y 값은 y축에서
읽어낸다(4.3).

이 교차점의 좌표가
연립 방정식의 해.

y=7−2x의 그래프.
첫 번째 방정식 2x+y=7을
재배치한 형태다.

x 값은 x축에서
읽어낸다(1.3).

이 연립 방정식의 해는 두 직선이 교차하는 점의 좌표다. 그 점에서
x축까지 수직으로 내려가 x좌표를 확인하고, y축까지 수평으로
이동하여 y좌표를 확인하면, 이 방정식의 해를 구할 수 있다.

x = 1.3　　y = 4.3

이차방정식 인수분해하기

이차방정식($ax^2+bx+c=0$ 형태의 방정식) 가운데 일부는 인수분해로 풀 수 있습니다.

이차방정식의 인수분해

수식의 인수분해는 전개돼 있는 식을 몇몇 인수의 곱의 꼴로 바꾸는 과정입니다. 이차방정식의 인수분해에서는 항들을 재배치하여 이차식을 두 일차식의 곱의 형태로 만듭니다. 이때 괄호로 묶어두는 두 일차식은 저마다 변수항 하나와 상수항 하나로 구성됩니다. 괄호 안의 상수항을 알아내려면, 두 일차식의 곱셈에 대한 규칙(176쪽 참조)을 이용하면 됩니다. 그 규칙은 일차식의 상수항들은 합하면 이차식 일반형의 b가 되고, 곱하면 c가 된다는 것입니다.

참조
176 ◁ 이차식
이차방정식 ▷ 192~193 근의 공식

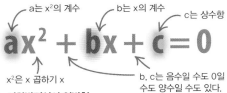

a는 x^2의 계수
b는 x의 계수
c는 상수항

$$ax^2 + bx + c = 0$$

x^2은 x 곱하기 x
b, c는 음수일 수도 0일 수도 양수일 수도 있다.

△ **이차방정식의 일반형**
이차방정식은 모두 이차항(ax^2), 일차항(bx), 상수항(c)으로 구성된다. a, b, c는 모두 상수인데, 문자에 곱해진 a, b는 계수라고도 부른다.

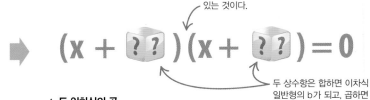

괄호로 묶인 채 이웃한 두 식은 서로 곱해져 있는 것이다.

$$(x + \fbox{??})(x + \fbox{??}) = 0$$

두 상수항은 합하면 이차식 일반형의 b가 되고, 곱하면 c가 된다.

△ **두 일차식의 곱**
이차방정식 일반형은 인수분해해서 두 일차식의 곱으로 나타낼 수 있다. 각 일차식은 변수항 하나와 상수항 하나로 구성된다. 일차식을 전개하면 원래의 일반형이 나온다.

간단한 이차방정식 풀기

이차방정식을 인수분해로 풀려면, 먼저 두 일차식의 상수항을 알아내야 합니다. 그다음 각각의 일차방정식을 풀어서 이차방정식의 해를 구합니다.

이차방정식을 풀려면, 먼저 b 값과 c 값을 확인해야 한다. 인수분해한 식에서 두 일차식의 상수항들은 합하면 b(이 경우에는 6)가 되고, 곱하면 c(이 경우에는 8)가 된다.

x^2은 $1x^2$이라는 뜻이다.
상수항 c는 8

$$x^2 + 6x + 8 = 0$$

일차항 계수 b는 6
우변은 0

이 두 수는 합하면 6이 되고, 곱하면 8이 된다.

$$(x + \fbox{??})(x + \fbox{??}) = 0$$

▼

미지의 일차식 상수항들을 알아내기 위해 표를 작성한다. 첫째 열에는 곱하면 c 값(8)이 되는 수들을 적어본다. 그리고 둘째 열에는 각 쌍을 합하면 b(6)가 되는지 보기 위해 그 합을 적어본다.

곱하면 8이 되는 수들

합이 6이 되는지 확인한다.

곱하면 c(8)가 되는 두 수	그런 두 수의 합	
8 과 1	8 + 1 = 9	✗
4 와 2	4 + 2 = 6	✓

더했을 때 6이 되지 않는다.

4와 2가 두 인수다. 둘을 더하면 6이 되기 때문이다.

이 수들은 서로 곱하면 8이 된다.

▼

알아낸 두 수를 두 일차식의 상수항 자리에 넣는다. 두 일차식도 전개하면 결국 이차방정식의 일반형과 같아지므로 0과 같다고 표기할 수 있다.

둘 중 한 수를 여기에 넣는다.

$$(x + \fbox{??})(x + \fbox{??}) = 0 \Rightarrow (x + 4)(x + 2) = 0$$

나머지 한 수를 여기에 넣는다.

▼

두 일차식의 곱이 0이므로, 앞의 일차식 값과 뒤의 일차식 값 중에서 적어도 하나는 0이어야 한다. 각 일차식이 0과 같다고 하여 일차방정식을 두 개 세우고 푼다. 그 결과로 알아낸 값들은 원래의 이차방정식의 근(해)이다.

일차식의 방정식을 푼다.

$$x + 4 = 0$$

양변에서 4를 뺀다.

$$x = -4$$ ← 근(해)

일차식의 방정식을 푼다.

$$x + 2 = 0$$

양변에서 2를 뺀다.

$$x = -2$$ ← 또 하나의 근(해)

복잡한 이차방정식 풀기

이차방정식이 항상 $ax^2+bx+c=0$와 같은 일반형으로만 나타나는 것은 아닙니다. 이차항(상수$\times x^2$), 일차항(상수$\times x$), 상수항들이 양변에 나타날 수도 있습니다. 하지만 이차항이 적어도 하나만 있으면, 항들을 재배치해 일반형으로 정리해서, 간단한 방정식에서와 같은 방법으로 풀 수 있습니다.

이 방정식은 이차방정식의 일반형은 아니지만, 최고차항이 이차항이므로 이차방정식이라 할 수 있다. 이 방정식을 풀려면, 항들을 재배치해 우변을 0으로 만들어야 한다.

▼

먼저 우변의 상수항을 좌변으로 옮기기 위해, 부호가 반대인 같은 수를 방정식의 양변에 더한다. 이 경우에는 양변에 7을 더해 우변에서 −7을 없앤다.

▼

우변의 일차항을 좌변으로 옮기기 위해, 부호가 반대인 같은 수를 방정식의 양변에 더한다. 이 경우에는 양변에서 2x를 빼 우변에서 2x를 없앤다.

▼

이제 방정식을 인수분해로 풀 수 있다. 두 일차식의 상수항을 찾기 위해 표를 만든다. 첫째 열에는 곱하면 c(20)가 되는 수를 모두 적고, 둘째 열에는 더하면 b(9)가 되는지 보기 위해 각 쌍의 합을 적는다.

▼

그렇게 해서 찾은 적당한 인수 쌍을 두 일차식의 상수항 자리에 넣고, 두 일차식의 곱이 0과 같다고 설정한다. 두 일차식 (x+5)와 (x+4)를 곱하면 0이 되므로, 그 두 식 중 하나는 값이 0이어야 한다.

▼

이차방정식을 풀기 위해 두 일차식으로 만든 방정식을 각각 푼다. 각 일차식이 0과 같다고 설정해 일차방정식을 세운 다음, 그 근(해)을 구하는 것이다. 그 결과로 얻은 두 값 −5와 −4가 이차방정식의 두 근이다.

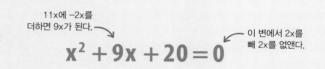

좌변으로 옮긴다.

$$x^2 + 11x + 13 = 2x - 7$$

이 변에 7을 더한다
(13+7=20).

7을 더해서 −7을 없애고 2x만 남겨둔다.

$$x^2 + 11x + 20 = 2x$$

11x에 −2x를 더하면 9x가 된다.

이 변에서 2x를 빼 2x를 없앤다.

$$x^2 + 9x + 20 = 0$$

곱하면 20이 되는 수들

합이 9가 되는지 확인한다.

+20의 인수	인수의 합	
20, 1	21	✗
2, 10	12	✗
5, 4	9	✓

이 수들은 서로 곱하면 20이 된다.

더했을 때 9가 되는 수

괄호로 묶인 채 이웃한 두 식은 서로 곱해져 있는 것이다.

좌변의 값은 0과 같다.

$$(x + 5)(x + 4) = 0$$

일차식의 방정식을 푼다.

양변에서 5를 빼 좌변에 x만 남겨둔다.

$$x + 5 = 0 \quad\Rightarrow\quad x = -5$$ ← 근

일차식의 방정식을 푼다.

양변에서 4를 빼 좌변에 x만 남겨둔다.

$$x + 4 = 0 \quad\Rightarrow\quad x = -4$$ ← 또 하나의 근

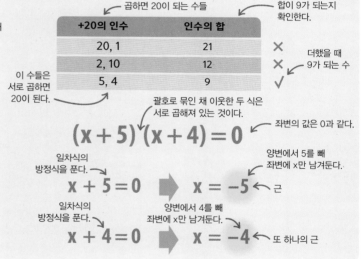

자 세 히 보 기

인수분해할 수 없는 이차방정식

어떤 이차방정식은 상수항(c)의 두 인수를 서로 더해도 일차항의 계수(b)가 되지 않아서 인수분해를 할 수가 없습니다. 이러한 방정식은 공식(192~193쪽 참조)으로 풀어야 합니다.

일차항 계수
b(3)

상수항 c(1)

$$x^2 + 3x + 1 = 0$$

위의 방정식은 전형적인 이차방정식이지만 인수분해로 풀 수 없다.

두 인수는 곱하면 모두 1이 된다.

+1의 인수	인수의 합	
1, 1	2	✗
−1, −1	−2	✗

상수항 b가 3이므로, 더해서 3이 되는 두 인수가 필요하다.

▷ 합하면 b(3)가 되고 곱하면 c(1)가 되는 인수 쌍이 없다는 사실을 확인할 수 있다.

x² 이차방정식 근의 공식

이차방정식은 모두 공식을 이용해서 풀 수 있습니다.

근의 공식

이차방정식의 근의 공식을 이용하면 어떤 이차방정식이든 풀 수 있습니다. 이차방정식의 일반형은 $ax^2+bx+c=0$인데, 여기서 a, b, c는 상수이고 x는 미지수입니다.

▷ 이차방정식의 일반형

이차방정식은 이차항(ax^2), 일차항(bx), 상수항(c)으로 구성된다.

▷ 이차방정식 근의 공식

이차방정식 근의 공식을 이용하면 어떤 이차방정식이든 풀 수 있다. 방정식의 각 상수 값을 공식에 대입해서 방정식을 풀어보자.

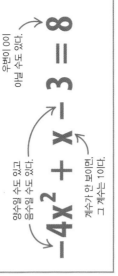

x²의 계수 x의 계수 상수항

$$ax^2 + bx + c = 0$$

$$x = \frac{-b \pm \sqrt{b^2 - 4ac}}{2a}$$

이 부호는 더하거나 빼는다는 뜻이다.

자세히 보기

다양한 형태의 이차방정식

이차방정식이 항상 같은 형태로만 나타나지는 않습니다. 상수가 음수일 수도 있고, 계수가 없는 것처럼 보일 수도 있고 (x=1x), 우변이 0이 아닐 수도 있습니다.

양수일 수도 있고 음수일 수도 있다.

계수가 안 보이면 그 계수는 1이다.

우변이 0이 아닐 수도 있다.

$$-4x^2 + x - 3 = 8$$

이차방정식 근의 공식 이용하기

이차방정식 근의 공식을 이용하려면, 해당 방정식의 a, b, c 값을 공식에 대입한 다음, 차근차근 계산해 근을 구하면 됩니다. 상수 a, b, c의 부호(+, −)에 주의하세요.

이차방정식에서 a, b, c 값을 알아낸다. 각 값을 이차방정식 근의 공식에 대입하는데, 플러스, 마이너스 부호가 바뀌지 않도록 주의한다. 이 예에서 a는 1, b는 3, c는 −20이다.

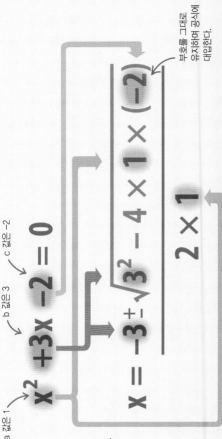

a 값은 1   b 값은 3   c 값은 −2

$$x^2 + 3x - 2 = 0$$

$$x = \frac{-3 \pm \sqrt{3^2 - 4 \times 1 \times (-2)}}{2 \times 1}$$

부호를 그대로 유지하며 공식에 대입한다.

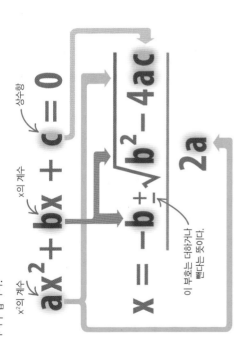

공식을 차근차근 계산해서 방정식의 근을 구한다. 먼저 √ 안의 값부터 간단하게 만든다. 3의 제곱은 9, 4×1×−2는 −8이 된다.

$3 \times 3 = 9$
$4 \times 1 \times (-2) = -8$

$$x = \frac{-3 \pm \sqrt{9 - (-8)}}{2}$$

마이너스 부호 두 개는 플러스 부호가 되므로, 9−(−8)=9+8이다.

√ 안의 수식을 계산한다. 9−(−8)은 9+8과 같으므로 17이 된다. 그다음 계산기를 사용해 17의 제곱근을 구한다.

$9 + 8 = 17$

$$x = \frac{-3 \pm \sqrt{17}}{2}$$

17의 제곱근을 소수 둘째 자리까지 반올림한 값

$$x = \frac{-3 \pm 4.12}{2}$$

제곱근을 구하고 나면, ± 를 나눠서 두 식으로 만든다. 하나는 분자끼리 더하는 경우, 다른 하나는 빼는 경우의 식이다.

+

$$x = \frac{-3 + 4.12}{2}$$

분자의 두 값을 더한다. −3+4.12

$-3 + 4.12 = 1.12$

$$x = \frac{1.12}{2}$$

분자를 분모로 나눠 근을 구한다.

$$x = 0.56$$

이차방정식은 항상 근이 두 개 있으므로, 두 근 모두를 답으로 적는다.

−

$$x = \frac{-3 - 4.12}{2}$$

분자 −3에서 4.12를 뺀다. −3−4.12

$-3 - 4.12 = -7.12$

$$x = \frac{-7.12}{2}$$

분자를 분모로 나눠 근을 구한다.

$$x = -3.56$$

이차방정식은 항상 근이 두 개 있다.

이차방정식 그래프

이차방정식의 그래프는 매끈한 곡선입니다.

이차방정식 그래프의 정확한 곡선 모양은 이차방정식 y=ax²+bx+c의 a, b, c 값에 따라 달라집니다.

이차방정식의 일반형은 y=ax²+bx+c와 같은 식으로 씁니다. 어떤 이차방정식이 있으면 표를 만들어 그 식을 만족시키는 x, y의 값을 알아낼 수 있습니다. x, y 값은 좌표평면에 점(x, y)로 나타낼 수 있고 이 점들을 곡선으로 이으면 이차방정식의 그래프가 생깁니다.

참조	
34~35 ◁	양수와 음수
176 ◁	이차식
182~185 ◁	일차방정식 그래프
190~191 ◁	이차방정식 인수분해하기
192~193 ◁	이차방정식 근의 공식

이차방정식은 그래프로 나타낼 수 있다. 그래프를 그리려면, x, y 값이 필요하다. 이차방정식에서 y 값은 x에 따라 결정된다. 이 예에서 y 값은 x의 제곱에 3 곱하기 x를 더하고 또 2를 더한 값과 같다.

이 이차식에 x 값을 대입해 y 값을 구한다.

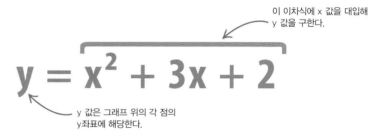

$$y = x^2 + 3x + 2$$

y 값은 그래프 위의 각 점의 y좌표에 해당한다.

그래프를 그리기 위해 x, y 값을 몇 쌍 구한다. 먼저 x 값을 몇 개 선택한다. 그다음 각 x 값에 대한 세 항(x², 3x, 2)의 값을 계산한다. 이 값들을 모두 더해 x 값에 대응하는 y 값을 알아낸다.

0 근처의 x 값을 몇 개 선택한다.

y=x²+3x+2, y 값은 단번에 계산하기는 힘들다.

x	y
−3	
−2	
−1	
0	
1	
2	
3	

x²을 계산해 적는다.

3x를 계산해 적는다.

+2는 x 값과 상관없이 일정하다.

x	x²	3x	+2	y
−3	9	−9	2	
−2	4	−6	2	
−1	1	−3	2	
0	0	0	2	
1	1	3	2	
2	4	6	2	
3	9	9	2	

세 항목을 더하면 y 값을 구할 수 있다.

x	x²	3x	+2	y
−3	9	−9	2	2
−2	4	−6	2	0
−1	1	−3	2	0
0	0	0	2	2
1	1	3	2	6
2	4	6	2	12
3	9	9	2	20

y 값은 세 수의 합이다.

+ + =

△ x 값

y 값은 x 값에 따라 결정된다. 그러므로 x 값을 몇 개 고른 다음, 각각에 대응하는 y 값을 구한다. x 값은 0 근처의 양, 음의 정수를 선택하는 것이 좋다. 가장 다루기 쉽기 때문이다.

△ 방정식의 각 항

이차방정식은 이차항, 일차항, 상수항으로 구성된다. 각각의 x 값에 대하여 방정식의 항별로 값을 계산한다. 이때 각각의 수가 양수인지 음수인지에 주의해야 한다.

△ x 값에 대응하는 y 값

방정식을 구성하는 세 항을 합산해서, x 값에 대응하는 y 값을 구한다. 이때 방정식의 항별 값이 양수인지 음수인지 유의한다.

▶ 방정식의 그래프를 그린다. 표에 정리해둔 x, y 값들을 그래프 위의 좌표로
삼는다. 예컨대 x=1은 y=6과 짝을 이룬다. 이는 그래프에서 좌표가 (1, 6)인
점이 된다.

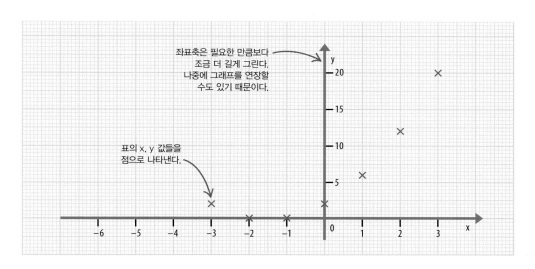

▷ 좌표평면에 점찍기
표에 정리해둔 값들을 나타낼
두 좌표축을 그린다. 좌표축은
항상 여유 있게 그린다. 나중에
점을 더 추가할 수도 있기
때문이다. 그다음 해당 x, y
값들을 좌표평면에 점으로
나타낸다.

좌표축은 필요한 만큼보다
조금 더 길게 그린다.
나중에 그래프를 연장할
수도 있기 때문이다.

표의 x, y 값들을
점으로 나타낸다.

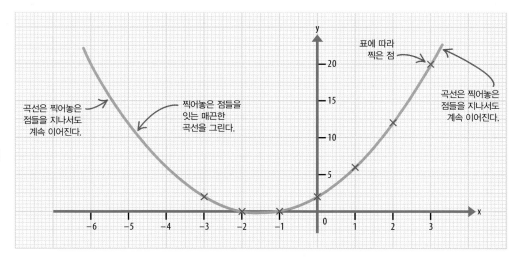

▷ 점 연결하기
좌표평면에 찍어놓은 점들을
이어 매끈한 곡선을 하나 그린다.
그 곡선이 방정식 $y=x^2+3x+2$의
그래프다. 이 곡선은 점으로
표시된 곳들을 지나서도 계속
이어진다.

곡선은 찍어놓은
점들을 지나서도
계속 이어진다.

찍어놓은 점들을
잇는 매끈한
곡선을 그린다.

표에 따라
찍은 점

곡선은 찍어놓은
점들을 지나서도
계속 이어진다.

자 세 히   보 기

이차방정식 그래프의 모양

이차방정식 그래프의 모양은 x^2의 계
수가 양수인지 음수인지에 따라 달라
집니다. 계수가 양수이면 그래프는 아
래로 볼록한 모양이 되고 음수이면 위
로 볼록한 모양이 됩니다.

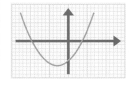

◁ $y=ax^2+bx+c(a>0)$
이차항 계수가 양수인
방정식의 그래프는 아래가
볼록한 모양이다.

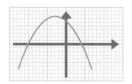

◁ $y=ax^2+bx+c(a<0)$
이차항 계수가 음수인
방정식의 그래프는 위로
볼록한 모양이다.

그래프를 이용해 이차방정식 풀기

이차방정식은 그래프를 이용해서도 풀 수 있습니다. 우변에 0이 아닌 상수항이 있는
형태의 이차방정식은 상수항을 좌변으로 옮긴 후에 풀어도 되지만, 좌변의 이차식과
우변의 상수항(영차식)을 곡선, 직선 그래프로 그려서 풀어도 됩니다. 여기서는 두 그래프가
교차하는 점의 x좌표가 원래의 이차방정식의 근입니다.

이 방정식은 좌변의 이차식과 우변의 영차식
(상수항)으로 구성되어 있다. 이 방정식을 푸는
방법 중 하나는 좌변과 우변 각각의 그래프를 한
좌표평면에 그려보는 것이다. 먼저 두 그래프 위에
있는 점들의 좌표를 알아보자.

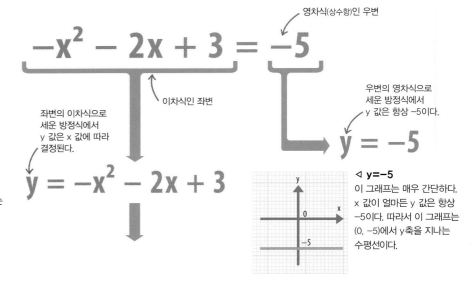

영차식(상수항)인 우변

$$-x^2 - 2x + 3 = -5$$

이차식인 좌변

좌변의 이차식으로
세운 방정식에서
y 값은 x 값에 따라
결정된다.

우변의 영차식으로
세운 방정식에서
y 값은 항상 −5이다.

$$y = -x^2 - 2x + 3$$

$$y = -5$$

◁ y=−5
이 그래프는 매우 간단하다.
x 값이 얼마든 y 값은 항상
−5이다. 따라서 이 그래프는
(0, −5)에서 y축을 지나는
수평선이다.

좌변의 이차식으로 세운 이차방정식을 만족시키는
x, y 값을 표로 정리해본다. 먼저 0 근처에서
x 값을 몇 개 고르고, 방정식을 항별로 분해한다
($-x^2$, $-2x$, $+3$). 그다음 각 x 값을 대입해 계산한
후, 이 세 값을 합해서 y 값을 구한다.

0 근처에서 x 값을
몇 개 선택한다.

y=$-x^2$-2x+3
이므로, y 값을
단번에 계산하기
힘들다.

x	y
−4	
−3	
−2	
−1	
0	
1	
2	

먼저 x^2을 계산한 다음,
마이너스 부호를 붙인다.

−2x를 계산해
적는다.

+3은 x 값과
상관없이 일정하다.

x	$-x^2$	−2x	3	y
−4	−16	+8	+3	
−3	−9	+6	+3	
−2	−4	+4	+3	
−1	−1	+2	+3	
0	0	0	+3	
1	−1	−2	+3	
2	−4	−4	+3	

세 값을 더하면
y 값을 구할 수 있다.

x	$-x^2$	−2x	3	y
−4	−16	+8	+3	−5
−3	−9	+6	+3	0
−2	−4	+4	+3	3
−1	−1	+2	+3	4
0	0	0	+3	3
1	−1	−2	+3	0
2	−4	−4	+3	−5

y 값은 각 연보라색
행의 세 수의 합이다.

+ + =

△ x 값
y 값은 x 값에 따라 결정된다.
x 값을 몇 개 고르고, 그 각각에
대응하는 y 값을 계산한다.
0 근처의 양, 음의 정수를 x 값으로
고르면, 계산하기가 훨씬 수월하다.

△ 방정식의 각 항
이 방정식은 세 항으로 구성된다. $-x^2$, $-2x$, $+3$.
각 x 값에 대하여 항별 값을 계산한다. 이때 각각의
수가 양수인지 음수인지에 유의한다. 마지막 항
+3은 x 값과 상관없이 일정하다.

△ x 값에 대응하는 y 값
방정식을 구성하는 세 항을 합산해 각 x 값에
대응하는 y 값을 구한다. 이때 방정식의 항별 값이
양수인지 음수인지 유의한다.

좌변의 이차방정식을 그래프로 그린다. 먼저
표의 x, y 값들을 점으로 찍는다. 예컨대
x=−4일 때 y=−5이다. 이런 값은 좌표가
(−4, −5)인 점으로 나타낸다. 표시한 점들을
잇는 매끈한 곡선을 하나 그린다.

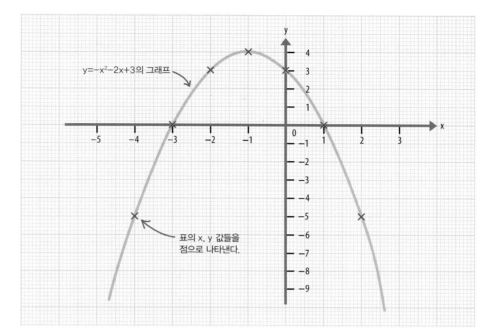

$y=-x^2-2x+3$의 그래프

표의 x, y 값들을
점으로 나타낸다.

우변의 방정식을 그래프로 그린다. y=−5의
그래프는 (0, −5)에서 y축을 지나는 곧은
수평선이다. 두 그래프가 교차하는 점의
x좌표가 방정식 $-x^2-2x+3=-5$의 근이다.

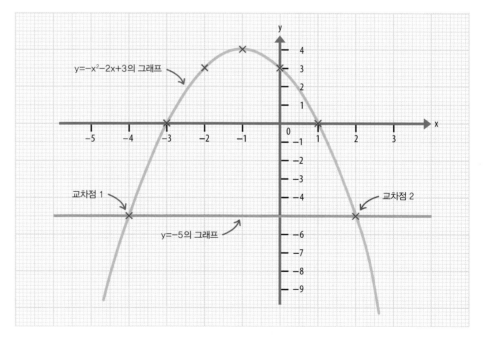

$y=-x^2-2x+3$의 그래프

교차점 1

교차점 2

y=−5의 그래프

이차방정식의 근을 그래프에서 읽어낸다.
근은 두 그래프가 교차하는 두 점의 x좌표,
즉, −4와 2이다.

교차점 1의 좌표   교차점 2의 좌표   방정식의 두 근 중 하나   방정식의 두 근 중 다른 하나

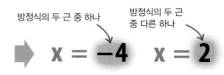

$(-4, -5)$ 와 $(2, -5)$ $x = -4$ $x = 2$

부등식

부등식은 한 수량이 다른 수량과 같지 않음을 나타낼 때 사용합니다.

참조	
34~35 ◁	양수와 음수
172~173 ◁	수식 다루기
180~181 ◁	방정식 풀기

부등호

부등호는 좌변과 우변의 크기가 다름을 나타냅니다. 그리고 양변이 어떻게 다른지를 나타내기도 합니다. 주로 쓰이는 부등호는 다섯 가지인데 두 수가 같지 않음을 나타내는 부등호, 두 수가 어떤 식으로 같지 않은지 나타내는 부등호가 있습니다.

$$x \neq y$$

◁ **같지 않다**
이 부호는 x가 y와 같지 않음을 나타낸다. 예를 들어 3≠4이다.

$$x > y$$

△ **~보다 크다**
이 부호는 x가 y보다 크다는 것을 나타낸다. 예를 들면 7>5이다.

$$x \geqq y$$

△ **크거나 같다**
이 부호는 x가 y보다 크거나 같음을 나타낸다.

$$x < y$$

△ **~보다 작다**
이 부호는 x가 y보다 작다는 것을 나타낸다. 예를 들면 −2<1이다.

$$x \leqq y$$

△ **작거나 같다**
이 부호는 x가 y보다 작거나 같음을 나타낸다.

▽ **부등 수직선**
부등식을 수직선(數直線) 위에 나타낼 수 있다. 빈 원은 '크다(>)'나 '작다(<)'를 의미하고, 채운 원은 '크거나 같다(≧)'나 '작거나 같다(≦)'를 의미한다.

5≦x<8(x는 5와 같거나 5보다 크고 8보다 작다)

x≧9(x는 9보다 크거나 9와 같다)

x<2(x는 2보다 작다)

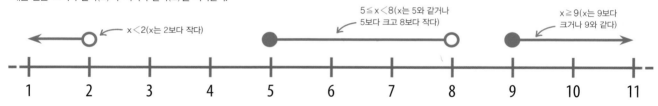

자 세 히 보 기

부등식 연산 법칙

부등식에서도 항들을 재배치할 수 있습니다. 단, 부등식의 양변 모두에 똑같이 연산을 해야 합니다. 그리고 부등식을 음수와 곱하거나 음수로 나누면, 부등호의 방향이 반대로 바뀝니다.

▷ **양수와 곱하거나 양수로 나누기**
부등식을 양수와 곱하거나 양수로 나누면, 부등호의 방향이 바뀌지 않는다.

$$a \geqq 4$$

× +3 → $3a \geqq 12$

부등호의 방향이 그대로 유지된다.

÷ +4 → $\dfrac{a}{4} \geqq 1$

$$x \geqq y$$

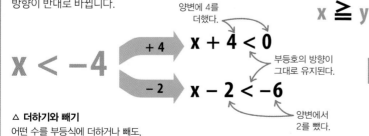

양변에 4를 더했다.

+4 → $x + 4 < 0$

$$x < -4$$

부등호의 방향이 그대로 유지된다.

−2 → $x − 2 < −6$

양변에서 2를 뺐다.

△ **더하기와 빼기**
어떤 수를 부등식에 더하거나 빼도, 부등호의 방향은 바뀌지 않는다.

$$p < 3$$

× −3 → $−3p > −9$

÷ −1 → $−p > −3$

부등호의 방향이 반대로 바뀐다.

△ **음수와 곱하거나 음수로 나누기**
부등식을 음수와 곱하거나 음수로 나누면, 부등호의 방향이 반대로 바뀐다. 이 예에서는 '작다' 부호가 '크다' 부호로 변한다.

부등식 풀기

부등식도 항들을 재배치해 풀 수 있습니다. 단, 부등식의 양변에 똑같은 연산을 해야 합니다.
예컨대 한 변의 상수항을 없애려고 어떤 수를 더하면, 다른 변에도 똑같이 그 수를 더해야 합니다.

이 부등식을 풀려면, 양변에 2를 더한 다음, 3으로 나눠야 한다.

$$3b - 2 \geqq 10$$

이 부등식을 풀려면, 양변에서 3을 뺀 다음, 3으로 나눠야 한다.

$$3a + 3 < 12$$

좌변에 3b만 남겨두려면, −2를 없애야 하므로, 양변에 +2를 더한다.

양변에 2를 더한다. ⟶ 10 + 2 = 12

$$3b \geqq 12$$

3을 빼 3a만 남겨둔다. ⟶ 12 − 3 = 9

$$3a < 9$$

양변에서 3을 빼 좌변에 미지항 하나만 남겨둔다.

부등식을 마저 풀기 위해 양변을 3으로 나눠 좌변에 b만 남겨둔다.

3b를 3으로 나눠 b만 남겨둔다.

$$b \geqq 4 \longleftarrow 12 \div 3 = 4$$

부등식을 마저 풀기 위해 양변을 3으로 나눠 좌변에 a만 남겨둔다. 그 결과가 이 부등식의 답이다.

3a를 3으로 나눠 a만 남겨둔다. ⟶ 9 ÷ 3 = 3

$$a < 3$$

이중 부등식 풀기

이중 부등식을 풀려면, 양쪽의 부등식을 따로따로 다뤄 간단하게 정리한 다음, 두 식을 다시 합쳐 하나의 답으로 만들면 됩니다.

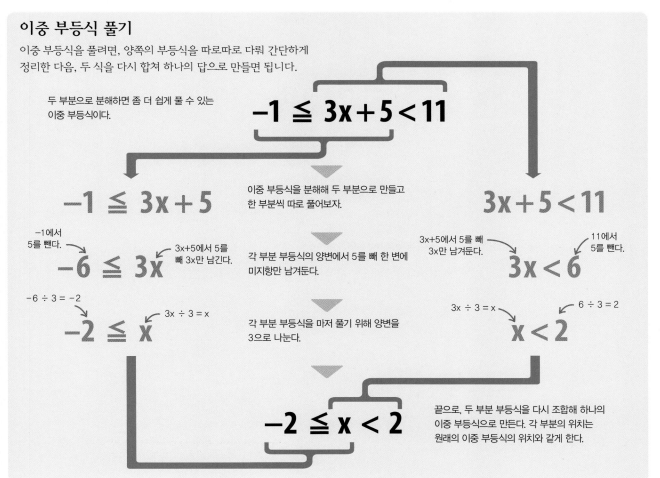

두 부분으로 분해하면 좀 더 쉽게 풀 수 있는 이중 부등식이다.

$$-1 \leqq 3x + 5 < 11$$

$$-1 \leqq 3x + 5$$

이중 부등식을 분해해 두 부분으로 만들고 한 부분씩 따로 풀어보자.

$$3x + 5 < 11$$

−1에서 5를 뺀다.

3x+5에서 5를 빼 3x만 남긴다.

$$-6 \leqq 3x$$

각 부분 부등식의 양변에서 5를 빼 한 변에 미지항만 남겨둔다.

3x+5에서 5를 빼 3x만 남겨둔다.

11에서 5를 뺀다.

$$3x < 6$$

−6 ÷ 3 = −2

3x ÷ 3 = x

$$-2 \leqq x$$

각 부분 부등식을 마저 풀기 위해 양변을 3으로 나눈다.

3x ÷ 3 = x

6 ÷ 3 = 2

$$x < 2$$

$$-2 \leqq x < 2$$

끝으로, 두 부분 부등식을 다시 조합해 하나의 이중 부등식으로 만든다. 각 부분의 위치는 원래의 이중 부등식의 위치와 같게 한다.

통계

통계란 무엇일까?

통계는 자료를 수집하고 정리하고 처리하는 일입니다.

자료를 정리하고 분석하면, 많은 정보를 좀 더 쉽게 이해하는 데 도움이 됩니다.
그래프를 비롯한 시각적인 도표들을 이용하면, 정보를 바로바로 쉽게 이해할 수 있도록
보여줄 수 있습니다.

자료 다루기

자료란 정보이며 곳곳에 대량으로 존재합니다. 예를 들어 설문조사를 하면 많은 양의
자료가 모입니다. 하지만 이 자료들을 단지 나열하는 것만으로는 그 의미를 잘 알 수
없습니다. 이 자료들을 그래프나 도표로 정리하면 이해하기가 훨씬 쉬워집니다.
그래프나 도표는 경향을 분명히 보여주고 자료 분석도 쉽게 할 수 있도록 해줍니다.
원그래프는 각 그래프의 상대적인 크기가 한눈에 보이기 때문에 이해하기 쉽습니다.

계급	수
여교사	10
남교사	5
여학생	66
남학생	19
총인원수	100

△자료 수집하기
수집한 자료는 몇몇 계급으로 정리해놓아야만
효과적으로 분석할 수 있다. 이를 정리하는 데
많이 쓰는 방법 중 하나는 표다. 이 표에는 한
학교의 구성원들이 계급별로 나타나 있다.

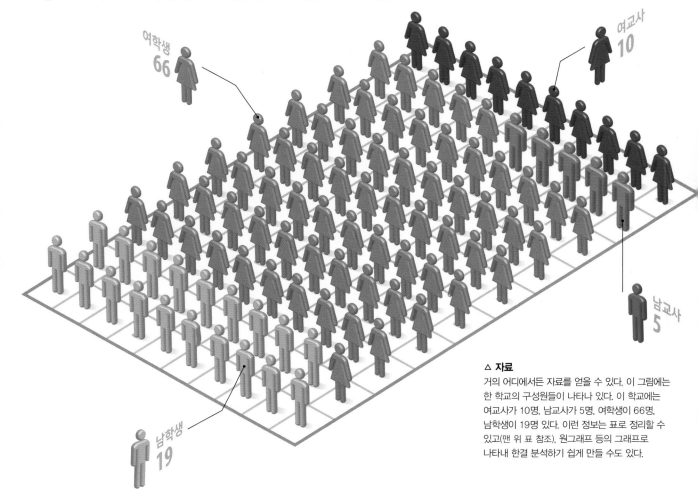

△ 자료
거의 어디에서든 자료를 얻을 수 있다. 이 그림에는
한 학교의 구성원들이 나타나 있다. 이 학교에는
여교사가 10명, 남교사가 5명, 여학생이 66명,
남학생이 19명 있다. 이런 정보는 표로 정리할 수
있고(맨 위 표 참조), 원그래프 등의 그래프로
나타내 한결 분석하기 쉽게 만들 수도 있다.

자료 표시하기

통계 자료를 표시하는 방법은 여러 가지가 있습니다. 표로 보여줄 수도 있고, 그래프 같은 시각적인 도표로 보여줄 수도 있습니다.
막대그래프, 그림그래프, 꺾은선그래프, 원그래프, 히스토그램 등은 자료를 시각적으로 보여주기 위해 아주 많이 사용하는 방법입니다.

계급별 변량 개수

계급	도수
계급 1	4
계급 2	8
계급 3	6
계급 4	4
계급 5	5

△ 자료 표

자료를 표에 적어 넣는 이유는 자료를 범주(계급)별로 정리해서 자료에 나타난 경향을 더 잘 이해시키기 위해서다. 이는 그림그래프, 원그래프 같은 그래프를 그리는 데 이용할 수 있다.

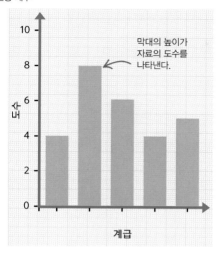

막대의 높이가 자료의 도수를 나타낸다.

△ 막대그래프

막대그래프에서는 자료의 계급을 x축에, 도수를 y축에 나타낸다. 각 막대의 높이는 자료의 계급별 도수를 나타낸다.

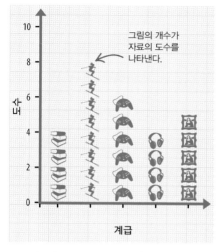

그림의 개수가 자료의 도수를 나타낸다.

△ 그림그래프

그림그래프(픽토그램)는 매우 기초적인 형태의 막대그래프다. 각 그림은 자료의 개수와 내용을 보여준다. 이를테면 음악가와 독서가가 4명임을 알 수 있다.

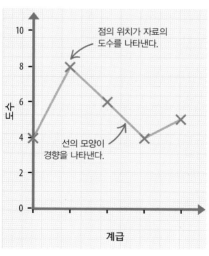
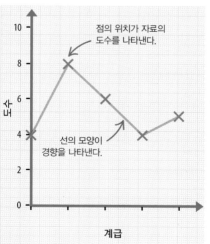

점의 위치가 자료의 도수를 나타낸다.

선의 모양이 경향을 나타낸다.

△ 꺾은선그래프

꺾은선그래프에서는 자료의 계급을 x축에, 도수를 y축에 나타낸다. 점을 찍어서 계급별 도수를 보여주고, 점과 점 사이의 선분으로 경향을 보여준다.

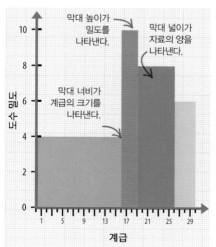

막대 높이가 밀도를 나타낸다.

막대 넓이가 자료의 양을 나타낸다.

막대 너비가 계급의 크기를 나타낸다.

△ 히스토그램

히스토그램에서는 직사각형 블록의 넓이로 계급별 자료 양을 나타낸다. 이런 그래프는 크기가 다양한 계급들의 자료를 보여줄 때 유용하다.

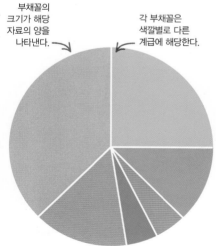

부채꼴의 크기가 해당 자료의 양을 나타낸다.

각 부채꼴은 색깔별로 다른 계급에 해당한다.

△ 원그래프

원그래프에서는 원을 몇몇 부채꼴로 분할해서 계급별 자료 양을 나타낸다. 부채꼴의 크기가 클수록, 해당 자료의 양이 많은 것이다.

자료 수집하고 정리하기

자료는 제시하고 분석하기 전에 먼저 주의깊게 수집하고 정리해야 합니다.

참조	
막대그래프	▷ 206~209
원그래프	▷ 210~211
꺾은선그래프	▷ 212~213

자료란 무엇일까요?

통계에서는 보통 수량의 형태로 수집된 정보를 자료라고 부릅니다. 그런 수량(변량)들을 이해하려면, 자료를 계급별로 분류하고 표나 그래프처럼 쉽게 이해되는 형태로 만들어야 합니다. 아직 정리되지 않은 자료를 원자료라고 부르기도 합니다.

음료 선택지

콜라, 오렌지 주스,

파인애플 주스, 우유,

사과 주스, 물

◁ **질문**
설문지를 만들기 전에 먼저 '어린이들은 어떤 음료를 좋아할까?' 같은 자료 수집용 질문부터 구상해야 한다.

자료 수집하기

자료를 수집하는 일반적인 방법 중 하나는 설문 조사입니다. 설문 조사는 조사대상들에게 각자의 기호, 습관, 의견 등을 주로 설문지 형식으로 물어봅니다. 원자료에 해당하는 그들의 답변은 표와 그래프로 정리할 수 있습니다.

음료 설문지

이 설문지는 어린이들이 좋아하는 음료를 알아보기 위한 것입니다. 해당하는 칸에 x 표를 해주세요.

1) 당신은 남자입니까 여자입니까?

　　[✓] 남자　　　　　[ ] 여자

2) 어떤 음료를 좋아합니까?

답변으로 얻은 정보를 자료로 수집한다.

[ ] 파인애플 주스　　[ ] 오렌지 주스　　[✓] 사과 주스

[ ] 우유　　　　　　[ ] 콜라　　　　　[ ] 기타

3) 그 음료를 얼마나 자주 마십니까?

[ ] 일주일에 한 번 이하　　[✓] 일주일에 두세 번　　[ ] 일주일에 네 번 또는 다섯 번

[ ] 일주일에 여섯 번 이상

▷ **설문지**
설문지는 보통 일련의 선다형 문제로 이루어진다. 각 질문에 대한 답변들은 간단하게 계급별로 분류된다. 이 예에서는 음료별로 자료를 분류할 것이다.

4) 그 좋아하는 음료를 보통 어디에서 삽니까?

[ ] 슈퍼마켓　　　[✓] 편의점　　　[ ] 기타

집계하기

설문 조사 결과는 도표로 정리할 수 있습니다. 오른쪽 표에서 왼쪽 칸은 설문지에서 얻은 자료들의 그룹(계급)을 나타냅니다. 결과를 기록하는 간편한 방법 중 하나는 각각의 답변에 대해 바를 정(正)자를 하나씩 그리는 것입니다. 답변이 나올 때마다 正자의 획을 하나씩 그려나가면 됩니다.

정자를 사용해 수량을 다섯 개씩 묶어 기록하면 도표 읽기가 쉬워진다.

음료	집계
콜라	正一
오렌지 주스	正正一
사과 주스	T
파인애플 주스	一
우유	T
기타	一

△ 집계표
이 집계 도표에는 설문 조사 결과가 正으로 표시되어 있다.

음료	집계	도수
콜라	正一	6
오렌지 주스	正正一	11
사과 주스	T	2
파인애플 주스	一	1
우유	T	2
기타	一	1

△도수 분포표
계급별로 정자 개수를 헤아려 그 결과값(도수)을 다른 칸에 적어 넣어 도수 분포표를 만들 수 있다.

표

계급별 도수를 기록한 표는 매우 유용한 자료 제시 방법 중 하나입니다. 도수 열의 수치들은 그대로 분석할 수도 있고, 그래프를 만드는 데 이용할 수도 있습니다. 도수 분포표에는 좀 더 상세한 정보를 나타내기 위해 열을 더 많이 만들 수도 있습니다.

음료	도수
콜라	6
오렌지 주스	11
사과 주스	2
파인애플 주스	1
우유	2
기타	1

△ 도수 분포표
자료를 하나의 표에 나타낼 수 있다. 이 예에는 각 종류의 음료를 선택한 어린이의 수가 나타나 있다.

음료	남자	여자	총계
콜라	4	2	6
오렌지 주스	5	6	11
사과 주스	0	2	2
파인애플 주스	1	0	1
우유	1	1	2
기타	1	0	1

△ 이원 분할표
이 표에는 자료를 더 세분해서 보여준다. 이 표를 보면 남자, 여자 어린이의 수와 그들의 선호도도 알 수 있다.

편향

설문 조사를 할 때는 경향을 정확히 파악할 수 있도록 다양한 사람들에게 질문하는 것이 중요합니다. 조사대상의 폭이 너무 좁으면 대표성을 띠지 못하며, 특정 답변 쪽으로 치우치는 편향을 보일 수 있습니다.

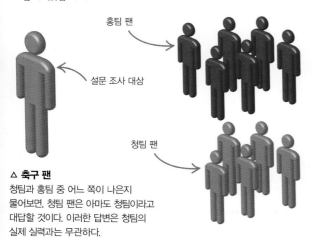

홍팀 팬

설문 조사 대상

청팀 팬

△ 축구 팬
청팀과 홍팀 중 어느 쪽이 나은지 물어보면, 청팀 팬은 아마도 청팀이라고 대답할 것이다. 이러한 답변은 청팀의 실제 실력과는 무관하다.

자 세 히 보 기

자료 기록

날씨, 교통, 인터넷 사용 등의 대량 정보는 기계가 기록합니다. 이러한 자료도 표와 그래프 등으로 정리해 나타내어 좀 더 이해하고 분석하기 쉽게 만들 수 있습니다.

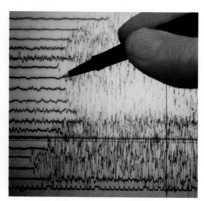

◁ 지진계
지진계는 지진과 관련된 땅의 움직임을 기록한다. 그렇게 수집된 자료를 분석하는 이유는 지진 예측에 도움이 될 만한 패턴을 찾기 위해서다.

막대그래프

막대그래프는 자료를 도표로 나타내는 한 가지 방법입니다.

막대그래프를 이용하면 자료를 시각적으로 나타낼 수 있습니다. 다양한 길이의 막대를 그려서 계급별로 자료의 크기(도수)를 보여주는 것입니다.

참조		
204~205 ◁		자료 수집하고 정리하기
원그래프	▷	210~211
꺾은선그래프	▷	212~213
히스토그램	▷	224~225

막대그래프 이용하기

자료를 도표로 나타내면 목록이나 표의 형태일 때보다 이해하기가 쉬워집니다. 막대그래프에서는 자료를 막대 형태로 보여주는데, 각각의 막대는 계급별 자료를 나타냅니다. 막대의 높이는 계급별 자료의 크기 또는 개수에 해당합니다. 그런 개수를 각 계급의 '도수'라고 합니다. 막대 높이를 보면 정보를 분명하고 빠르게 파악할 수 있는데, 자료의 정확한 도수는 그래프의 세로축에서 확인할 수 있습니다. 막대그래프는 도수 분포표의 정보를 이용해 연필, 자, 그래프용지로 그릴 수 있습니다.

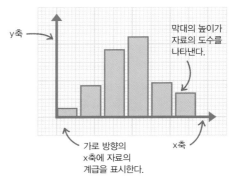

y축

막대의 높이가 자료의 도수를 나타낸다.

가로 방향의 x축에 자료의 계급을 표시한다.

x축

◁ **막대그래프**
막대그래프에서 각 막대는 계급별 자료를 나타낸다. 계급별 자료의 크기(도수)는 해당 막대의 높이로 보여준다.

이 도수 분포표에는 자료의 계급과 계급별 자료의 크기(도수)가 나타나 있다.

막대그래프를 그리려면, y축으로 삼을 세로축과 x축으로 삼을 가로축을 하나씩 그리고 적당한 범위로 눈금을 표시한다.

이용자 나이	도수
15세 미만	3
15–19	12
20–24	26
25–29	31
30–34	13
35세 이상	6

연령대는 가로 방향의 x축에 표시한다.

도수는 세로 방향의 y축에 표시한다.

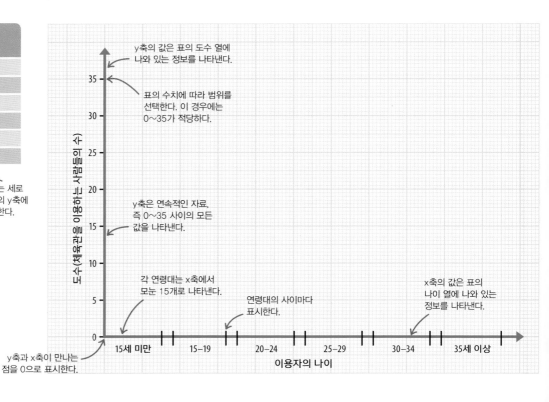

y축의 값은 표의 도수 열에 나와 있는 정보를 나타낸다.

표의 수치에 따라 범위를 선택한다. 이 경우에는 0~35가 적당하다.

y축은 연속적인 자료, 즉 0~35 사이의 모든 값을 나타낸다.

각 연령대는 x축에서 모눈 15개로 나타낸다.

연령대의 사이마다 표시한다.

x축의 값은 표의 나이 열에 나와 있는 정보를 나타낸다.

y축과 x축이 만나는 점을 0으로 표시한다.

도수(체육관을 이용하는 사람들의 수)

이용자의 나이

표에서 첫 번째 계급의 도수인 3을 y축에서 찾아 표시한다. x축에서 첫 번째 계급 구간만큼 수평선을 긋는다. 그다음 두 번째 도수 12를 두 번째 연령대 구간에 선을 긋는다. 나머지 도수도 모두 이런 식으로 선분을 긋는다.

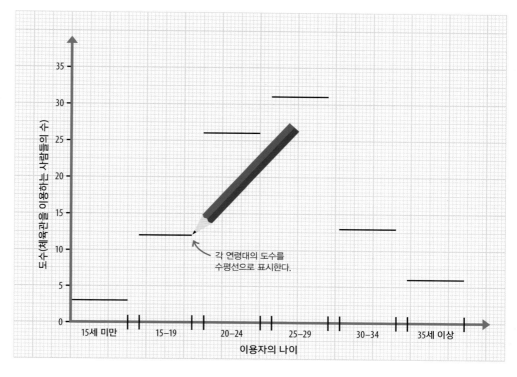

각 연령대의 도수를 수평선으로 표시한다.

위에서 그린 수평선의 양 끝점에서 x축으로 수직선을 긋는다. 이렇게 선을 그으면 막대 모양이 나타날 것이다. 막대 안에 색을 넣으면 한눈에 구분하기 쉬워진다.

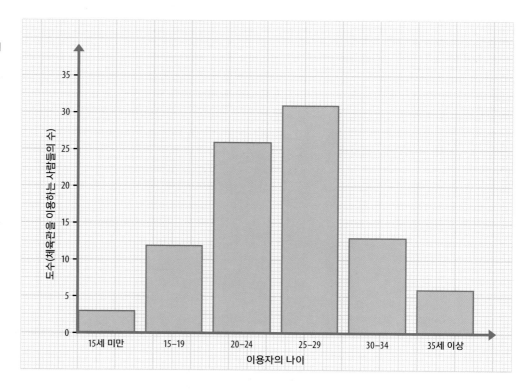

다양한 종류의 막대그래프

자료를 막대그래프로 나타내는 방법은
몇 가지가 있습니다. 막대를 수평 방향으로
그릴 수도 있고, 삼차원 블록으로 그릴 수도
있고, 둘씩 묶어서 그릴 수도 있습니다.
어떤 종류든 막대의 크기는 계급별 자료의
크기(도수)를 나타냅니다.

취미	도수(어린이 수)
독서	25
운동	45
컴퓨터게임	30
음악	19
수집	15

◁ **자료 표**
이 도수 분포표는 어린이들의
취미에 대해 조사한 결과가
나타나 있다.

▷ **가로막대그래프**
가로막대그래프에서는 막대를
세로가 아닌 가로 방향으로 그린다.
계급별 어린이 수, 즉 도수는 가로
방향의 x축에서 읽을 수 있다.

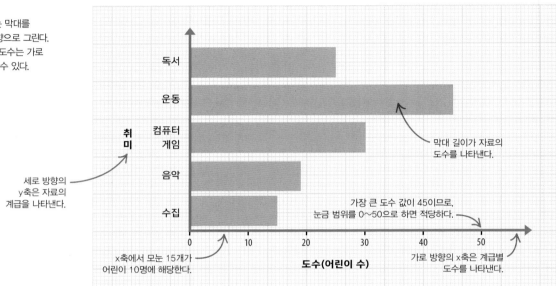

세로 방향의
y축은 자료의
계급을 나타낸다.

막대 길이가 자료의
도수를 나타낸다.

가장 큰 도수 값이 45이므로,
눈금 범위를 0~50으로 하면 적당하다.

x축에서 모눈 15개가
어린이 10명에 해당한다.

가로 방향의 x축은 계급별
도수를 나타낸다.

▷ **삼차원막대그래프**
이런 막대그래프의 삼차원 블록은
시선을 더 끌긴 하지만, 오해를
불러일으킬 수도 있다. 원근법 때문에
블록의 맨 윗면이 도수 값을
나타내는 것처럼 보일 수 있기
때문이다. 실제 값은 블록의 앞
모서리로 읽는다.

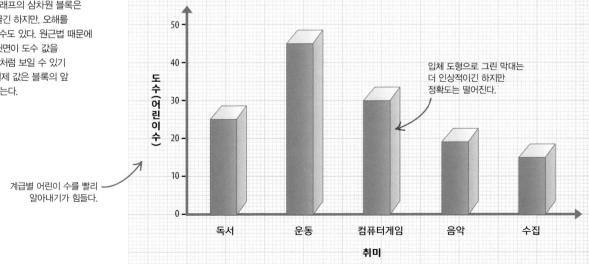

입체 도형으로 그린 막대는
더 인상적이긴 하지만
정확도는 떨어진다.

계급별 어린이 수를 빨리
알아내기가 힘들다.

다중막대그래프와 복합막대그래프

자료를 더 세분한 경우에는 다중막대그래프나
복합막대그래프를 이용합니다.
다중막대그래프에서는 하위 계급별
막대들을 옆으로 나란히 붙여서 그립니다.
복합막대그래프에서는 하위 계급별 막대들을
위아래로 붙여 하나의 막대로 그립니다.

취미	남자	여자	총도수
독서	10	15	25
운동	25	20	45
컴퓨터게임	20	10	30
음악	10	9	19
수집	5	10	15

◁ **자료 표**
이 도수 분포표는
어린이들의 취미에 대한
설문 조사 결과가 남녀별로
세분되어 나타나 있다.

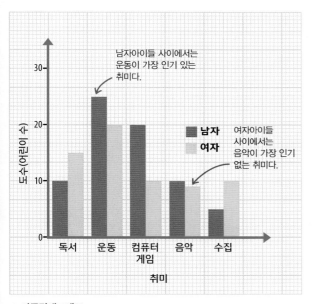

남자아이들 사이에서는
운동이 가장 인기 있는
취미다.

남자
여자

여자아이들
사이에서는
음악이 가장 인기
없는 취미다.

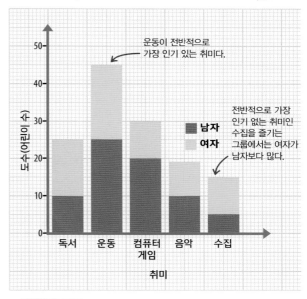

운동이 전반적으로
가장 인기 있는 취미다.

남자
여자

전반적으로 가장
인기 없는 취미인
수집을 즐기는
그룹에서는 여자가
남자보다 많다.

△ **다중막대그래프**
다중막대그래프는 계급마다 두 개 이상의 색 막대가 있다.
서로 다른 색의 막대들은 각각 하위 계급을 나타낸다.
어느 색깔이 어떤 계급을 나타내는지 알 수 있다.

△ **복합막대그래프**
복합막대그래프에서는 두 개 이상의 하위 계급별 자료를
위아래로 붙여 하나의 막대로 나타낸다. 이 그래프는
계급별 총도수도 보여줄 수 있다는 장점이 있다.

도수 분포 다각형

막대그래프와 같은 정보를 막대가 아닌 선으로
나타내는 것을 도수 분포 다각형이라고 합니다.
이 선은 막대 윗변의 중점들을 연결합니다.

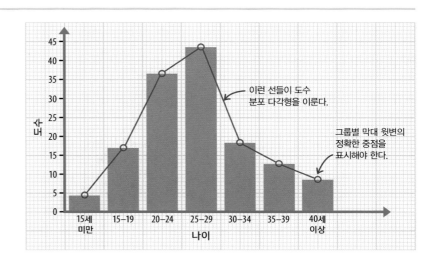

이런 선들이 도수
분포 다각형을 이룬다.

그룹별 막대 윗변의
정확한 중점을
표시해야 한다.

▷ **도수 분포 다각형 그리기**
그룹별(이 경우에는 연령대별) 막대의 윗변 중점을 표시한다.
그 점들을 선으로 연결한다.

원그래프

원그래프는 자료를 시각적으로 제시하는 데 유용한 방법입니다.

원그래프에서는 원을 몇몇 부채꼴로 나눈 모양으로 자료를 보여줍니다.
각각의 부채꼴은 자료의 다른 부분을 나타냅니다.

참조	
84~85 ◁	각
150~151 ◁	호와 부채꼴
204~205 ◁	자료 수집하고 정리하기
206~209 ◁	막대그래프

왜 원그래프를 사용할까?

원그래프를 자료 제시 방법으로 많이 사용하는 까닭은
정보가 한눈에 쏙쏙 들어오기 때문입니다. 각 부채꼴의
크기를 보면 계급별 자료의 상대적 크기가 분명히
파악되므로 자료를 쉽고 빠르게 비교할 수 있습니다.

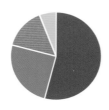

◁ 원그래프 해석하기
원그래프가 몇몇 부채꼴로 나누어져 있으면, 정보를
이해하기가 쉽다. 이 예에서는 빨간 부분이 가장 큰
계급별 자료를 나타낸다는 사실을 분명히 알 수 있다.

자료 식별하기

원그래프의 부채꼴별 크기, 즉 중심각을
계산하는 데 필요한 정보를 얻기 위해
도수 분포표를 만듭니다. 이 표에서는
계급별로 자료를 식별하여 계급별 자료의
크기(도수)와 전체 자료의 크기(총도수)를
모두 보여줍니다.

접속 국가	자료의 도수
영국	375
미국	250
오스트레일리아	125
캐나다	50
중국	50
기타	150
총도수	1,000

◁ 도수 분포표
이 표에는 어떤 웹사이트에 어떤 나라가
얼마나 접속하는가가 나타나 있다.

'자료의 도수'는
국가별로 나뉘어 있다.

국가별 자료를 이용해
각 부채꼴의 크기를
계산한다.

총도수는 이 모든
나라에서 해당 웹사이트에
접속한 총횟수다.

▽ 각도 계산하기

원그래프의 부채꼴별 중심각을 알아내려면, 도수
분포표에 나와 있는 정보를 이 공식에 대입하면
된다.

$$각도 = \frac{계급별\ 도수}{총도수} \times 360°$$

예를 들어봅시다.

영국의 접속 횟수
분자를 분모로 나눈다.
부채꼴 중심각

$$영국의\ 각도 = \frac{375}{1,000} \times 360° = 135°$$

접속 총횟수

영국

135°

나머지 부채꼴의 중심각도 마찬가지 방법으로 계산한다. 즉, 도수 분포표에
나와 있는 국가별 자료를 이 공식에 대입하는 것이다. 모든 부채꼴의
중심각을 합하면, 원 전체를 이루는 각도인 360°가 되어야 한다.

$$캐나다 = \frac{50}{1,000} \times 360 = 18°$$

$$미국 = \frac{250}{1,000} \times 360 = 90°$$

$$중국 = \frac{50}{1,000} \times 360 = 18°$$

$$오스트레일리아 = \frac{125}{1,000} \times 360 = 45°$$

$$기타 = \frac{150}{1,000} \times 360 = 54°$$

원그래프 그리기

원그래프를 그리려면, 원을 그릴 컴퍼스,
각도를 정확하게 잴 각도기, 부채꼴의
반지름을 그을 자가 필요합니다.

중심점

먼저 컴퍼스를 이용해 원을 하나
그린다(82~83쪽 참조).

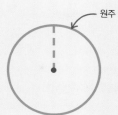

원주

그 원의 중심점에서 원주
(원의 둘레) 위의 한 점으로
선분을 하나 긋는다.

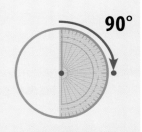

90°

선분에서 부채꼴의 중심각을
잰다. 해당 각을 원둘레 위에
표시한다. 원의 중심에서 그
표시까지 선을 긋는다.

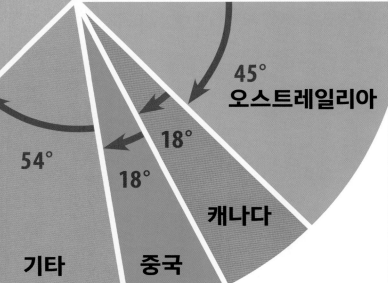

미국

90°

45°
오스트레일리아

18°

18°

54°

기타   **중국**   **캐나다**

◁ **완성된 원그래프**

원 안에 각 부채꼴을 그린 다음에는
필요하면 각 부분에 이름을 붙이고 색깔을
넣을 수도 있다. 중심각을 합하면 360°가
되므로, 부채꼴들은 모두 원에 꼭 맞게
들어간다.

자 세 히 보 기

항목 이름 쓰는 법

원그래프의 각 부분에 이름을 표시하는 방법은 세 가
지가 있습니다. 주석(a, b), 라벨(c, d), 기호 풀이(e, f)입
니다. 주석과 기호 풀이는 부채꼴이 너무 작아서 이름
을 써넣기 힘들 때 유용한 방법입니다.

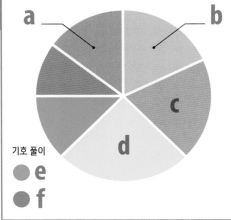

a   b

c

d

기호 풀이

e

f

꺾은선그래프

꺾은선그래프는 꺾인 선으로 자료의 변화 등을 보여줍니다.

참조	
182~185 ◁	일차방정식 그래프
204~205 ◁	자료 수집하고 정리하기

꺾은선그래프는 이해하기 쉬운 형태로 정보를 정확하게 제시하는 방법입니다.
이런 그래프는 시간의 흐름에 따른 양의 변화를 나타내는 데 특히 유용합니다.

꺾은선그래프 그리기

연필, 자, 그래프용지만 있으면 꺾은선그래프를 그릴 수 있습니다.
먼저 표에 나오는 자료를 좌표평면에 점으로 표시한 다음, 그 점들을 선분으로 연결하면 됩니다.

요일	일조 시간
월요일	12
화요일	9
수요일	10
목요일	4
금요일	5
토요일	8
일요일	11

이 표는 요일별로 일조시간을 표시한 것이다. 이 자료를 그래프로 그려보자.

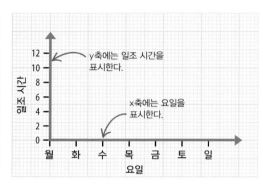

한 쌍의 좌표축을 긋는다. x축에는 요일로 눈금을 매기고 y축에는 일조 시간으로 눈금을 매긴다.

x축의 월요일에서 y축 방향으로 올라가 첫 번째 수치를 표시한다. 나머지 각 요일에 대해서도 마찬가지로 x축에서 수직으로 올라가고 y축에서 수평으로 가서 만나는 곳에 점을 찍는다.

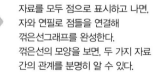

자료를 모두 점으로 표시하고 나면, 자와 연필로 점들을 연결해 꺾은선그래프를 완성한다. 꺾은선의 모양을 보면, 두 가지 자료 간의 관계를 분명히 알 수 있다.

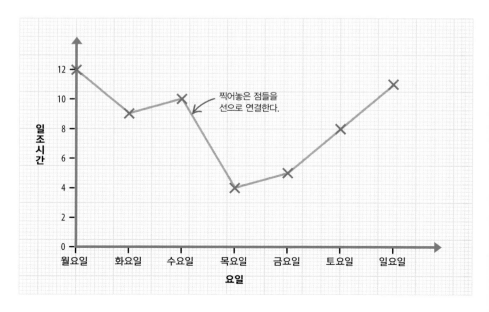

찍어놓은 점들을 선으로 연결한다.

꺾은선그래프 해석하기

이 그래프에는 24시간 동안의 기온 변화가 나타나 있습니다. 하루 중 특정 시각의 기온을
알아내려면, x축에서 그 시각을 찾고 선까지 올라간 다음, y축까지 가서 값을 확인하면 됩니다.

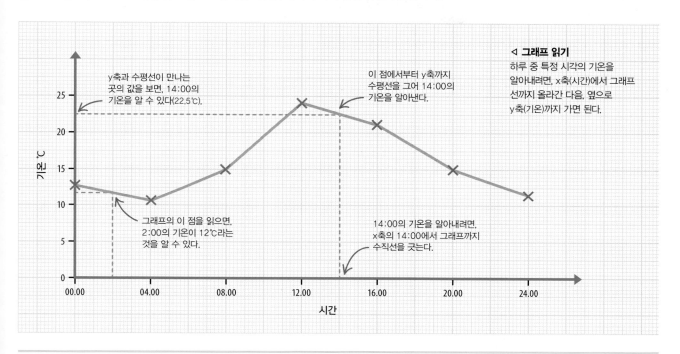

y축과 수평선이 만나는
곳의 값을 보면, 14:00의
기온을 알 수 있다(22.5℃).

이 점에서부터 y축까지
수평선을 그어 14:00의
기온을 알아낸다.

◁ **그래프 읽기**
하루 중 특정 시각의 기온을
알아내려면, x축(시간)에서 그래프
선까지 올라간 다음, 옆으로
y축(기온)까지 가면 된다.

그래프의 이 점을 읽으면,
2:00의 기온이 12℃라는
것을 알 수 있다.

14:00의 기온을 알아내려면,
x축의 14:00에서 그래프까지
수직선을 긋는다.

누적 도수 분포도

누적 도수 분포도는 꺾은선그래프의 일종으로, 해당 계급까지
도수를 차례로 합한 누적 도수를 보여줍니다. 누적 도수 분포도의
점들을 선으로 연결하면 보통 'S'자 모양이 생기는데,
S자형 꺾은선에서는 부분별 기울기가 해당 계급 도수의 상대적
크기를 나타냅니다.

몸무게에 따른 구분

도수는 계급에
포함되는 사람 수

누적 도수는
도수의 합이다.

몸무게(kg)	도수	누적 도수
40 미만	3	3
40–49	7	10 (3+7)
50–59	12	22 (3+7+12)
60–69	17	39 (3+7+10+17)
70–79	6	45 (3+7+10+17+6)
80–89	4	49 (3+7+10+17+6+4)
90 이상	1	50 (3+7+10+17+6+4+1)

◁ **누적 도수**
누적 도수는 처음
계급부터 해당
계급까지 계급별
도수를 차례로
더한 값이다.

누적 도수를 좌표평면에 점으로 표시한다.

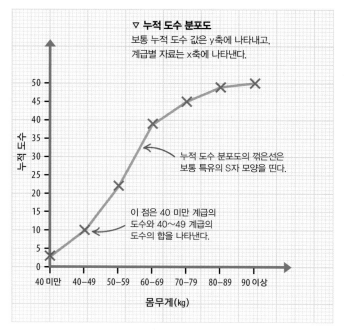

▽ **누적 도수 분포도**
보통 누적 도수 값은 y축에 나타내고,
계급별 자료는 x축에 나타낸다.

누적 도수 분포도의 꺾은선은
보통 특유의 S자 모양을 띤다.

이 점은 40 미만 계급의
도수와 40~49 계급의
도수의 합을 나타낸다.

4,5,6 대푯값

대푯값은 어떤 자료를 대표하는 평균적인 값을 말합니다.

참조
204~205 ◁ 자료 수집하고 정리하기
이동 평균 ▷ 218~219
분포 측정하기 ▷ 220~223

대푯값의 종류

대푯값으로 주로 쓰이는 것은 평균값(평균), 중앙값, 최빈값입니다.
세 가지 값은 저마다 자료에 대해 조금씩 다른 정보를 나타냅니다.
일상생활에서는 평균값이 가장 많이 쓰이는데, 여기서 '평균'은 보통
산술 평균을 의미합니다.

최빈값

최빈값은 자료에서 가장 자주 나타나는 수치입니다.
자료를 크기 순서대로(작은 수에서 큰 수 순서로) 나열하면,
최빈값을 찾기가 쉬워집니다. 두 개 이상의 값이 같은 수로
나타나기도 하므로 최빈값이 두 개 이상일 수도 있습니다.

150, 160, 170, 180, 180

이 색이 가장 자주 나타나므로 최빈값에 해당한다.

대푯값을 알아내려면, 자료를 크기 순서대로 늘어놓는다.

◁ **최빈값에 해당하는 색**
이 예에 나와 있는 자료는 색색의 사람 모양이다. 분홍색 사람들이 가장 자주 나타나므로, 분홍색이 최빈값인 셈이다.

150, 160, 170, **180, 180**

이 목록에서는 180이 두 번 나타나 어떤 다른 수치보다도 도수가 크므로 최빈값, 즉 가장 자주 나타나는 수치이다.

▷ **키의 대푯값**
다섯 명의 키를 자료 목록으로 정리할 수 있다. 이 목록에서 세 가지 대푯값, 즉 평균값, 중앙값, 최빈값을 구할 수 있다.

최빈값 목록에서 가장 자주 나타나는 수치
중앙값 목록에서 한가운데 있는 수치
평균값 목록의 수치의 합을 수치의 개수로 나눈 값(168cm)

가장 작은 사람의 키는 150cm이다.

이 사람의 키는 160cm로, 평균보다 작다.

이 사람의 키는 170cm이다. 170cm가 중앙값이다.

키가 180cm인 두 사람 중 한 명이다. 180cm가 최빈값이다.

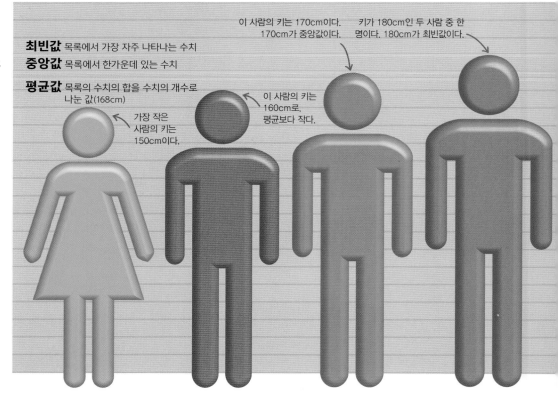

평균값

평균값은 자료에 나와 있는 모든 수치의 합을 수치의 총개수로 나눈 값입니다. 이를 산술 평균이라고 하는데, 보통 '평균'이라고 합니다. 평균값을 구할 때는 간단한 공식을 이용합니다.

$$평균값 = \frac{수치의\ 총합}{수치의\ 개수}$$

평균값을 구하는 공식

자료를 적당히 늘어놓는다. 그리고 목록에서 수치의 개수를 센다. 이 예에서는 수치가 다섯 개 있다.

150, 160, 170, 180, 180

목록에 수치가 다섯 개 있다.

목록의 수치들을 모두 더해 수치의 총합을 구한다. 이 예에서는 총합이 840이다.

수치들을 합산한다.   수치의 총합

$$150 + 160 + 170 + 180 + 180 = 840$$

수치의 총합(840)을 수치의 개수(5)로 나눈다. 그 답인 168이 이 목록의 평균값이다.

수치의 총합

$$\frac{840}{5} = 168$$

수치의 개수

168이 평균값이다.

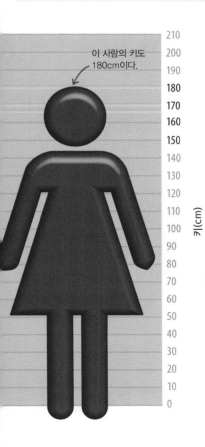

이 사람의 키도 180cm이다.

210
200
190
180
170
160
150
140
130
120
110
100
90
80
70
60
50
40
30
20
10
0

키(cm)

중앙값

중앙값은 자료를 크기 순서대로 늘어놓았을 때 한가운데 있는 값입니다. 수치가 다섯 개인 목록에서는 세 번째 값입니다. 수치가 일곱 개인 목록에서는 네 번째 값이 될 것입니다.

중앙값은 한가운데 있는 값이다. 이 경우는 주황색 사람 모양에 해당한다.

먼저 자료를 크기 순서대로(작은 수에서 큰 수 순서로) 나열한다.

170, 180, 180, 160, 150

수치가 다섯 개 있는 이 목록에서는 세 번째 수치가 중앙값이다.

수치의 개수가 홀수인 목록에서 중앙값은 한가운데의 수치다.

150, 160, **170**, 180, 180

자 세 히 보 기

개수가 짝수인 수치들의 중앙값

수치의 개수가 짝수인 목록에서 중앙값은 가운데의 두 수치를 이용해 계산합니다. 수치가 여섯 개인 목록에서는 세 번째 및 네 번째 수치가 이에 해당합니다.

세 번째 수치   네 번째 수치

150, 160, **170**, **180**, 180, 190

가운데 수치

▷ **중앙값 계산하기**
가운데 두 수치의 합을 2로 나누면 중앙값을 구할 수 있다.

중앙값

$$\frac{170 + 180}{2} = \frac{350}{2} = 175$$

도수 분포표 다루기

평균과 관련된 자료는 도수 분포표라는 형태로 제시될 때가 많습니다.
도수 분포표는 자료에서 특정 수치(변량)가 얼마나 자주 나타나는지(도수)를 보여줍니다.

도수 분포표를 이용해 중앙값 구하기

도수 분포표로 중앙값을 구하는 과정은 총도수가 홀수인지 짝수인지에 따라 달라집니다.

다음은 어떤 시험에서 나온 점수와, 그 점수로
작성한 도수 분포표다.

20, 20, 18, 20, 18, 19, 20, 20, 20

점수	도수
18	2
19	1 (2 + 1 = 3)
20	6 (3 + 6 = 9)
	9

각 점수가 나타나는 횟수

중앙 도수(목록의 다섯 번째 수치와 관련된 도수)

점수의 중앙값

총도수

총도수 9가 홀수이므로, 중앙값을 구하려면 총도수와 1의 합을
2로 나누면 된다. 그러면 5가 나온다. 이는 다섯 번째 수치가
중앙값이라는 뜻이다. 오른쪽 열에서 도수를 더하며 내려가다가,
다섯 번째 수치가 포함된 행에서 멈춘다. 점수의 중앙값은 20이다.

다음은 어떤 시험에서 나온 점수와,
그 점수로 작성한 도수 분포표다.

18, 17, 20 19, 19, 18, 19, 18

점수	도수
17	1
18	3 (1 + 3 = 4)
19	3 (4 + 3 = 7)
20	1 (7 + 1 = 8)
총도수	8

네 번째 수치와 관련된 도수

다섯 번째 수치와 관련된 도수

총도수 8이 짝수이므로, 목록의
가운데에 값이 두 개 있다(네 번째와
다섯 번째). 오른쪽 열에서 도수를
더하며 내려가 두 수치를 찾는다.

▽ 짝수인 총도수
총도수가 짝수일 때 중앙값은
가운데 두 수치로 계산한다.

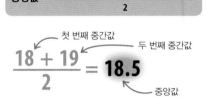

$$중앙값 = \frac{첫\ 번째\ 중간값 + 두\ 번째\ 중간값}{2}$$

$$\frac{18 + 19}{2} = 18.5$$

가운데의 두 수치(네 번째와 다섯 번째)는 각각
점수 18과 19에 해당한다. 중앙값은 두 점수의
평균값이므로, 둘의 합을 2로 나눈다. 점수의
중앙값은 18.50이다.

도수 분포표를 이용해 평균값 구하기

도수 분포표로 평균값을 구하려면, 자료의 총합과 총도수를 계산해야 합니다.
다음은 어떤 시험에서 나온 점수와, 그런 점수로 작성한 도수 분포표입니다.

16, 18, 20, 19, 17, 19, 18, 17, 18, 19, 16, 19

점수	도수
16	2
17	2
18	3
19	4
20	1

수치의 계급

도수는 각 점수가 나온 횟수를 나타낸다.

점수	도수	총점(점수×도수)
16	2	16×2=32
17	2	17×2=34
18	3	18×3=54
19	4	19×4=76
20	1	20×1=20
	12	216

도수를 모두 더해 총도수를 얻는다.

전체 총점

$$평균값 = \frac{수치의\ 총합}{수치의\ 개수}$$

전체 총점

총도수

전체 총점

$$216 \div 12 = 18$$

총도수   점수의 평균값

해당 자료를 도수 분포표로
정리한다.

각 점수와 해당 도수를 곱해 계급별 총점을 구한다. 계급별
총점을 모두 더하면 전체 총점, 즉 수치의 총합이 된다.

평균값을 구하려면, 수치의 총합(전체 총점)을
수치의 개수(총도수)로 나누면 된다.

구간의 평균값 구하기

구간을 설정해 계급별로 모아놓은 자료는, 수치의 총합을 계산할 정보가 충분하지 않으므로, 평균값을 추정하여 구할 수 있습니다.

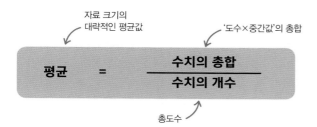

$$ 평균 = \frac{수치의\ 총합}{수치의\ 개수} $$

자료 크기의 대략적인 평균값 ↗ '도수×중간값'의 총합 ↗
↘ 총도수

구간의 자료에서 수치의 총합을 구하려면, 계급별 중간값을 찾아 해당 도수와 곱해야 합니다. 각각의 계급별 결과값을 합산하면, '도수×중간값'의 총합이 나옵니다. 이 총합을 수치의 총개수(총도수)로 나누면, 평균을 구할 수 있습니다. 아래의 예에는 어떤 시험에서 나온 점수들이 나타나 있습니다.

가중 평균

구간의 자료 안에서 몇몇 개별적 수치가 다른 개별적 수치보다 평균에 영향을 더 많이 미치면, '가중' 평균이 나옵니다.

그룹별 학생 수	15	20	22
시험 평균 점수	18	17	13

학생 수×평균 점수 학생 수×평균 점수 학생 수×평균 점수

$$ \frac{(15 \times 18) + (20 \times 17) + (22 \times 13)}{15 + 20 + 22} = 15.72 $$

이 세 수치의 합은 학생들의 총수다. ↗ 가중 평균

△ **가중 평균 구하기**

그룹별 학생 수와 해당 평균 점수의 곱을 모두 합산한다. 그리고 그 합을 학생의 총수로 나누면, 가중 평균이 나온다.

점수	도수
50 미만	2
50–59	1
60–69	8
70–79	5
80–89	3
90–99	1

점수	도수	중간값	도수×중간값
50 미만	2	25	2 × 25 = 50
50–59	1	54.5	1 × 54.5 = 54.5
60–69	8	64.5	8 × 64.5 = 516
70–79	5	74.5	5 × 74.5 = 372.5
80–89	3	84.5	3 × 84.5 = 253.5
90–99	1	94.5	1 × 94.5 = 94.5
	20		**1,341**

↑ 총도수 ↑ '도수×중간값'의 총합

'도수×중간값'의 총합 ↘

$$ \frac{1,341}{20} = 67.05 $$

↑ 총도수 ↗ 평균 점수의 추정치

계급별 중간값을 구하려면, 그 구간별 최고치와 최저치의 합을 2로 나누면 된다. 예컨대 90~99점 계급의 중간값은 94.5이다.

▶ 계급별로 중간값과 도수를 곱해서 그 결과값을 새 열에 적어 넣는다. 그리고 이 결과값들을 모두 더해 '도수×중간값'의 총합을 구한다.

▶ '도수×중간값'의 총합을 총도수로 나누면, 평균 점수의 추정치가 나온다. 이 값이 추정치인 이유는 계급별로 점수의 범위만 제시돼 있어서 정확한 점수를 모르기 때문이다.

최빈 계급

도수 분포표에 구간의 자료가 나와 있으면, 최빈값(계급 안에서 가장 자주 나타나는 값)을 구할 수 없습니다. 하지만 그 표에서 도수가 가장 높은 계급을 찾기는 쉽습니다. 그런 계급을 최빈 계급이라고 합니다.

▷ **둘 이상의 최빈 계급**

표에서 가장 높은 도수가 두 개 이상의 계급에 있으면, 최빈 계급이 둘 이상 있는 것이다.

점수	0–25	26–50	51–75	76–100
도수	2	6	8	8

최빈 계급 ↗

이동 평균

이동 평균은 특정 기간에 나타난 자료의 전반적인 추세를 보여줍니다.

이동 평균이란?

어떤 기간에 걸쳐 자료를 수집하면, 수치가 눈에 띄게 오르내리는 것이 있습니다. 이동 평균, 즉 특정 기간에 대한 평균은 오르내리는 자료의 전반적인 추세를 보여줍니다.

이동 평균을 꺾은선그래프 위에 나타내기

표에서 자료를 얻으면, 시간에 따른 개별적 수치의 변화를 꺾은선그래프로 나타낼 수 있습니다. 또한 이동 평균도 계산할 수 있고, 그 꺾은선그래프 위에 이동 평균의 꺾은선그래프도 나타낼 수 있습니다.

이 표에는 2년간의 아이스크림 판매량이 분기별로 나와 있다. 분기별 수치는 아이스크림이 몇 천 개 팔렸는지를 나타낸다.

분기	첫해				둘째 해			
	1	2	3	4	5	6	7	8
판매량(단위: 천 개)	1.25	3.75	4.25	2.5	1.5	4.75	5.0	2.75

△ **자료 표**
판매량을 y축에 분기 단위의 시간을 x축에 표시해서 꺾은선그래프로 나타낼 수 있다.

▷ **판매량 그래프**
이 판매량 그래프는 분기별 변화를 보여주는데(분홍색 선), 이동 평균(연두색 선)은 2년간의 추세를 보여준다.

현 실 세 계

계절성

계절성은 자료가 계절에 따라 규칙적으로 변화하는 특성을 이르는 말입니다. 그런 계절적 변동은 날씨 때문에 일어나기도 하고, 크리스마스나 명절 같은 연례 연휴 기간 때문에 일어나기도 합니다. 이를테면 소매 판매량은 크리스마스 기간에 즈음해서 으레 정점에 이르렀다가 여름 휴가철에 뚝 떨어집니다.

▷ **아이스크림 판매량**
아이스크림 판매량은 보통 뻔한 계절적 패턴을 따른다.

이동 평균 계산하기

표에 나와 있는 수치를 이용하면, 분기별로 평균을 계산해서, 이동 평균을 그래프로 나타낼 수 있습니다.

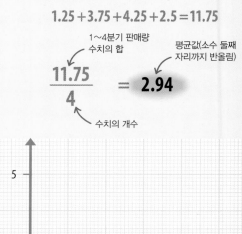

1~4분기 평균
첫해의 네 수치의 평균을 계산한다. 그 결과값을 그래프에서 분기별 구간 중앙에 표시한다.

$$1.25 + 3.75 + 4.25 + 2.5 = 11.75$$

1~4분기 판매량 수치의 합

평균값(소수 둘째 자리까지 반올림)

$$\frac{11.75}{4} = 2.94$$

수치의 개수

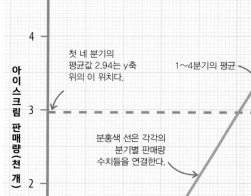

첫 네 분기의 평균값 2.94는 y축 위의 이 위치에 있다.

1~4분기의 평균

분홍색 선은 각각의 분기별 판매량 수치들을 연결한다.

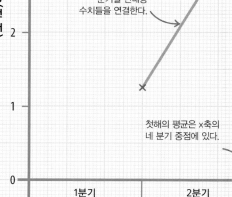

첫해의 평균은 x축의 네 분기 중점에 있다.

(y축: 아이스크림 판매량(천 개))

1분기 2분기

첫해

◁ **평균값 계산하기**
이 공식을 이용해서 네 분기별로
평균을 구해보자.

$$\text{평균값} \atop (\text{산술 평균}) = \frac{\text{수치의 총합}}{\text{수치의 개수}}$$

2~5분기 평균
2~5분기의 네 수치의 평균을
계산한다. 그 결과값을 그래프에서
분기별 구간 중앙에 표시한다.
$$3.75 + 4.25 + 2.5 + 1.5 = 12$$

2~5분기 판매량
수치의 합

$$\frac{12}{4} = 3$$ ← 평균값

수치의 개수

3~6분기 평균
3~6분기의 네 수치의 평균을 계산한다.
그 결과값을 그래프에서 분기별 구간
중앙에 표시한다.
$$4.25 + 2.5 + 1.5 + 4.75 = 13$$

3~6분기 판매량
수치의 합

$$\frac{13}{4} = 3.25$$ ← 평균값

수치의 개수

4~7분기 평균
4~7분기의 네 수치의 평균을 계산한다.
그 결과값을 그래프에서 분기별 구간
중앙에 표시한다.
$$2.5 + 1.5 + 4.75 + 5 = 13.75$$

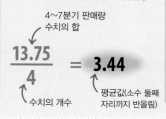

4~7분기 판매량
수치의 합

$$\frac{13.75}{4} = 3.44$$ ← 평균값(소수 둘째
자리까지 반올림)

수치의 개수

5~8분기 평균
5~8분기의 평균을 계산한다.
그 결과값을 그래프에 표시하고,
지금까지 표시한 모든 점을 연결한다.
$$1.5 + 4.75 + 5 + 2.75 = 14$$

5~8분기 판매량
수치의 합

$$\frac{14}{4} = 3.5$$ ← 평균값

수치의 개수

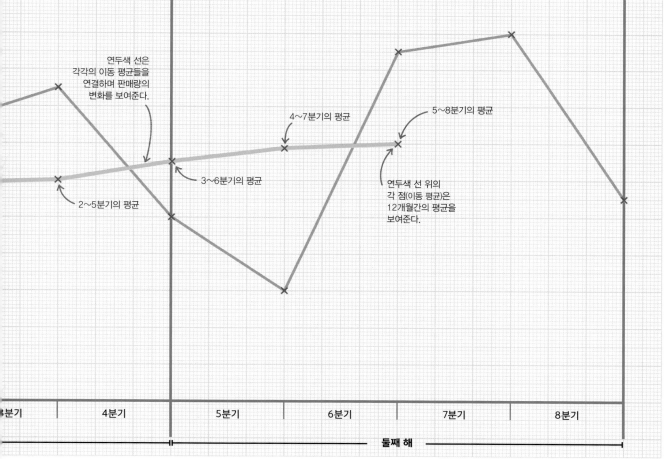

연두색 선은
각각의 이동 평균들을
연결하며 판매량의
변화를 보여준다.

4~7분기의 평균

5~8분기의 평균

3~6분기의 평균

2~5분기의 평균

연두색 선 위의
각 점(이동 평균)은
12개월간의 평균을
보여준다.

3분기 | 4분기 | 5분기 | 6분기 | 7분기 | 8분기

둘째 해

분포 측정하기

참조	
204~205 ◁	자료 수집하고 정리하기
히스토그램 ▷	224~225

분포는 자료의 범위를 보여줄 뿐만 아니라, 대푯값만 있을 때보다 자료에 대한 정보를 더 많이 알려주기도 합니다.

분포의 정도를 나타내는 도표는 자료의 가장 높은 수치와 가장 낮은 수치, 즉 범위를 알려주며, 자료가 어떻게 분포되어 있는지에 대한 정보를 제공합니다.

범위와 분포

자료 표나 목록을 이용하면, 자료별 범위를 나타내는 도표를 만들 수 있습니다. 이러한 도표는 자료의 분포 상태, 즉 자료가 분포하는 범위가 넓은지 좁은지를 보여줍니다.

과목	에드의 성적	벨라의 성적
수학	47	64
영어	95	68
프랑스어	10	72
지리	65	61
역사	90	70
물리	60	65
화학	81	60
생물	77	65

이 표에는 두 학생이 받은 점수가 나타나 있다. 두 사람의 평균 (214~215쪽 참조) 점수는 같지만(65.625), 두 성적의 범위는 매우 다르다.

현 실 세 계

광대역

인터넷 서비스 제공업체들은 가장 빠른 속도로 인터넷에 연결할 수 있도록 해준다고 홍보합니다. 하지만 이런 정보는 오해를 불러일으킬 수 있습니다. 실제로 광대역 속도에 대해 제대로 이해하려면 자료의 범위와 분포에 대한 정보가 꼭 필요합니다.

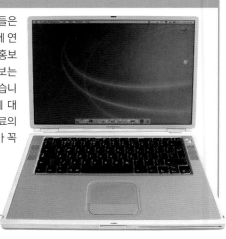

가장 낮은 점수 ↙

에드: 10, 47, 60, 65, 77, 81, 90, 95

가장 높은 점수 ↙

벨라: 60, 61, 64, 65, 65, 68, 70, 72

◁ **범위 구하기**
두 학생이 받은 점수의 범위를 계산하려면, 자료에서 가장 높은 수치에서 가장 낮은 수치를 빼면 된다. 에드는 최저점이 10이고 최고점이 95이므로 범위가 85이다. 벨라는 최저점이 60이고 최고점이 72이므로 범위가 12이다.

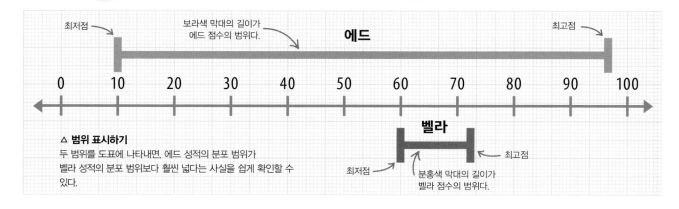

△ **범위 표시하기**
두 범위를 도표에 나타내면, 에드 성적의 분포 범위가 벨라 성적의 분포 범위보다 훨씬 넓다는 사실을 쉽게 확인할 수 있다.

줄기·잎 그림

자료를 제시하는 또 다른 방법으로 줄기·잎 그림이 있습니다.
이 그림은 간단히 범위를 표시하는 것보다 자료의 분포를 더 명확하게 보여줍니다.

정리 전의 자료는 이런 식으로
나타난다.

34, 48, 7, 15, 27, 18, 21, 14, 24, 57, 25,
12, 30, 37, 42, 35, 3, 43, 22, 34, 5, 43,
45, 22, 49, 50, 34, 12, 33, 39, 55

▼

자료를 작은 수부터 큰 수
순서로 배열한다. 10보다 작은
수는 앞에 0을 하나씩 붙인다.

03, 05, 07, 12, 12, 14, 15, 18, 21, 22, 22,
24, 25, 27, 30, 33, 34, 34, 34, 35, 37, 39,
42, 43, 43, 45, 48, 49, 50, 55, 57

▼

줄기·잎 그림을 그리려면, 먼저 십자 모양의 구분선을 그어야 한다. 구분선의 오른쪽 공간이
왼쪽 공간보다 커야 한다. 이 공간에 자료를 적어 넣는데, 십의 자릿수는 구분선 왼쪽의 '줄기' 열에,
일의 자릿수는 오른쪽의 '잎' 열에 써넣는다. 십의 자릿수들은 일단 줄기 열에 한 번 적어놓으면 계속
적을 필요가 없지만, 일의 자릿수들은 나오는 자료를 계속 잎 열에 적어 넣는다.

이 부분은 줄기다. 1은 10을,
2는 20을 의미한다.

이 부분은 잎이다. 줄기의 숫자와
붙여 적으면 두 자리 수가 된다.

기호 풀이 1 | 5 = 15

줄기	잎							
0	3	5	7					
1	2	2	4	5	8			
2	1	2	2	4	5	7		
3	0	3	4	4	4	5	7	9
4	2	3	3	5	8	9		
5	0	5	7					

이 숫자는
자료 목록의
수들 중에
십의 자릿수가
1인 수를
나타낸다.

60 이상의
자료는 없다.

18은 한 번만 나온다.

34는 세 번 나온다.

30대 자료가
가장 많다.

범위의 중간에서 양끝 쪽으로 갈수록
분포가 적어진다.

사분위수

사분위수는 자료를 큰 순서대로 나열하여 1/4로 나눈 점에 해당하는 값을 말하며 분포 상태를 명확히 보여줍니다. 범위의 한가운데 있는 중앙값을 제2사분위수라고 하고, 범위에서 가장 낮은 곳과 중앙값 사이의 중점을 제1사분위수, 중앙값과 가장 높은 곳 사이의 중점을 제3사분위수라고 합니다. 사분위수는 그래프를 이용해 추정치를 구할 수도 있고, 공식을 이용해 정확한 값을 알아낼 수도 있습니다.

사분위수 추산하기

사분위수는 누적 도수 분포도(213쪽 참조)에서 근사치를 알아낼 수 있습니다.

자료를 표로 정리해 범위(계급)별로 도수를 나타내고, 도수를 차례로 합산해 누적 도수를 구한다. 이 자료를 이용해 누적 도수 분포도를 그린다. 누적 도수를 y축에, 범위를 x축에 나타낸다.

범위	도수	누적 도수
30–39	2	2
40–49	3	5 (2+3)
50–59	4	9 (2+3+4)
60–69	6	15 (2+3+4+6)
70–79	5	20 (2+3+4+6+5)
80–89	4	24 (2+3+4+6+5+4)
>90	3	27 (2+3+4+6+5+4+3)

90 이상이라는 뜻이다.

도수를 차례로 합산하면 누적 도수를 구할 수 있다.

▶ 총누적도수(표의 마지막 행에 적어 넣은 누적 도수)를 4로 나누고, 그 결과값을 이용해 y축을 네 부분으로 나눈다.

총누적도수 → $\dfrac{27}{4} = 6.75$ ← y축을 이 길이의 부분들로 분할한다.

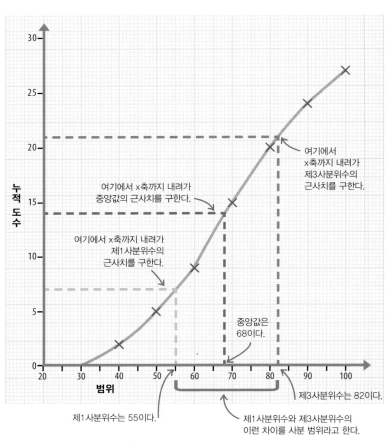

여기에서 x축까지 내려가 제3사분위수의 근사치를 구한다.

여기에서 x축까지 내려가 중앙값의 근사치를 구한다.

여기에서 x축까지 내려가 제1사분위수의 근사치를 구한다.

중앙값은 68이다.

제3사분위수는 82이다.

제1사분위수는 55이다.

제1사분위수와 제3사분위수의 이런 차이를 사분 범위라고 한다.

▶ y축의 각 분할점에서 수평 방향으로 그래프까지 간 다음 수직 방향으로 x축까지 내려와 사분위수의 근사치를 구한다. 이 수치는 어림값일 뿐이다.

사분위수 계산하기

자료 목록으로 사분위수의 정확한 값을 구할 수 있습니다. 아래의 공식을 이용하면, 크기 순서대로 나열한 자료의 목록에서 사분위수가 어디에 위치하는지 알아낼 수 있습니다. 목록에 있는 자료의 총개수를 n으로 둡니다.

n은 목록에 있는 수치의 총개수다.

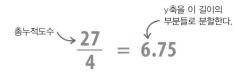

$$\dfrac{(n+1)}{4}$$

$$\dfrac{(n+1)}{2}$$

$$\dfrac{3(n+1)}{4}$$

△ **제1사분위수**
이 값은 자료 목록에서 제1사분위수가 차지하는 위치를 나타낸다.

△ **중앙값**
이 값은 자료 목록에서 중앙값이 차지하는 위치를 나타낸다.

△ **제3사분위수**
이 값은 자료 목록에서 제3사분위수가 차지하는 위치를 나타낸다.

사분위수 계산하는 법

자료 목록에서 사분위수의 값을 알아내려면, 먼저 수치들을 작은 수에서 큰 수의 순서로 배열해야 한다.

37,38,45,47,48,51,54,54,58,60,62,63,63,65,69,71,74,75,78,78,80,84,86,89,92,94,96

▶ 공식을 이용해, 목록의 어디에서 사분위수를 찾을 수 있는지 계산한다.
그 결과값은 목록에서 각 사분위수가 차지하는 위치를 나타낸다.

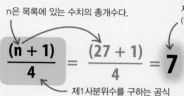

n은 목록에 있는 수치의 총개수다.

$$\frac{(n+1)}{4} = \frac{(27+1)}{4} = 7$$

제1사분위수를 구하는 공식

제1사분위수의 위치
(일곱 번째 수치)

$$\frac{(n+1)}{2} = \frac{(27+1)}{2} = 14$$

중앙값을 구하는 공식

중앙값의 위치
(열네 번째 수치)

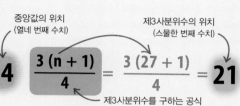

제3사분위수의 위치
(스물한 번째 수치)

$$\frac{3(n+1)}{4} = \frac{3(27+1)}{4} = 21$$

제3사분위수를 구하는 공식

△ **제1사분위수**
이 식을 계산하면 7이라는 답이 나오므로,
제1사분위수는 목록 중 일곱 번째 수치다.

△ **중앙값**
이 식을 계산하면 14라는 답이 나오므로,
중앙값은 목록 중 열네 번째 수치다.

△ **제3사분위수**
이 식을 계산하면 21이라는 답이 나오므로,
제3사분위수는 목록 중 스물한 번째 수치다.

▶ 사분위수의 값을 구하려면, 목록을 따라 수를 헤아려, 방금
계산해 알아놓은 위치까지 가보면 된다.

| | | | | | | 제1사분위수 | | | | | | | 중앙값 | | | | | | | 제3사분위수 | | | | | | |
|1|2|3|4|5|6|7|8|9|10|11|12|13|14|15|16|17|18|19|20|21|22|23|24|25|26|27|

37,38,45,47,48,51,**54**,54,58,60,62,63,63,**65**,69,71,74,75,78,78,**80**,84,86,89,92,94,96

자 세 히 보 기

상자·수염 그림

상자·수염 그림은 자료의 분포 상태를 시각적으로 나타내는 한 가지 방법입니다.
이런 그림에서는 자료의 범위를 수직선 위에 나타내고, 제1사분위수와 제3사분위수
사이의 사분 범위를 상자 모양으로 나타냅니다.

▽ **도표 이용하기**
이 상자·수염 그림에는 최소값이 1이고
최대값이 9인 범위가 나타나 있다. 중앙값은 4,
제1사분위수는 3, 제3사분위수는 6이다.

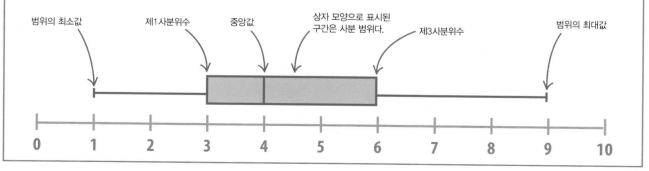

범위의 최소값   제1사분위수   중앙값   상자 모양으로 표시된
구간은 사분 범위다.   제3사분위수   범위의 최대값

히스토그램

히스토그램은 막대그래프의 일종입니다. 히스토그램에서는 막대의 길이가 아닌 넓이가
자료의 크기를 나타냅니다.

참조	
204~205 ◁	자료 수집하고 정리하기
206~209 ◁	막대그래프
220~223 ◁	분포 측정하기

히스토그램이란?

히스토그램은 직사각형 블록으로 구성된 그래프입니다. 히스토그램은 크기가 다른 계급들로 분류된 자료를 보여줄 때 유용합니다.
아래의 예에서는 한 달간 어떤 음악 파일을 연령대별로 다운로드한 횟수(도수)를 살펴봅니다. 각 연령대(계급)는 저마다 나이의 범위가
다르기 때문에 크기가 다릅니다. 각 블록의 너비가 연령대를 나타내는데, 이를 계급의 폭이라고 합니다. 각 블록의 높이는 도수 밀도를
나타냅니다. 도수 밀도는 연령대(계급)별 다운로드 횟수(도수)를 계급 폭(연령대)으로 나눠서 계산합니다.

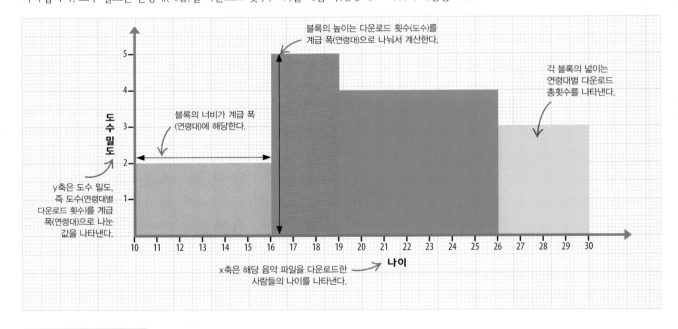

블록의 높이는 다운로드 횟수(도수)를
계급 폭(연령대)으로 나눠서 계산한다.

각 블록의 넓이는
연령대별 다운로드
총횟수를 나타낸다.

블록의 너비가 계급 폭
(연령대)에 해당한다.

y축은 도수 밀도,
즉 도수(연령대별
다운로드 횟수)를 계급
폭(연령대)으로 나눈
값을 나타낸다.

x축은 해당 음악 파일을 다운로드한
사람들의 나이를 나타낸다.

자세히 보기

히스토그램과 막대그래프

막대그래프는 히스토그램과 비슷해 보이지
만, 자료를 보여주는 방식이 다릅니다. 막대
그래프에서는 막대의 너비가 모두 같습니다.
각 막대의 높이가 계급별 도수를 나타냅니다.
하지만 히스토그램에서는 블록의 넓이가 도
수를 나타냅니다.

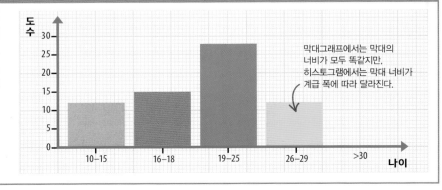

막대그래프에서는 막대의
너비가 모두 똑같지만,
히스토그램에서는 막대 너비가
계급 폭에 따라 달라진다.

▷ **막대그래프**
이 막대그래프에는 위에 나온 것과 같은 자료가
나타나 있다. 계급의 폭은 제각각이지만, 막대의
너비는 모두 똑같다.

히스토그램 그리는 법

히스토그램을 그리려면, 먼저 해당 자료에 대한 도수 분포표를 만들어야 합니다. 그다음 각 계급의 폭을 구합니다.
그리고 도수를 계급 폭으로 나눠 계급별 도수 밀도를 계산합니다.

나이 (세)	도수 (한 달간 다운로드 횟수)
10–15	12
16–18	15
19–25	28
26–29	12
>30	0

한 계급의 최대값은
그다음 계급의 최소값이다.

이 자료의 계급 경계는
10, 16, 19, 26, 30이다.

계급 폭을 구하려면, 계급의
최대값에서 최소값을 빼면 된다
(예를 들면 16–10=6).

도수 밀도를 구하려면,
도수를 계급 폭으로
나누면 된다.

한 달간
다운로드 횟수

나이	계급 폭	도수	도수 밀도
10–15	6	12	2
16–18	3	15	5
19–25	7	28	4
26–29	4	12	3
>30	–	0	–

이 계급에는 적어
넣을 자료가 없다.

히스토그램을 그리는 데 필요한 정보는
각 계급의 범위와 자료의 도수다.
이 정보가 있으면, 계급 폭과 도수 밀도를
계산할 수 있다.

▶ 계급 폭을 구하려면, 먼저 각 계급의 경계를 알아내야 한다.
경계는 각 계급의 최소값과 최대값(그다음 계급의 최소값)에
해당한다. 예컨대 10~15 계급의 경계는 10과 160이다. 그다음
계급별로 최대값에서 최소값을 빼 계급 폭을 구한다.

▶ 도수 밀도를 구하기 위해 계급별로
도수를 계급 폭으로 나눈다. 도수
밀도는 계급별 도수와 계급 폭의 비를
나타낸다.

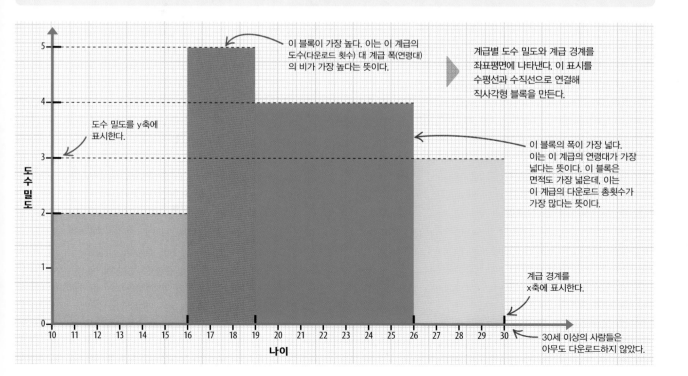

이 블록이 가장 높다. 이는 이 계급의
도수(다운로드 횟수) 대 계급 폭(연령대)
의 비가 가장 높다는 뜻이다.

▶ 계급별 도수 밀도와 계급 경계를
좌표평면에 나타낸다. 이 표시를
수평선과 수직선으로 연결해
직사각형 블록을 만든다.

도수 밀도를 y축에
표시한다.

이 블록의 폭이 가장 넓다.
이는 이 계급의 연령대가 가장
넓다는 뜻이다. 이 블록은
면적도 가장 넓은데, 이는
이 계급의 다운로드 총횟수가
가장 많다는 뜻이다.

계급 경계를
x축에 표시한다.

나이

30세 이상의 사람들은
아무도 다운로드하지 않았다.

도수 밀도

분포도

분포도는 두 가지 자료에 대한 정보와 두 자료의 관계를 보여줍니다.

참조
204~205 ◁ 자료 수집하고 정리하기
212~213 ◁ 꺾은선그래프

분포도란?

분포도는 두 가지 자료로 만든 그래프입니다. 각 자료의 수치를 하나의 좌표축으로 나타내는 것입니다. 이 자료는 항상 둘씩 짝 지어 나타냅니다. 한 수치는 x축에서부터 수직으로 올라가며 헤아리고, 다른 한 수치는 y축에서부터 수평으로 이동하며 헤아립니다. 그런 두 쌍이 만나는 곳에 점을 찍는데 점들이 이루는 패턴을 보면, 두 자료 사이에 어떤 연관성, 즉 상관관계가 있는지 확인할 수 있습니다.

▽ **자료 표**
이 표에는 두 가지 자료, 즉 13명의 키와 몸무게가 나와 있다. 개인별로 키와 몸무게가 함께 제시되어 있다.

키(cm)	173	171	189	167	183	181	179	160	177	180	188	186	176
몸무게(kg)	69	68	90	65	77	76	74	55	70	75	86	81	68

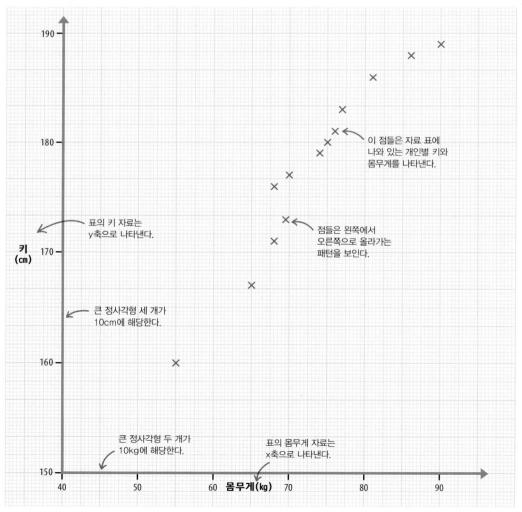

◁ **점을 좌표계에 표시하기**
그래프용지에 세로축(y축)과 가로축(x축)을 긋는다. 자료별 수치를 나타낼 눈금을 각 좌표축에 매긴다. 개인별 키와 몸무게 수치를 헤아려 둘이 만나는 곳에 점을 표시한다. 그렇게 표시한 점들은 선으로 연결하지는 않는다.

이 점들은 자료 표에 나와 있는 개인별 키와 몸무게를 나타낸다.

표의 키 자료는 y축으로 나타낸다.

점들은 왼쪽에서 오른쪽으로 올라가는 패턴을 보인다.

큰 정사각형 세 개가 10cm에 해당한다.

큰 정사각형 두 개가 10kg에 해당한다.

표의 몸무게 자료는 x축으로 나타낸다.

◁ **양의 상관관계**
두 좌표축 사이에 표시한 점들의 패턴은 오른쪽 위로 올라가는 경향을 보인다. 이러한 상승 추세를 양의 상관관계라고 한다. 이 예에서 두 자료의 상관관계는 키가 크면 몸무게도 무겁다는 것이다.

음의 상관관계와 무상관관계

분포도의 점들은 다양한 패턴을 보일 수 있습니다. 패턴은 두 가지 자료의 다양한 상관관계를 보여줍니다. 그것은 양의 상관관계일 수도 있고, 음의 상관관계일 수도 있고 무상관관계일 수도 있습니다. 또 패턴은 두 가지 자료의 상관관계가 강한지 약한지도 보여줍니다.

에너지 사용량(kwh)	1,000	1,200	1,300	1,400	1,450	1,550	1,650	1,700
기온 (℃)	55	50	45	40	35	30	25	20

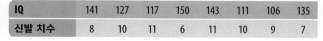

IQ	141	127	117	150	143	111	106	135
신발 치수	8	10	11	6	11	10	9	7

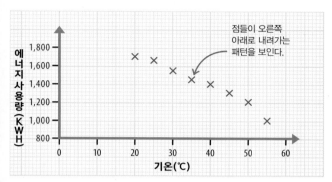

점들이 오른쪽 아래로 내려가는 패턴을 보인다.

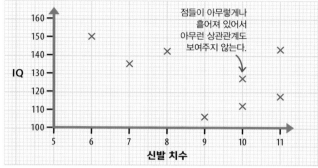

점들이 아무렇게나 흩어져 있어서 아무런 상관관계도 보여주지 않는다.

△ **음의 상관관계**
이 그래프에서는 점들이 오른쪽 아래로 내려가는 패턴을 보인다. 이를 보면 두 가지 자료의 관계를 알 수 있다. 기온이 높아지면 에너지 소비량이 줄어든다는 것이다. 이런 관계를 음의 상관관계라고 부른다.

△ **무상관관계**
이 그래프에서는 점들이 아무런 패턴도 형성하지 않는다. 이들은 제각각 떨어져 있어서 아무런 경향을 보여주지 않는다. 이를 보면 개인의 신발 치수와 IQ 사이에는 아무런 관계가 없다는 것을 알 수 있다. 이런 관계를 무상관관계라고 한다.

최적선

분포도를 더 이해하기 쉽게 만들기 위해, 점들의 전반적인 패턴을 따르는 직선을 그을 수 있는데, 그럴 때는 직선 양쪽의 점 개수가 똑같게 해야 합니다. 이러한 직선을 최적선이라고 부릅니다.

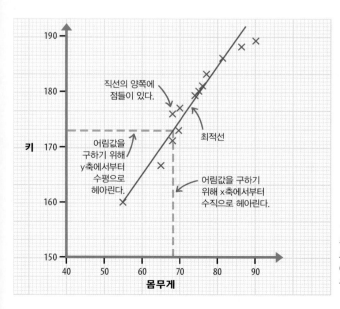

직선의 양쪽에 점들이 있다.

최적선

어림값을 구하기 위해 y축에서부터 수평으로 헤아린다.

어림값을 구하기 위해 x축에서부터 수직으로 헤아린다.

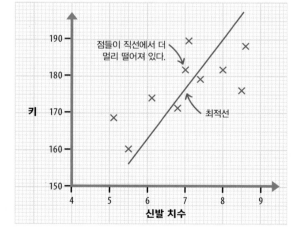

점들이 직선에서 더 멀리 떨어져 있다.

최적선

◁ **어림값 구하기**
최적선을 그리면, y축에서부터 가로로 또는 x축에서부터 세로로 헤아려서 어떤 몸무게나 키에 대해서든 어림값을 구할 수 있다.

△ **약한 상관관계**
여기서는 점들이 최적선에서 더 멀리 떨어져 있다. 이를 보면 키와 신발 치수의 상관관계가 약하다는 것을 알 수 있다. 점들과 최적선의 거리가 멀수록 상관관계가 약한 것이다.

확률

？ 확률이란 무엇일까?

확률은 어떤 일이 일어날 가능성의 정도입니다.

수학을 이용하면, 어떤 일이 일어날 가능성의 정도를 계산할 수 있습니다.

참조	
48~55 ◁	분수
64~65 ◁	분수, 소수, 백분율 바꾸기
기댓값과 현실	▷ 232~233
복합 확률	▷ 234~235

확률은 어떻게 나타낼까?

확률은 0과 1 사이의 값으로 나타냅니다. 0은 절대 일어날 수 없다는 뜻이고, 1은 확실히 일어난다는 뜻입니다. 그런 값을 계산하기 위해 분수를 사용합니다. 다음의 단계를 따라가 보면, 어떤 사건이 일어날 확률을 어떻게 계산하는지, 그리고 그런 값을 분수로 어떻게 나타내는지 알 수 있습니다.

특정 사건이 일어나는 경우의 수

$$\frac{1}{8}$$

◁ **확률 적기**
위의 분자는 특정 사건이 일어날 수 있는 경우의 가짓수(경우의 수)를 나타내고, 아래의 분모는 모든 경우의 수를 나타낸다.

모든 경우의 수

▷ **모든 경우의 수**
모든 경우의 수가 얼마인지 알아보자. 이 예에서는 사탕 다섯 개 중에서 한 개를 고른다. 다섯 개 중 어느 것이든 고를 수 있으므로, 모든 경우의 수는 5이다.

사탕이 다섯 개 있다. 그중 네 개는 빨간색이고 한 개는 노란색이다.

▷ **홀인원**
골프 경기 중에 홀인원이 발생할 가능성은 매우 낮다. 그래서 그 확률은 0에 가깝다. 하지만 그런 일이 일어날 수는 있다!

▷ **빨간 사탕을 고를 확률**
사탕 다섯 개 중 네 개가 빨간색이다. 그러므로 고른 사탕이 빨간색일 가능성은 다섯 가운데 넷이다. 이런 확률은 분수 $\frac{4}{5}$로 적을 수 있다.

$$\frac{4}{5}$$

빨간 사탕을 고르는 경우의 수

다섯 개의 사탕 중 하나를 고르는 모든 경우의 수

▷ **노란 사탕을 고를 확률**
사탕 한 개만 노란색이므로, 고른 사탕이 노란색일 가능성은 다섯 가운데 하나이다. 이런 확률은 분수 $\frac{1}{5}$로 적을 수 있다.

$$\frac{1}{5}$$

노란 사탕을 고르는 경우의 수

다섯 개의 사탕 중 하나를 고르는 모든 경우의 수

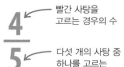

△ **모양이 똑같은 눈 결정**
눈의 결정은 저마다 독특하다. 그래서 모양이 똑같은 눈 결정이 두 개 존재할 가능성은 0이다. 즉, 그런 일은 불가능하다.

0

불가능하다

가능성이 별로 없다

▷ **확률 척도**
확률은 모두 확률 척도라는 선분 위에 나타낼 수 있다. 일어날 가능성이 많은 사건일수록 좀 더 오른쪽에, 즉 1 쪽에 위치한다.

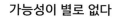

가능성이 더 적다

확률 계산하기

아래의 예에는 사탕 열 개 중에서 무작위로 빨간 사탕을 하나 고를 확률을 계산하는 법이 나와 있습니다.
그 특정 사건이 일어날 수 있는 경우의 가짓수는 분자로 두고, 모든 경우의 수는 분모로 둡니다.

빨간 사탕을
선택하는 경우의 수

$$\frac{\text{3개의 빨간 사탕}}{\text{10개의 사탕}}$$

열 개 중에서 택일하는
모든 경우의 수

빨간 사탕을 고를
확률의 분수 꼴

$$\frac{3}{10} \quad \text{또는} \quad 0.3$$

빨간 사탕을 고를
확률의 소수 꼴

△ **사탕 고르기**
선택 대상인 사탕이 열 개 있다.
그중 세 개는 빨간색이다. 열 개
중 하나를 고르는데 그 사탕이
빨간색일 확률은 얼마일까?

△ **무작위로 고른 빨간색 사탕**
색색의 사탕 열 개 중에서 사탕
하나를 무작위로 고른다. 선택된
위의 사탕은 총 세 개의 빨간 사탕
중 하나다.

△ **분수로 적기**
빨간 사탕을 선택하는 경우의
수가 3이므로, 3을 분자로 둔다.
모든 경우의 수가 10이므로,
10을 분모로 둔다.

△ **확률은 얼마?**
빨간 사탕을 선택할 가능성은
열 가운데 셋이다. 이 확률은
분수 $\frac{3}{10}$ 이나 소수 0.3으로
적을 수 있다.

◁ **앞면이냐 뒷면이냐**
동전을 던지면, 앞면이 나올
가능성이나 뒷면이 나올 가능성이
둘 중 하나, 즉 반반이다. 그런
확률은 척도 상에서 0.5로 나타나
는데, 50%라고 하기도 한다.

▷ **지구의 자전**
지구가 날마다 축을 중심으로
계속 회전하는 것은 확실하다.
그래서 이 확률은 척도 상에서
1에 해당한다.

 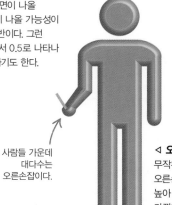 

사람들 가운데
대다수는
오른손잡이다.

◁ **오른손잡이**
무작위로 선택한 사람이
오른손잡이일 가능성은 매우
높아 척도 상에서 1에 아주
가깝다. 사람들은 대부분
오른손잡이다.

0.5
가능성이 반반이다

가능성이 제법 있다

1
확실하다

가능성이 더 많다

⑥　기댓값과 현실

기댓값은 일어날 것이라고 예상되는 결과이고, 현실은 실제로 일어나는 결과입니다.

일어나리라고 예상되는 바와 실제로 일어나는 것의 차이는 상당히 클 때가 많습니다.

참조	
48~53 ◁	분수
230~231 ◁	확률이란 무엇일까?
복합 확률 ▷	234~235

기댓값이란 무엇일까요?

정육면체인 주사위를 던졌을 때 각 수가 나올 확률은 모두 똑같습니다. 그러므로 주사위를 여섯 번 던지면 여섯 가지 수가 각각 한 번씩 나올 것이라고 기대할 수 있습니다. 이와 비슷하게, 동전을 두 번 던지면 앞면과 뒷면이 한 번씩 나올 것이라고 기대할 수 있습니다. 하지만 현실에서 항상 그렇게 되지는 않습니다.

그럴 확률이 얼마나 될까?	
무작위로 고른 두 전화번호의 마지막 숫자가 같을 확률	10분의 1
무작위로 고른 한 사람이 왼손잡이일 확률	12분의 1
임신부가 쌍둥이를 낳을 확률	33분의 1
어른이 100살까지 살 확률	50분의 1
무작위로 고른 클로버의 잎이 네 개일 확률	1만 분의 1
1년 안에 벼락을 맞을 확률	250만 분의 1
어떤 집에 유성이 떨어질 확률	182조 분의 1

각 수가 나올 확률은 $\frac{1}{6}$이다.

△ **주사위 굴리기**
주사위를 여섯 번 굴리면 여섯 가지 수가 각각 한 번씩 나올 것 같다.

기댓값 vs 현실

수학적 확률로 보면 주사위를 여섯 번 굴릴 때 1, 2, 3, 4, 5, 6이 각각 한 번씩 나올 것 같지만, 실제로는 그런 결과가 좀처럼 나오지 않습니다. 하지만 몇 번이고 계속한다면, 예컨대 주사위를 1,000번 던지면 1, 2, 3, 4, 5, 6이 각각 나온 횟수는 좀 더 비슷해질 것입니다.

여섯 번 중 한 번꼴로 4가 나올 것이라고 기대할 수 있다.

▷ **기댓값**
수학적 확률로 보면 주사위를 여섯 번 굴릴 때 4가 한 번 나올 것 같다.

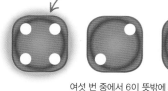

여섯 번 중에서 5가 뜻밖에 세 번이나 나왔다.

여섯 번 중에서 6이 뜻밖에 세 번이나 나왔다.

▷ **현실**
주사위를 여섯 번 던지면 어떤 조합의 수든지 나타날 수 있다.

기댓값 계산하기

기댓값은 계산할 수 있습니다. 어떤 사건이 일어날 확률을 분수로 표현한 다음, 그 사건이 일어날 기회의 횟수를 분수에 곱하면 됩니다. 다음 예를 보면, 통에서 꺼낸 공의 일의 자릿수가 0이나 5이면 상을 받는 게임에서 기댓값을 어떻게 계산할 수 있는지 알 수 있습니다.

◁ **번호가 매겨진 공**

통에 공이 30개 담겨 있다. 무작위로 공을 하나 꺼내서 공의 번호가 당첨 번호(일의 자릿수가 0이나 5인 번호)인지 확인하고 공을 도로 통에 넣는다. 이런 일을 다섯 번 되풀이한다.

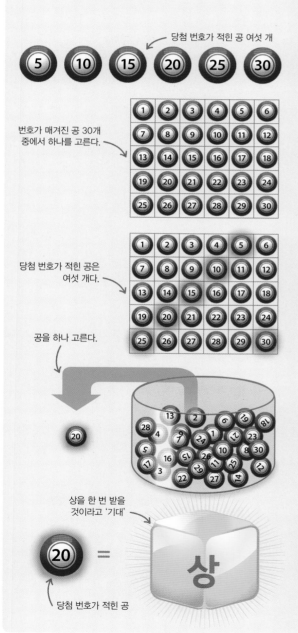

당첨 번호가 적힌 공 여섯 개

번호가 매겨진 공 30개 중에서 하나를 고른다.

당첨 번호가 적힌 공은 여섯 개다.

공을 하나 고른다.

상을 한 번 받을 것이라고 '기대'

당첨 번호가 적힌 공

총 30개의 공 중에서 당첨 번호가 적힌 공을 고르는 경우의 수는 6이다.

당첨 번호가 적힌 공을 고르는 경우의 수

6

공 30개 중에서 하나를 고르는 모든 경우의 수는 30이다.

모든 경우의 수

30

당첨 번호가 적힌 공을 고를 가능성은 서른 가운데 여섯이다. 이 확률은 분수 $\frac{6}{30}$으로 적을 수 있는데, 이는 약분하면 $\frac{1}{5}$이 된다. 당첨 번호가 적힌 공을 뽑을 확률이 $\frac{1}{5}$이므로, 상을 받을 확률도 $\frac{1}{5}$이다.

6으로 약분할 수 있다.

당첨 번호가 적힌 공을 고를 확률

$6 \div 6 = 1$

$$\frac{6}{30} = \frac{1}{5}$$

$30 \div 6 = 5$

다섯 번 중 한 번꼴로 상을 받을 것이라고 기대할 수 있다. 따라서 공을 다섯 번 꺼낼 때 상을 받을 확률은 5의 $\frac{1}{5}$, 즉 1이다.

'아마도' 상을 한 번 받을 듯하다.

$$\frac{1}{5} \times 5 = 1$$

당첨 번호가 적힌 공을 고를 확률

공을 고를 기회의 횟수

기댓값에 따르면, 공을 다섯 번 고르면 상을 한 번 받을 듯하다. 하지만 실제로는 상을 한 번도 받지 못할 수도 있고 다섯 번 받을 수도 있다.

상을 **1** 번 받게 될까?

복합 확률

두 가지 이상의 사건이 동시에 또는 잇달아 일어날 확률.

참조	
230~231 ◁	확률이란 무엇일까?
232~233 ◁	기댓값과 현실

두 가지 사건이 한꺼번에 일어날 확률을 계산하는 일은 의외로 그다지 복잡하지 않습니다.

동전은 두 면 ↗　주사위는 여섯 면 ↗

동전　　　　주사위

◁ **동전과 주사위**
동전에는 두 면이 있고(앞면과 뒷면), 주사위에는 여섯 면이 있다(각 면의 점 개수가 1부터 6까지 있다).

복합 확률이란?

두 가지 이상의 사건이 한꺼번에 일어날 확률을 구하려면, 먼저 모든 경우의 수를 알아내야 합니다. 예컨대 동전 던지기와 주사위 굴리기를 한꺼번에 할 때 동전은 뒷면, 주사위는 4가 나올 확률은 얼마일까요?

▷ **동전 던지기**
동전에는 두 면이 있는데, 동전을 던졌을 때 각 면이 나올 확률은 같다. 따라서 동전 던지기에서 뒷면이 나올 확률은 둘 가운데 하나, 즉 $\frac{1}{2}$ 이다.

앞면이 나올 확률 $\frac{1}{2}$ ↗　　뒷면이 나올 확률 $\frac{1}{2}$ ↖

앞면　　　　　　뒷면

특정 사건이 일어나는 경우의 수, 예컨대 동전 던지기에서 뒷면이 나오는 경우의 수

$$\frac{1}{2}$$

동전 던지기에서 발생할 수 있는 모든 경우의 수

▷ **주사위 굴리기**
주사위에는 여섯 면이 있는데, 주사위를 굴렸을 때 각 면이 나올 확률은 모두 같다. 그러므로 주사위 굴리기에서 4가 나올 확률은 여섯 가운데 하나, 즉 $\frac{1}{6}$ 이다.

1은 6면 중 하나　　2는 6면 중 하나　　3은 6면 중 하나

4는 6면 중 하나　　5는 6면 중 하나　　6은 6면 중 하나

특정 사건이 일어나는 경우의 수, 예컨대 주사위 굴리기에서 4가 나오는 경우의 수

$$\frac{1}{6}$$

주사위 굴리기에서 발생할 수 있는 모든 경우의 수

▷ **두 사건**
동전 던지기에서는 뒷면이 나오고 그와 동시에 주사위 굴리기에서는 4가 나올 확률을 계산하려면, 각각의 확률을 서로 곱하면 된다. 이 경우는 $\frac{1}{12}$ 이다.

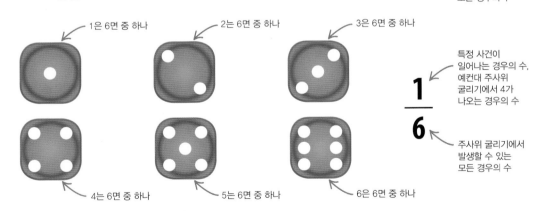

동전 던지기에서 뒷면이 나온다.　　두 확률을 서로 곱한다.　　주사위 굴리기에서 4가 나올 확률은 $\frac{1}{6}$　　특정 결과가 발생하는 경우의 수

$$\frac{1}{2} \times \frac{1}{6} = \frac{1}{12}$$

뒷면

동전 던지기에서 뒷면이 나올 확률은 $\frac{1}{2}$

동전 던지기에서는 뒷면, 주사위 굴리기에서는 4가 나올 확률은 $\frac{1}{12}$ 이다.

모든 경우의 수

경우의 수 계산하기

표를 이용해서, 두 사건이 복합적으로 일어날 때 발생할 수 있는 모든
경우를 알아낼 수 있습니다. 예컨대 주사위 두 개를 굴려서 나오는 두
수의 합은 2~12 중 하나일 것입니다. 총 36가지 경우가 나올 수 있는데,
아래의 표에서 볼 수 있습니다. 빨간 주사위에서 아래로 내려가고 파란
주사위에서 오른쪽으로 가보면 해당 경우의 결과, 즉 두 수의 합을
확인할 수 있습니다.

빨간 주사위 던지기 ↙

파란 주사위 던지기 ↙

빨강 / 파랑	·	:·	∴	::	:·:	:::
·	2	3	4	5	6	7
:·	3	4	5	6	7	8
∴	4	5	6	7	8	9
::	5	6	7	8	9	10
:·:	6	7	8	9	10	11
:::	7	8	9	10	11	12

총 36가지 경우 중에서
두 수의 합이 7이 되는
경우의 수는 6이다.
(파란 주사위 1, 빨간
주사위 6 등)

총 36가지 경우 중에서
두 수의 합이 8이 되는
경우의 수는 5이다.
(파란 주사위 2, 빨간
주사위 6 등)

총 36가지 경우 중에서
두 수의 합이 9가 되는
경우의 수는 4이다.
(파란 주사위 3, 빨간
주사위 6 등)

총 36가지 경우 중에서
두 수의 합이 10이 되는
경우의 수는 3이다.
(파란 주사위 4, 빨간
주사위 6 등)

총 36가지 경우 중에서
두 수의 합이 11이 되는
경우의 수는 2이다.
(파란 주사위 5, 빨간
주사위 6 등)

총 36가지 경우 중에서
두 수의 합이 12가 되는
경우의 수는 1이다.

기호 풀이

 가능성이 가장 적은 경우
주사위 두 개를 던질 때 발생 가능성이 가장
적은 결과는 두 수의 합이 2(각각 1)나
12(각각 6)가 되는 경우다. 그런 두 가지
경우가 발생할 확률은 각각 $\frac{1}{36}$ 이다.

 가능성이 가장 많은 경우
주사위 두 개를 던질 때 발생 가능성이
가장 많은 결과는 두 수의 합이 7이 되는
경우다. 그 경우의 수가 6이므로, 그런
경우가 발생할 확률은 $\frac{6}{36}$, 즉 $\frac{1}{6}$ 이다.

종속 사건

참조

232~233 ◁ 기댓값과
현실

어떤 사건이 일어날 확률이 그보다 먼저 일어난 사건에 따라 달라질 수도 있습니다.
이렇게 앞의 사건에 영향을 받는 사건을 종속 사건이라고 합니다.

종속 사건

예를 들어 40장짜리 카드 한 벌에서 4장의 녹색 카드 중 하나를
고를 확률은 $\frac{4}{40}$입니다. 이는 독립 사건입니다. 하지만 두 번째로
고른 카드가 녹색일 확률은 처음 고른 카드의 색깔에 따라
달라집니다. 이런 일을 종속 사건이라고 합니다.

▷ **색색의 카드**
이 카드는 색깔이
다른 열 종류의
카드로 구성되어
있다. 색깔별로
카드는 4장씩 있다.

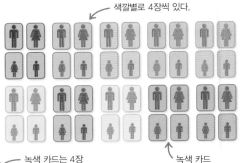

색깔별로 4장씩 있다.

녹색 카드는 4장

녹색 카드

40장짜리 카드 한 벌

첫 번째 녹색 카드   두 번째 녹색 카드   세 번째 녹색 카드   네 번째 녹색 카드

$\frac{4}{40}$

◁ **가능성이 얼마나 될까?**
처음 고른 카드가 녹색일 확률은 $\frac{4}{40}$이다.
이는 첫 번째 사건이어서 다른 사건들과는
무관하다.

카드는 총 40장

종속 사건과 확률 감소

40장짜리 카드 한 벌에서 처음 고른 카드가 4장의 녹색 카드 중 하나라면, 그다음에 고른 카드가 녹색일 확률은 $\frac{3}{39}$으로 줄어듭니다.
아래의 예를 보면, 다음번에 녹색 카드를 고를 확률이 어떻게 서서히 줄어들어 0이 되는지를 알 수 있습니다.

처음에 카드를 1장 골랐더니
녹색이 나왔다. 다음 카드는
나머지 39장 중에서 고를 수
있다.

녹색 카드 1장을 골랐다.

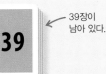

39장이
남아 있다.

다음 카드가
녹색인 경우의 수

$\frac{3}{39}$

남아 있는
카드 수

◁ 다음에 고르는 카드가
녹색일 확률은 $\frac{3}{39}$이다. 맨 처음
녹색 카드 4장 중 하나를 뽑았기
때문에 3장이 남아 있다.

처음부터 세 번 연달아 녹색
카드만 고르게 됐다. 다음 카드는
나머지 37장 중에서 고를 수
있다.

녹색 카드 3장을 골랐다.

37장이
남아 있다.

다음 카드가
녹색인 경우의 수

$\frac{1}{37}$

남아 있는
카드 수

◁ 다음에 고르는 카드가 녹색일
확률은 $\frac{1}{37}$이다. 녹색 카드는
4장 중 3장이 뽑혀서 1장이 남아
있다.

처음부터 네 번 연달아 녹색
카드만 고르게 됐다. 다음 카드는
나머지 36장 중에서 고를 수
있다.

녹색 카드 4장을 골랐다.

36장이
남아 있다.

녹색 카드가 모두 뽑힌 상태에서
다음 카드가 녹색인 경우의 수

$\frac{0}{36} = 0$

남아 있는
카드 수

◁ 다음에 고르는 카드가 녹색일
확률은 $\frac{0}{36}$, 즉 0이다. 녹색
카드는 4장 모두 뽑혀서 하나도
남아 있지 않다.

종속 사건과 확률 증가

40장짜리 카드 한 벌에서 처음 고른 카드가 4장의 분홍색 카드 중 하나가 아니라면, 다음에 고른 카드가 분홍색일 확률은 $\frac{4}{39}$로 늘어납니다. 이 예에서는 매번 분홍색이 아닌 카드만 뽑혀서 다음번에 분홍색 카드를 고를 확률이 100%까지 높아지는 과정을 볼 수 있습니다.

처음에 고른 카드가 분홍색이 아니었다. 다음 카드는 나머지 39장 중에서 고를 수 있다.

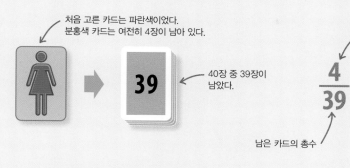

처음 고른 카드는 파란색이었다. 분홍색 카드는 여전히 4장이 남아 있다.

40장 중 39장이 남았다.

다음 카드가 분홍색인 경우의 수

◁ 다음에 고르는 카드가 분홍색일 확률은 $\frac{4}{39}$이다. 분홍색 카드는 4장 중 하나도 안 뽑혀서 여전히 4장이 남았기 때문이다.

남은 카드의 총수

카드를 12장 뽑았는데, 그중 분홍색은 하나도 없었다. 다음 카드는 나머지 28장 중에서 고를 수 있다.

12장을 골랐는데, 분홍색은 하나도 없었다.

12장을 뽑았으므로, 28장이 남았다.

다음 카드가 분홍색인 경우의 수

▷ 다음에 고르는 카드가 분홍색일 확률은 $\frac{4}{28}$이다. 분홍색 카드는 4장 중 하나도 안 뽑혀서 여전히 4장이 남았다.

남은 카드 수

카드를 24장 뽑았는데. 그중 분홍색은 하나도 없었다. 다음 카드는 나머지 16장 중에서 고를 수 있다.

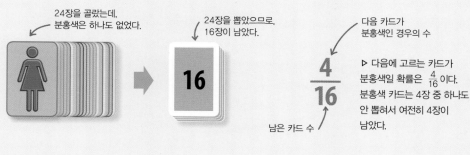

24장을 골랐는데, 분홍색은 하나도 없었다.

24장을 뽑았으므로, 16장이 남았다.

다음 카드가 분홍색인 경우의 수

▷ 다음에 고르는 카드가 분홍색일 확률은 $\frac{4}{16}$이다. 분홍색 카드는 4장 중 하나도 안 뽑혀서 여전히 4장이 남았다.

남은 카드 수

카드를 총 36장 뽑았는데, 그중 분홍색은 하나도 없었다. 다음 카드는 나머지 4장 중에서 고를 수 있다.

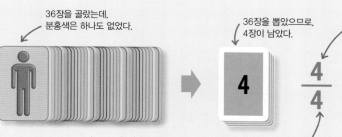

36장을 골랐는데, 분홍색은 하나도 없었다.

36장을 뽑았으므로, 4장이 남았다.

다음 카드가 분홍색인 경우의 수

▷ 다음에 고르는 카드가 분홍색일 확률은 $\frac{4}{4}$, 즉 100%이다. 분홍색 카드는 4장 중 하나도 안 뽑혀서 여전히 4장이 남았다.

남은 카드 수

수형도

수형도를 그리면, 복합적인 사건들이 일어날 확률을 계산하는 데 도움이 됩니다.

미래에 일어날 사건의 여러 가지 결과를 화살표, 즉 '나뭇가지'로 왼쪽에서 오른쪽으로 전개해 나타낼 수 있습니다.

참조	
230~231 ◁	확률이란 무엇일까?
234~235 ◁	복합 확률
236~237 ◁	종속 사건

수형도 만들기

수형도의 첫 단계는 출발점에서 각각의 발생 가능한 결과들로 화살표를 하나씩 그리는 일입니다. 이 예에서 출발점은 휴대전화 한 대이고, 결과는 메시지 다섯 개를 다른 전화 두 대에 보내는 일입니다. 그 다른 전화 두 대는 각각 화살표 1과 화살표 2의 끝에 표시합니다. 이보다 전에 일어난 사건이 없으므로, 이들은 단일 사건입니다.

▷ **단일 사건**
메시지 다섯 개 중 두 개는 첫 번째 전화기에 보내고 (확률은 $\frac{2}{5}$), 다섯 개 중 세 개는 두 번째 전화기에 보낸다(확률은 $\frac{3}{5}$).

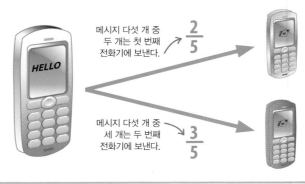

메시지 다섯 개 중 두 개는 첫 번째 전화기에 보낸다. $\frac{2}{5}$

메시지 다섯 개 중 세 개는 두 번째 전화기에 보낸다. $\frac{3}{5}$

복합 사건을 나타내는 수형도

복합 사건을 나타내는 수형도를 그리려면, 먼저 출발점에서 오른쪽의 발생 가능한 각 결과로 화살표를 그립니다. 여기까지는 1단계입니다. 그다음에는 1단계의 각 결과를 새 출발점으로 삼아, 그다음의 발생 가능한 각 결과로 또 화살표를 그립니다. 여기까지가 2단계입니다. 그다음에도 또 다른 단계들이 이전 단계의 결과에서부터 이어질 수 있습니다. 한 단계의 사건이 다른 단계의 사건에 앞서 이루어졌으므로, 이들은 복합 사건입니다.

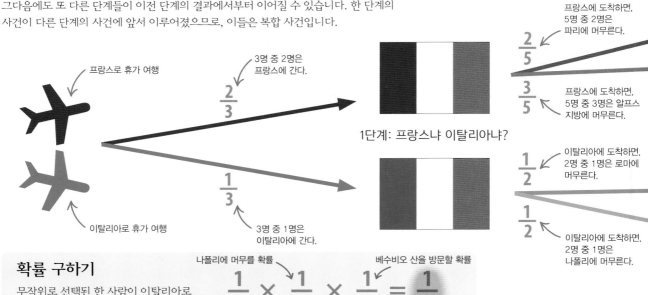

프랑스로 휴가 여행

3명 중 2명은 프랑스에 간다. $\frac{2}{3}$

이탈리아로 휴가 여행

3명 중 1명은 이탈리아에 간다. $\frac{1}{3}$

1단계: 프랑스냐 이탈리아냐?

프랑스에 도착하면, 5명 중 2명은 파리에 머무른다. $\frac{2}{5}$

프랑스에 도착하면, 5명 중 3명은 알프스 지방에 머무른다. $\frac{3}{5}$

이탈리아에 도착하면, 2명 중 1명은 로마에 머무른다. $\frac{1}{2}$

이탈리아에 도착하면, 2명 중 1명은 나폴리에 머무른다. $\frac{1}{2}$

확률 구하기

무작위로 선택된 한 사람이 이탈리아로 가서 나폴리에 머무르며 베수비오 산을 갈 확률을 구하려면, 여행의 단계별 확률을 모두 곱하면 됩니다.

나폴리에 머무를 확률

베수비오 산을 방문할 확률

$$\frac{1}{3} \times \frac{1}{2} \times \frac{1}{4} = \frac{1}{24}$$

3명 중 1명은 이탈리아로 간다.

한 사람이 이탈리아로 가서 나폴리에 머무르며 베수비오 산을 방문할 확률

△ **세 단계의 복합 사건**
위의 수형도에는 어떤 휴가의 세 단계가 나타나 있다. 1단계에서는 사람들이 프랑스나 이탈리아로 간다.

복합 사건이 종속적인 경우

수형도는 한 사건이 일어날 확률이 앞서 사건에 따라 어떻게
달라질 수 있는지도 보여줍니다. 이 예에서 각 사건은 누군가가
봉투에서 과일을 하나 꺼내되 도로 넣지는 않는 경우입니다.

△ **종속 사건**
첫 번째 사람은 과일이 10개(오렌지
3개, 사과 7개) 들어 있는 봉투에서
하나를 고른다. 그다음 사람은 과일
9개 중 하나를 고르는데, 그때 모든
경우의 수는 90이다.

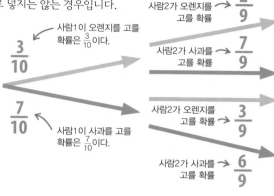

사람1이 오렌지를 고를
확률은 $\frac{3}{10}$이다.　$\frac{3}{10}$

사람2가 오렌지를
고를 확률 → $\frac{2}{9}$

사람2가 사과를
고를 확률 → $\frac{7}{9}$

사람1이 사과를 고를
확률은 $\frac{7}{10}$이다.　$\frac{7}{10}$

사람2가 오렌지를
고를 확률 → $\frac{3}{9}$

사람2가 사과를 → $\frac{6}{9}$
고를 확률

사람1은 과일 10개 중에서 하나를 고른다.　사람2는 과일 9개 중에서 하나를 고른다.

확률 구하기
사람1과 사람2 모두 오렌지를 고를
확률은 얼마일까요? 각 사건이
일어날 확률을 서로 곱하면 답이
나옵니다.

사람2가 오렌지를
고를 확률

$$\frac{3}{10} \times \frac{2}{9} = \frac{6}{90}$$

사람1이
오렌지를　또는　둘 다 오렌지를
고를 확률　고를 확률

$$\frac{1}{15}$$ ← $\frac{6}{90}$을 6으로
약분하면 $\frac{1}{15}$이 된다.

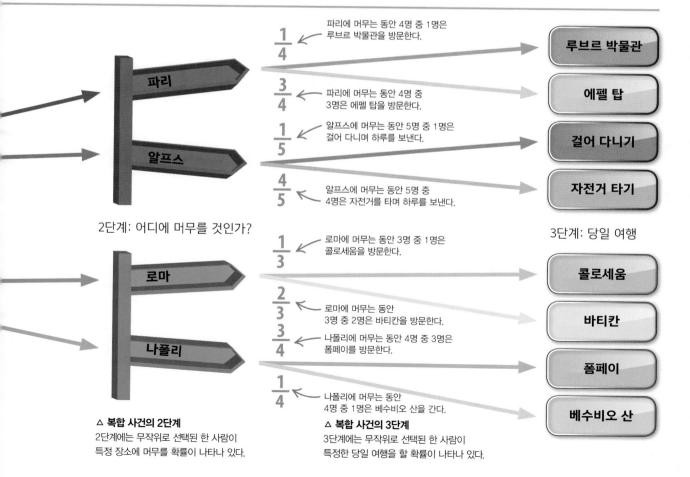

파리에 머무는 동안 4명 중 1명은
루브르 박물관을 방문한다.　$\frac{1}{4}$

파리

파리에 머무는 동안 4명 중
3명은 에펠 탑을 방문한다.　$\frac{3}{4}$

알프스에 머무는 동안 5명 중 1명은
걸어 다니며 하루를 보낸다.　$\frac{1}{5}$

알프스

알프스에 머무는 동안 5명 중
4명은 자전거를 타며 하루를 보낸다.　$\frac{4}{5}$

루브르 박물관
에펠 탑
걸어 다니기
자전거 타기

2단계: 어디에 머무를 것인가?

3단계: 당일 여행

로마에 머무는 동안 3명 중 1명은
콜로세움을 방문한다.　$\frac{1}{3}$

로마

로마에 머무는 동안
3명 중 2명은 바티칸을 방문한다.　$\frac{2}{3}$

나폴리에 머무는 동안 4명 중 3명은
폼페이를 방문한다.　$\frac{3}{4}$

나폴리

나폴리에 머무는 동안
4명 중 1명은 베수비오 산을 간다.　$\frac{1}{4}$

콜로세움
바티칸
폼페이
베수비오 산

△ **복합 사건의 2단계**
2단계에는 무작위로 선택된 한 사람이
특정 장소에 머무를 확률이 나타나 있다.

△ **복합 사건의 3단계**
3단계에는 무작위로 선택된 한 사람이
특정한 당일 여행을 할 확률이 나타나 있다.

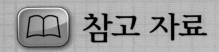

참고 자료

수학 기호

이 표에는 수학에서 많이 사용하는 기호들이 나와 있습니다. 수학자들은 기호를 이용해
복잡한 방정식과 공식을 어디에서나 통하는 표준적인 방식으로 표현할 수 있습니다.

기호	정의	기호	정의	기호	정의
+	더하기, 양(陽)	:	비(6:4)	∞	무한대
−	빼기, 음(陰)	::	비가 같다 (1:2::2:4)	n^2	제곱수
±	더하기 또는 빼기, 양 또는 음, 정확도	≒	거의 같다, 비슷하다	n^3	세제곱수
∓	빼기 또는 더하기, 음 또는 양	≅	합동이다	n^4, n^5 ···	거듭제곱수(오른쪽 위의 작은 수는 지수)
×	곱하기(6×4)	>	크다	√	제곱근
·	곱하기(6·4), 두 벡터의 스칼라 곱(A·B)	≫	훨씬 크다	$\sqrt[3]{\ }$, $\sqrt[4]{\ }$	세제곱근, 네제곱근 등
÷	나누기(6÷4)	≯	크지 않다	%	퍼센트
/	나누기, 비(6/4)	<	작다	°	온도(℃)나 각도(90°)의 도
—	나누기, 비($\frac{6}{4}$)	≪	훨씬 작다	∠	각
○	원	≮	작지 않다	⩒	등각
▲	삼각형	≧	크거나 같다		
□	정사각형	≦	작거나 같다	π	(파이) 원둘레와 지름의 비≒3.14
▭	직사각형	∝	정비례한다		
▱	평행사변형	( )	괄호 (곱하기를 뜻하기도 함)	α	알파(미지의 각)
=	같다			θ	세타(미지의 각)
≠	같지 않다	—	괄선(括線), 현이나 선분	⊥	수직
≡	합동이다	$\overleftrightarrow{AB}$	벡터	∟	직각
≢	합동이 아니다	$\overline{AB}$	선분	//, ⫽	평행
∽	대응한다	$\overrightarrow{AB}$	직선	∴	그러므로
				∵	왜냐하면
				ᵐ	측정 단위

소수(素數)

소수는 1과 그 수 자신으로만 나눠떨어지는 수입니다. 1은 소수가 아닙니다. 모든 소수를 구할 수 있는 하나의 공식은 없습니다. 여기에는 가장 작은 소수부터 250번째 소수까지 나와 있습니다.

2	3	5	7	11	13	17	19	23	29
31	37	41	43	47	53	59	61	67	71
73	79	83	89	97	101	103	107	109	113
127	131	137	139	149	151	157	163	167	173
179	181	191	193	197	199	211	223	227	229
233	239	241	251	257	263	269	271	277	281
283	293	307	311	313	317	331	337	347	349
353	359	367	373	379	383	389	397	401	409
419	421	431	433	439	443	449	457	461	463
467	479	487	491	499	503	509	521	523	541
547	557	563	569	571	577	587	593	599	601
607	613	617	619	631	641	643	647	653	659
661	673	677	683	691	701	709	719	727	733
739	743	751	757	761	769	773	787	797	809
811	821	823	827	829	839	853	857	859	863
877	881	883	887	907	911	919	929	937	941
947	953	967	971	977	983	991	997	1009	1013
1019	1021	1031	1033	1039	1049	1051	1061	1063	1069
1087	1091	1093	1097	1103	1109	1117	1123	1129	1151
1153	1163	1171	1181	1187	1193	1201	1213	1217	1223
1229	1231	1237	1249	1259	1277	1279	1283	1289	1291
1297	1301	1303	1307	1319	1321	1327	1361	1367	1373
1381	1399	1409	1423	1427	1429	1433	1439	1447	1451
1453	1459	1471	1481	1483	1487	1489	1493	1499	1511
1523	1531	1543	1549	1553	1559	1567	1571	1579	1583

제곱, 세제곱, 제곱근

아래의 표에는 일부 자연수의 제곱, 세제곱, 제곱근, 세제곱근이 소수 셋째 자리까지 반올림되어 나와 있습니다.

수	제곱	세제곱	제곱근	세제곱근
1	1	1	1.000	1.000
2	4	8	1.414	1.260
3	9	27	1.732	1.442
4	16	64	2.000	1.587
5	25	125	2.236	1.710
6	36	216	2.449	1.817
7	49	343	2.646	1.913
8	64	512	2.828	2.000
9	81	729	3.000	2.080
10	100	1,000	3.162	2.154
11	121	1,331	3.317	2.224
12	144	1,728	3.464	2.289
13	169	2,197	3.606	2.351
14	196	2,744	3.742	2.410
15	225	3,375	3.873	2.466
16	256	4,096	4.000	2.520
17	289	4,913	4.123	2.571
18	324	5,832	4.243	2.621
19	361	6,859	4.359	2.668
20	400	8,000	4.472	2.714
25	625	15,625	5.000	2.924
30	900	27,000	5.477	3.107
50	2,500	125,000	7.071	3.684

곱셈표

이 곱셈표에는 1부터 12까지의 각 자연수와 1부터 12까지 각 자연수의 곱이 나와 있습니다.

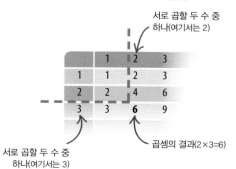

서로 곱할 두 수 중 하나(여기서는 2)

서로 곱할 두 수 중 하나(여기서는 3)

곱셈의 결과(2×3=6)

	1	2	3	4	5	6	7	8	9	10	11	12
1	1	2	3	4	5	6	7	8	9	10	11	12
2	2	4	6	8	10	12	14	16	18	20	22	24
3	3	6	9	12	15	18	21	24	27	30	33	36
4	4	8	12	16	20	24	28	32	36	40	44	48
5	5	10	15	20	25	30	35	40	45	50	55	60
6	6	12	18	24	30	36	42	48	54	60	66	72
7	7	14	21	28	35	42	49	56	63	70	77	84
8	8	16	24	32	40	48	56	64	72	80	88	96
9	9	18	27	36	45	54	63	72	81	90	99	108
10	10	20	30	40	50	60	70	80	90	100	110	120
11	11	22	33	44	55	66	77	88	99	110	121	132
12	12	24	36	48	60	72	84	96	108	120	132	144

측정 단위

측정 단위는 각종 수치를 비교할 수 있도록 기준으로 사용하는 수량입니다. 그 예로는 초(시간), 미터(길이), 킬로그램(질량) 등이 있습니다. 널리 쓰이는 두 가지 측정 체계는 미터법과 야드파운드법입니다.

넓이

미터법

100 제곱밀리미터 (mm²)	=	1 제곱센티미터 (cm²)
10,000 제곱센티미터 (cm²)	=	1 제곱미터 (m²)
10,000 제곱미터 (m²)	=	1 헥타르 (ha)
100 헥타르 (ha)	=	1 제곱킬로미터 (km²)
1 제곱킬로미터 (km²)	=	1,000,000 제곱미터 (m²)

야드파운드법

144 제곱인치 (sq in)	=	1 제곱피트 (sq ft)
9 제곱피트 (sq ft)	=	1 제곱야드 (sq yd)
1,296 제곱인치 (sq in)	=	1 제곱야드 (sq yd)
43,560 제곱피트 (sq ft)	=	1 에이커
640 에이커	=	1 제곱마일 (sq mile)

액체 부피

미터법

1,000 밀리리터 (ml)	=	1 리터 (l)
100 리터 (l)	=	1 헥토리터 (hl)
10 헥토리터 (hl)	=	1 킬로리터 (kl)
1,000 리터 (l)	=	1 킬로리터 (kl)

야드파운드법

8 액량온스 (fl oz)	=	1 컵
20 액량온스 (fl oz)	=	1 파인트 (pt)
4 질 (gi)	=	1 파인트 (pt)
2 파인트 (pt)	=	1 쿼트 (qt)
4 쿼트 (qt)	=	1 갤런 (gal)
8 파인트 (pt)	=	1 갤런 (gal)

질량

미터법

1,000 밀리그램 (mg)	=	1 그램 (g)
1,000 그램 (g)	=	1 킬로그램 (kg)
1,000 킬로그램 (kg)	=	1 톤 (t)

야드파운드법

16 온스 (oz)	=	1 파운드 (lb)
14 파운드 (lb)	=	1 스톤
112 파운드 (lb)	=	1 헌드레드웨이트
20 헌드레드웨이트	=	1 톤

길이

미터법

10 밀리미터 (mm)	=	1 센티미터 (cm)
100 센티미터 (cm)	=	1 미터 (m)
1,000 밀리미터 (mm)	=	1 미터 (m)
1,000 미터 (m)	=	1 킬로미터 (km)

야드파운드법

12 인치 (in)	=	1 피트 (ft)
3 피트 (ft)	=	1 야드 (yd)
1,760 야드 (yd)	=	1 마일
5,280 피트 (ft)	=	1 마일
8 펄롱	=	1 마일

시간

공통

60 초	=	1 분
60 분	=	1 시간
24 시간	=	1 일
7 일	=	1 주
52 주	=	1 년
1 년	=	12 개월

온도

		화씨	섭씨	켈빈
물의 끓는점	=	212°	100°	373°
물의 어는점	=	32°	0°	273°
절대 영도	=	−459°	−273°	0°

환산표

아래의 표에는 일반적인 길이, 넓이, 질량, 부피 수치에 대한 미터법과 야드파운드법의 관계가 나와 있습니다.
섭씨온도, 화씨온도, 켈빈온도를 서로 환산하려면 공식이 필요한데, 그 공식도 함께 나와 있습니다.

길이

미터법		야드파운드법
1 밀리미터 (mm)	=	0.03937 인치 (in)
1 센티미터 (cm)	=	0.3937 인치 (in)
1 미터 (m)	=	1.0936 야드 (yd)
1 킬로미터 (km)	=	0.6214 마일
야드파운드법		**미터법**
1 인치 (in)	=	2.54 센티미터 (cm)
1 피트 (ft)	=	0.3048 미터 (m)
1 야드 (yd)	=	0.9144 미터 (m)
1 마일	=	1.6093 킬로미터 (km)
1 해리	=	1.853 킬로미터 (km)

넓이

미터법		야드파운드법
1 제곱센티미터 (cm²)	=	0.155 제곱인치 (sq in)
1 제곱미터 (m²)	=	1.196 제곱야드 (sq yd)
1 헥타르 (ha)	=	2.4711 에이커
1 제곱킬로미터 (km²)	=	0.3861 제곱마일
야드파운드법		**미터법**
1 제곱인치 (sq in)	=	6.4516 제곱센티미터 (cm²)
1 제곱피트 (sq ft)	=	0.0929 제곱미터 (m²)
1 제곱야드 (sq yd)	=	0.8361 제곱미터 (m²)
1 에이커	=	0.4047 헥타르 (ha)
1 제곱마일	=	2.59 제곱킬로미터 (km²)

질량

미터법		야드파운드법
1 밀리그램 (mg)	=	0.0154 그레인
1 그램 (g)	=	0.0353 온스 (oz)
1 킬로그램 (kg)	=	2.2046 파운드 (lb)
1 톤 (t)	=	0.9842 톤
야드파운드법		**미터법**
1 온스 (oz)	=	28.35 그램 (g)
1 파운드 (lb)	=	0.4536 킬로그램 (kg)
1 스톤	=	6.3503 킬로그램 (kg)
1 헌드레드웨이트 (cwt)	=	50.802 킬로그램 (kg)
1 톤	=	1.016 톤 (t)

부피

미터		야드파운드법
1 세제곱센티미터 (cm³)	=	0.061 세제곱인치 (in³)
1 세제곱데시미터 (dm³)	=	0.0353 세제곱피트 (ft³)
1 세제곱미터 (m³)	=	1.308 세제곱야드 (yd³)
1 리터 (l)/1세제곱데시미터	=	1.76 파인트 (pt)
1 헥토리터 (hl)	=	21.997 갤런 (gal)
야드파운드법		**미터**
1 세제곱인치 (in³)	=	16.387 세제곱센티미터 (cm³)
1 세제곱피트 (ft³)	=	0.0283 세제곱미터 (m³)
1 액량온스 (fl oz)	=	28.413 밀리리터 (ml)
1 파인트 (pt)/20 액량온스	=	0.5683 리터 (l)
1 갤런/8 파인트 (pt)	=	4.5461 리터 (l)

온도

화씨(°F)를 섭씨(℃)로 환산하기	=	$C = (F - 32) \times 5 \div 9$
섭씨(℃)를 화씨(°F)로 환산하기	=	$F = (C \times 9 \div 5) + 32$
섭씨(℃)를 켈빈(K)으로 환산하기	=	$K = C + 273$
켈빈(K)을 섭씨(℃)로 환산하기	=	$C = K - 273$

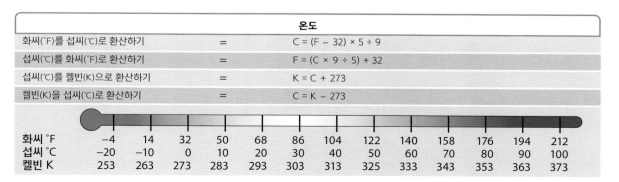

화씨 °F	−4	14	32	50	68	86	104	122	140	158	176	194	212
섭씨 ℃	−20	−10	0	10	20	30	40	50	60	70	80	90	100
켈빈 K	253	263	273	283	293	303	313	325	333	343	353	363	373

환산법

아래의 표에는 미터법 단위와 야드파운드법 단위를 서로 환산하는 방법이 나와 있습니다. 왼쪽 표에는 미터법 단위(또는 야드파운드법 단위)를 야드파운드법(또는 미터법)으로 환산하는 법이, 오른쪽 표에는 그와 반대로 환산하는 법이 나와 있습니다.

미터법·야드파운드법 단위 환산법		
이 단위를	이 단위로 바꾸려면	이 수를 곱한다
에이커	헥타르	0.4047
센티미터	피트	0.03281
센티미터	인치	0.3937
세제곱센티미터	세제곱인치	0.061
세제곱피트	세제곱미터	0.0283
세제곱인치	세제곱센티미터	16.3871
세제곱미터	세제곱피트	35.315
피트	센티미터	30.48
피트	미터	0.3048
갤런	리터	4.546
그램	온스	0.0353
헥타르	에이커	2.471
인치	센티미터	2.54
킬로그램	파운드	2.2046
킬로미터	마일	0.6214
시속 킬로미터	시속 마일	0.6214
리터	갤런	0.2199
리터	파인트	1.7598
미터	피트	3.2808
미터	야드	1.0936
분속 미터	초속 센티미터	1.6667
분속 미터	초속 피트	0.0547
마일	킬로미터	1.6093
시속 마일	시속 킬로미터	1.6093
시속 마일	초속 미터	0.447
밀리미터	인치	0.0394
온스	그램	28.3495
파인트	리터	0.5682
파운드	킬로그램	0.4536
제곱센티미터	제곱인치	0.155
제곱인치	제곱센티미터	6.4516
제곱피트	제곱미터	0.0929
제곱킬로미터	제곱마일	0.386
제곱미터	제곱피트	10.764
제곱미터	제곱야드	1.196
제곱마일	제곱킬로미터	2.5899
제곱야드	제곱미터	0.8361
톤(미터법)	톤(야드파운드법)	0.9842
톤(야드파운드법)	톤(미터법)	1.0216
야드	미터	0.9144

미터법·야드파운드법 단위 환산법		
이 단위를	이 단위로 바꾸려면	이 수로 나눈다
헥타르	에이커	0.4047
피트	센티미터	0.03281
인치	센티미터	0.3937
세제곱인치	세제곱센티미터	0.061
세제곱미터	세제곱피트	0.0283
세제곱센티미터	세제곱인치	16.3871
세제곱피트	세제곱미터	35.315
센티미터	피트	30.48
미터	피트	0.3048
리터	갤런	4.546
온스	그램	0.0353
에이커	헥타르	2.471
센티미터	인치	2.54
파운드	킬로그램	2.2046
마일	킬로미터	0.6214
시속 마일	시속 킬로미터	0.6214
갤런	리터	0.2199
파인트	리터	1.7598
피트	미터	3.2808
야드	미터	1.0936
초속 센티미터	분속 미터	1.6667
초속 피트	분속 미터	0.0547
킬로미터	마일	1.6093
시속 킬로미터	시속 마일	1.6093
초속 미터	시속 마일	0.447
인치	밀리미터	0.0394
그램	온스	28.3495
리터	파인트	0.5682
킬로그램	파운드	0.4536
제곱인치	제곱센티미터	0.155
제곱센티미터	제곱인치	6.4516
제곱미터	제곱피트	0.0929
제곱마일	제곱킬로미터	0.386
제곱피트	제곱미터	10.764
제곱야드	제곱미터	1.196
제곱킬로미터	제곱마일	2.5899
제곱미터	제곱야드	0.8361
톤(야드파운드법)	톤(미터법)	0.9842
톤(미터법)	톤(야드파운드법)	1.0216
미터	야드	0.9144

백분율, 소수, 분수

백분율, 소수, 분수는 어떤 수치를 특정 수량의 한 부분으로 나타내는 방법들입니다.
예컨대 백분율 10%는 소수 0.1, 분수 $\frac{1}{10}$ 과 같습니다.

%	소수	분수	%	소수	분수	%	소수	분수	%	소수	분수	%	소수	분수
1	0.01	1/100	12.5	0.125	1/8	24	0.24	6/25	36	0.36	9/25	49	0.49	49/100
2	0.02	1/50	13	0.13	13/100	25	0.25	1/4	37	0.37	37/100	50	0.5	1/2
3	0.03	3/100	14	0.14	7/50	26	0.26	13/50	38	0.38	19/50	55	0.55	11/20
4	0.04	1/25	15	0.15	3/20	27	0.27	27/100	39	0.39	39/100	60	0.6	3/5
5	0.05	1/20	16	0.16	4/25	28	0.28	7/25	40	0.4	2/5	65	0.65	13/20
6	0.06	3/50	16.66	0.166	1/6	29	0.29	29/100	41	0.41	41/100	66.66	0.666	2/3
7	0.07	7/100	17	0.17	17/100	30	0.3	3/10	42	0.42	21/50	70	0.7	7/10
8	0.08	2/25	18	0.18	9/50	31	0.31	31/100	43	0.43	43/100	75	0.75	3/4
8.33	0.083	1/12	19	0.19	19/100	32	0.32	8/25	44	0.44	11/25	80	0.8	4/5
9	0.09	9/100	20	0.2	1/5	33	0.33	33/100	45	0.45	9/20	85	0.85	17/20
10	0.1	1/10	21	0.21	21/100	33.33	0.333	1/3	46	0.46	23/50	90	0.9	9/10
11	0.11	11/100	22	0.22	11/50	34	0.34	17/50	47	0.47	47/100	95	0.95	19/20
12	0.12	3/25	23	0.23	23/100	35	0.35	7/20	48	0.48	12/25	100	1.00	1

각

한 점에서 나간 두 반직선이 이루는 크기, 즉 두 선의 벌어진 정도를 각도, 각이라고 합니다.

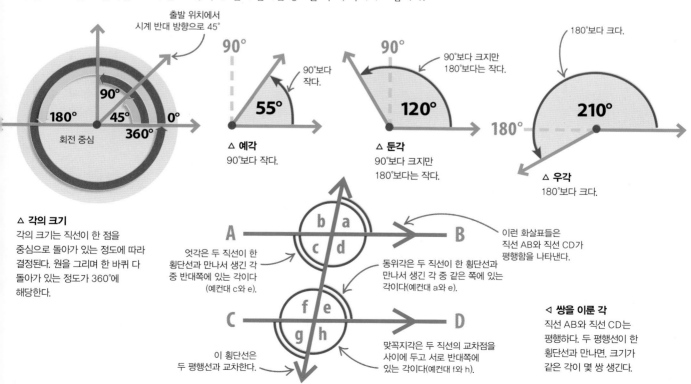

△ **각의 크기**
각의 크기는 직선이 한 점을 중심으로 돌아가 있는 정도에 따라 결정된다. 원을 그리며 한 바퀴 다 돌아가 있는 정도가 360°에 해당한다.

출발 위치에서 시계 반대 방향으로 45°

△ **예각**
90°보다 작다.

△ **둔각**
90°보다 크지만 180°보다는 작다.

△ **우각**
180°보다 크다.

엇각은 두 직선이 한 횡단선과 만나서 생긴 각 중 반대쪽에 있는 각이다 (예컨대 c와 e).

동위각은 두 직선이 한 횡단선과 만나서 생긴 각 중 같은 쪽에 있는 각이다(예컨대 a와 e).

이 횡단선은 두 평행선과 교차한다.

맞꼭지각은 두 직선의 교차점을 사이에 두고 서로 반대쪽에 있는 각이다(예컨대 f와 h).

이런 화살표들은 직선 AB와 직선 CD가 평행함을 나타낸다.

◁ **쌍을 이룬 각**
직선 AB와 직선 CD는 평행하다. 두 평행선이 한 횡단선과 만나면, 크기가 같은 각이 몇 쌍 생긴다.

도형

직선으로 둘러싸인 이차원 도형을 다각형이라고 합니다. 다각형은 변의 개수에 따라 이름을 붙입니다.
변의 개수는 내각의 개수와도 같습니다. 원은 직선이 없으므로 다각형은 아니지만, 이차원 도형이기는 합니다.

△ **원**
한 중심점에서 같은 거리에 있는 모든
점으로 구성된 곡선 도형

△ **삼각형**
변이 세 개, 내각이 세 개 있는 다각형

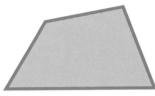

△ **사각형**
변이 네 개, 내각이 네 개 있는 다각형

△ **정사각형**
네 변의 길이가 같고 네 내각의
크기가 90°(직각)로 같은 사각형

△ **직사각형**
네 내각의 크기가 같고 대변끼리
길이가 같은 사각형

△ **평행사변형**
두 쌍의 대변이 각각 평행하고 길이도
같은 사각형

△ **오각형**
변이 다섯 개, 내각이 다섯 개 있는 다각형

△ **육각형**
변이 여섯 개, 내각이 여섯 개 있는 다각형

△ **칠각형**
변이 일곱 개, 내각이 일곱 개 있는 다각형

△ **구각형**
변이 아홉 개, 내각이 아홉 개 있는 다각형

△ **십각형**
변이 열 개, 내각이 열 개 있는 다각형

△ **십일각형**
변이 열한 개, 내각이 열한 개 있는 다각형

수열

수열은 각 수와 그 앞뒤 수의 관계에 대한 특정 '패턴' 또는 규칙에 따라 한 줄로 배열한 수의 열입니다.
수학적으로 중요한 수열의 예가 아래에 나와 있습니다.

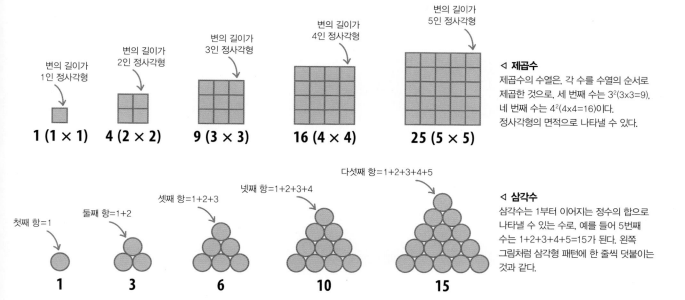

변의 길이가
1인 정사각형

변의 길이가
2인 정사각형

변의 길이가
3인 정사각형

변의 길이가
4인 정사각형

변의 길이가
5인 정사각형

$1 (1 \times 1)$　　$4 (2 \times 2)$　　$9 (3 \times 3)$　　$16 (4 \times 4)$　　$25 (5 \times 5)$

◁ **제곱수**
제곱수의 수열은, 각 수를 수열의 순서로 제곱한 것으로, 세 번째 수는 3^2($3\times3=9$), 네 번째 수는 4^2($4\times4=16$)이다. 정사각형의 면적으로 나타낼 수 있다.

첫째 항=1　둘째 항=1+2　셋째 항=1+2+3　넷째 항=1+2+3+4　다섯째 항=1+2+3+4+5

1　**3**　**6**　**10**　**15**

◁ **삼각수**
삼각수는 1부터 이어지는 정수의 합으로 나타낼 수 있는 수로, 예를 들어 5번째 수는 1+2+3+4+5=15가 된다. 왼쪽 그림처럼 삼각형 패턴에 한 줄씩 덧붙이는 것과 같다.

피보나치수열

이탈리아 수학자 레오나르도 피보나치(Leonardo Fibonacci, 1175?~1250?)의 이름을 딴 피보나치수열은 1로 시작합니다. 둘째 항도 1입니다. 그다음부터 각 항은 앞 두 항의 합입니다. 예를 들어 여섯째 항인 8은 넷째 항 3과 다섯째 항 5의 합입니다(3+5=8).

파스칼의 삼각형

파스칼의 삼각형은 수를 삼각형 모양으로 배열한 것입니다. 삼각형 맨 위의 수는 1이고, 각 단의 양끝 수도 모두 1입니다. 그 밖의 각 수는 대각선 방향의 위에 있는 두 수의 합입니다. 예를 들어 셋째 행의 2는 위 행의 두 1을 합해서 만든 것입니다.

이 수열은 1로 시작된다.　각 항은 앞 두 항의 합이다.

1+1　1+2　2+3　3+5　5+8

$1, 1, 2, 3, 5, 8, 13, ...$

이 수열은 무한히 계속된다.

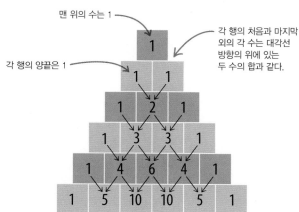

맨 위의 수는 1

각 행의 처음과 마지막 외의 각 수는 대각선 방향의 위에 있는 두 수의 합과 같다.

각 행의 양끝은 1

공식

공식은 여러 수량이나 항을 관련짓는 수학적 '레시피'입니다. 한 항의 값을 모르고 나머지
항의 값은 다 알 때 미지항의 값을 구하기 위해 사용합니다.

이자

이자는 두 종류가 있습니다. 단리와 복리. 단리에서는 이자가 원금에만 붙습니다.
복리에서는 이자에도 이자가 붙습니다.

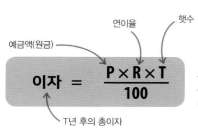

◁ **단리 공식**
특정 햇수 동안 붙는 단리를
구하려면, 해당 값을 이 공식에
대입하면 된다.

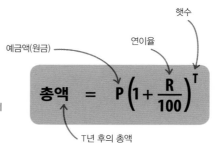

◁ **복리 공식**
특정 햇수가 지난 후의 총액
(원금+이자)을 구하려면, 해당
값을 이 공식에 대입하면 된다.

대수학 공식

대수학은 문자를 이용해 수의 성질과
관계를 나타내는 수학 분야입니다.
유용한 공식으로는 이차방정식의 일반형
공식과 그 방정식을 푸는 근의 공식 등이
있습니다.

△ **이차방정식**
이차방정식은 위와 같은 일반형으로 나타낼 수
있다. 이차방정식은 근의 공식으로 풀 수 있다.

△ **이차방정식 근의 공식**
이 공식을 이용하면, 어떤 이차방정식이든
풀 수 있다. 근은 항상 두 개다.

$$\pi = 3.14$$

원주율 기호 / 소수 둘째 자리까지 반올림한 값 / 소수 스무째 자리까지 반올림한 값

3.14159265358979323846

◁ **원주율의 값**
원주율 파이는 원의 넓이를 구하는 공식을
비롯해 여러 공식에서 볼 수 있다. 파이에서
소수점 다음의 숫자들은 아무런 패턴을 따르지
않고 무한히 계속된다.

삼각법 공식

삼각법에서 가장 유용한 세 가지 공식은 두 변의 길이를 아는 직각삼각형에서
모르는 각 크기를 구하는 데 사용하는 공식들입니다.

△ **사인 정의 공식**
이 공식은 특정 각 크기, 대변 길이, 빗변
길이 중 둘만 알고 하나를 모를 때 사용한다.

△ **코사인 정의 공식**
이 공식은 특정 각 크기, 인접변 길이, 빗변 길이
중 둘만 알고 하나를 모를 때 사용한다.

△ **탄젠트 정의 공식**
이 공식은 특정 각 크기, 대변 길이, 인접변 길이 중
둘만 알고 하나를 모를 때 사용한다.

넓이

도형의 넓이는 그 내부 공간의 크기입니다. 일반적인 도형의 넓이를 구하는 공식이 아래에 나와 있습니다.

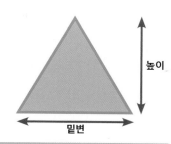

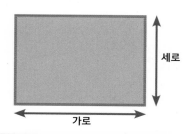

$$넓이 = π×반지름^2$$

△ **원**
원의 넓이는 파이(π≒3.14)에 반지름의 제곱을 곱한 값이다.

$$넓이 = \frac{1}{2}×밑변×높이$$

△ **삼각형**
삼각형의 넓이는 $\frac{1}{2}$과 밑변 길이와 수직 높이를 곱한 값이다.

$$넓이 = 가로×세로$$

△ **직사각형**
직사각형의 넓이는 가로 길이와 세로 길이를 곱한 값이다.

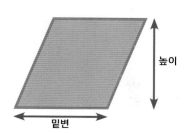

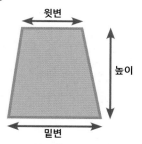

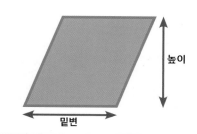

$$넓이 = 밑변×높이$$

△ **평행사변형**
평행사변형의 넓이는 밑변 길이와 수직 높이를 곱한 값이다.

$$넓이 = \frac{1}{2}×높이(윗변+밑변)$$

△ **사다리꼴**
사다리꼴의 넓이는 평행한 두 변의 길이의 합에 수직 높이와 $\frac{1}{2}$ 을 곱한 값이다.

$$넓이 = 밑변×높이$$

△ **마름모**
마름모의 넓이는 밑변 길이와 수직 높이를 곱한 값이다.

피타고라스의 정리

직각삼각형의 세 변의 관계를 정리한 공식입니다. 피타고라스 정리를 이용하면 두 변의 길이를 알 때 나머지 한 변의 길이를 알아낼 수 있습니다.

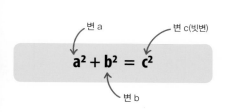

변 a
변 c(빗변)

$$a^2 + b^2 = c^2$$

변 b

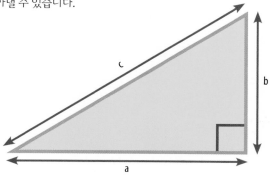

c

b

a

◁ **피타고라스의 정리**
직각삼각형에서 빗변(가장 긴 변, c)의 제곱은 나머지 두 변(a와 b) 각각의 제곱의 합과 같다.

겉넓이와 부피

각종 삼차원 도형의 모습과 각각의 겉넓이 및 부피를 계산하는 공식입니다.
공식에서 문자 두 개가 붙어 있는 것은 두 문자의 곱을 의미합니다.
예를 들면, '2r'은 '2'와 'r'을 곱한다는 뜻입니다. 파이(π)는 약 3.14(소수 둘째 자리까지 반올림한 근삿값)입니다.

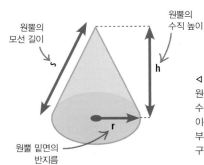

원뿔의 모선 길이
원뿔의 수직 높이
원뿔 밑면의 반지름

◁ **원뿔**
원뿔의 겉넓이는 밑면 반지름, 수직 높이, 모선 길이를 이용해 구할 수 있다. 원뿔 부피는 높이와 반지름으로 구할 수 있다.

$$겉넓이 = πrs + πr^2$$
$$부피 = \frac{1}{3}πr^2h$$

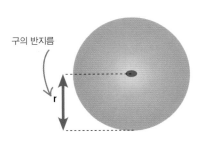

구의 반지름

◁ **구**
구의 겉넓이와 부피는 반지름만 알면 구할 수 있다. 파이는 상수이기 때문이다 (소수 둘째 자리까지 반올림하면 3.14).

$$겉넓이 = 4πr^2$$
$$부피 = \frac{4}{3}πr^3$$

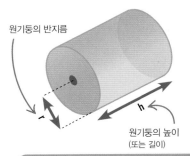

원기둥의 반지름
원기둥의 높이 (또는 길이)

◁ **원기둥**
원기둥의 겉넓이와 부피는 반지름과 높이(또는 길이)를 이용해 구할 수 있다.

$$겉넓이 = 2πr\,(h+r)$$
$$부피 = πr^2h$$

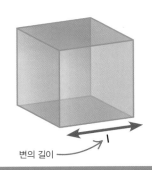

변의 길이

◁ **정육면체**
정육면체의 겉넓이와 부피는 변의 길이만 알면 구할 수 있다.

$$겉넓이 = 6l^2$$
$$부피 = l^3$$

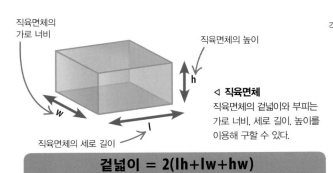

직육면체의 가로 너비
직육면체의 높이
직육면체의 세로 길이

◁ **직육면체**
직육면체의 겉넓이와 부피는 가로 너비, 세로 길이, 높이를 이용해 구할 수 있다.

$$겉넓이 = 2(lh+lw+hw)$$
$$부피 = lwh$$

각뿔의 수직 높이
각뿔 옆면 높이
각뿔 밑면의 변 길이

◁ **정사각뿔**
정사각뿔의 겉넓이는 옆면의 높이와 밑면의 변 길이를 이용해 구할 수 있다. 정사각뿔 부피는 수직 높이와 밑면의 변 길이로 구할 수 있다.

$$겉넓이 = 2ls+l^2$$
$$부피 = \frac{1}{3}l^2h$$

원의 부분들

아래의 공식을 이용하면 반지름, 원주, 호 길이가 같은 몇몇 특징으로 원에 대한 다양한 수치를 알아낼 수 있습니다.
원주율 파이(π)는 원의 둘레와 지름의 비로, 약 3.14(소수 둘째 자리까지 반올림한 근삿값)입니다.

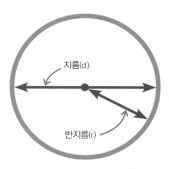

◁ **지름과 반지름**
원의 지름은 중심을 지나며 원을 가로지르는 선분, 또는 그 길이다. 반지름(중심에서 원주에 이르는 선분, 또는 그 길이)은 지름의 반이다.

$$지름 = 2r$$

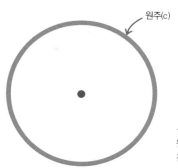

◁ **지름과 원주**
원의 지름은 원주(원의 둘레 길이)만 알면 구할 수 있다.

$$지름 = \frac{c}{\pi}$$

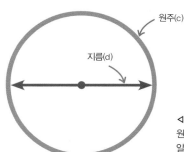

◁ **원주와 지름**
원주(원의 둘레 길이)는 지름만 알면 구할 수 있다.

$$원주 = \pi d$$

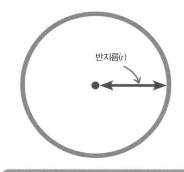

◁ **원주와 반지름**
원주(원의 둘레 길이)는 반지름만 알아도 구할 수 있다.

$$원주 = 2\pi r$$

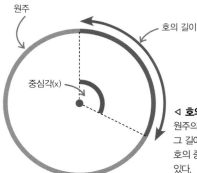

◁ **호의 길이**
원주의 일부를 호라고 하는데, 그 길이는 원둘레의 총길이와 호의 중심각을 알면 구할 수 있다.

$$호의 길이 = \frac{x}{360} \times c$$

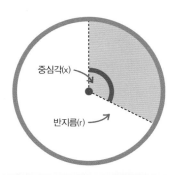

◁ **부채꼴의 넓이**
부채꼴의 넓이는 원의 넓이와 부채꼴의 중심각을 알면 구할 수 있다.

$$부채꼴의 넓이 = \frac{x}{360} \times \pi r^2$$

용어 사전

가분수
분자가 분모보다 큰 분수.

각, 각도
한 점에서 갈리어 나간 두 반직선이 이루는 도형을 각이라고 한다. 각의 크기, 즉 그런 두 선의 벌어진 정도를 각도라고도 하고 그냥 각이라고도 한다. 45°처럼 도(度, °) 단위로 나타낸다.

각기둥
양 끝의 밑면이 합동인 다각형으로 이루어진 삼차원 도형.

각도기
각도를 측정하는 데 사용하는 도구.

각뿔
밑면이 다각형이고 삼각형 옆면들이 맨 꼭대기의 한 점에서 만나는 삼차원 도형.

같다
두 대상의 값이 같으면 그 둘이 같다고 하고 등호 =로 나타낸다.

같지 않다
값이 다르다. 부등호 ≠를 써서 1≠2 와 같이 나타낸다.

거듭제곱근, 루트
어떤 수에 그 수 자신을 몇 번 거듭 곱해서 특정한 수가 되었을 때, 그 어떤 수를 특정한 수의 거듭제곱근 이라고 한다.
예를 들면 16의 네제곱근은 2이다. 2×2×2×2=16이기 때문이다.

계산기
산술 연산을 하는 데 사용하는 전자 기기.

계수
대수식에서 문자 앞의 수. 방정식

$x^2+5x+6=0$에서 5x의 계수는 5이다.

곡선
매끈하게 굽어 있는 선. 이차방정식의 그래프도 곡선이다.

곱
두 개 이상의 수를 서로 곱할 때 계산 결과로 나오는 수.

곱셈
어떤 수에 그 수 자신을 정해진 횟수만큼 거듭 더하는 계산. 곱셈 부호는 ×이다.

공식
변수들의 관계를 설명하는 법칙. 그런 변수들은 보통 기호 문자로 적는다. 예를 들어, 원의 넓이를 계산하는 공식은 $A=\pi r^2$인데, 여기서 A는 넓이, r은 반지름을 나타낸다.

공통 인수, 공약수
두 개 이상의 수의 공약수는 그 수들을 각각 나머지 없이 나눌 수 있는 수이다. 예컨대 3은 6과 18의 공약수다.

괄호
1. 괄호는 계산 순서를 나타낸다. 괄호 안의 수식을 먼저 계산해야 한다. 이를테면 2×(4+1)=10이다.
2. 괄호는 (1, 1)처럼 좌표를 이루는 한 쌍의 수를 나타낸다.
3. 괄호로 묶인 수식 바로 앞에 어떤 수가 있으면, 괄호 안의 계산 결과와 그 수를 곱해야 한다는 뜻이다.

교차점, 교점
두 개 이상의 선이 만나는 점.

구
공 모양의 완전히 둥근 삼차원 도형. 표면 위의 모든 점이 중심에서 같은 거리만큼 떨어져 있다.

균형
어느 한쪽으로 기울거나 치우치지 않고 고른 상태를 말한다. 예를 들어 방정식에서는 좌변과 우변이 균형을 이루어야 한다.

그래프
두 가지 변수 간의 관계를 비롯해 다양한 정보를 나타내는 데 사용하는 도표.

근사계산, 근삿값
반올림 등으로 참값에 가까운 수치를 셈하는 일을 근사계산이라 하고, 근사계산으로 얻은 수치를 근삿값이라고 한다.

급여
누군가 한 일에 대해 정기적으로 지불하는 돈의 액수.

기울기
선의 기울어진 정도.

기하학
도형을 다루는 수학 분야. 점, 선, 각들의 관계를 살펴본다.

길이
두 점 사이의 거리를 나타내는 수치. 예를 들면, 선분의 양끝 점 사이가 얼마나 긴가 하는 정도를 말한다.

꺾은선그래프
몇몇 점을 선분으로 연결한 그래프.

꼭짓점
셋 이상의 면이나 두 변이 만나는 점.

끼인각
하나의 꼭짓점을 공유하는 두 변 사이에 생긴 각.

나눗셈
한 수를 똑같은 몇몇 부분으로 나누는

계산. 기호 ÷로 12÷3=4와 같이 나타내기도 하고, 기호 /로 분수 꼴인 $\frac{2}{3}$와 같이 나타내기도 한다.

나머지
나눗셈에서 피제수에 제수가 몇 번 들어간 다음에 남는 수. 예컨대 11÷2 에서는 몫이 5이고 나머지가 1이다.

내각
1. 다각형 안의 끼인각.
2. 한 직선이 두 직선과 각각 서로 다른 점에서 만날 때 두 직선의 안쪽에 생기는 각.

너비, 폭
가로 방향의 길이. 서로 마주 보는 변들의 간격으로 나타낸다.

넓이, 면적
이차원 도형의 테두리 안에 있는 공간의 크기. ㎠ 같은 제곱 단위로 나타낸다.

높이
위쪽으로의 길이. 가장 낮은 점과 가장 높은 점의 간격으로 나타낸다.

다각형
셋 이상의 곧은 변으로 둘러싸인 이차원 도형.

다면체
평면 다각형인 면들로 둘러싸인 삼차원 도형.

단순화
대수학에서 어떤 수식을, 이를테면 분수 꼴을 약분하거나 하여 가장 기본적인 또는 가장 간단한 형태로 고쳐 적는 일.

단위
cm, kg, 초처럼 측정의 기초가 되는 기준 수량.

닮음
두 개 이상의 도형이 크기는 달라도 모양이 같으면, 그들을 닮았다고 한다.

대(對)
서로 마주 보는 변을 대변이라 하고, 서로 마주 보는 각을 대각이라 한다.

대각선
다각형에서 서로 이웃하지 않는 두 꼭짓점을 잇는 선분.

대수학
개개의 숫자 대신에 문자를 사용해 수의 관계를 일반화하여 다루는 수학 분야.

대입
대수식에서 문자 대신 특정한 수치를 넣는 일.

대출금
금융 기관에서 빌린 돈. 보통 일정 기간에 걸쳐서 갚아야 하는 돈이다.

대칭
어떤 도형이 반사나 회전 후에도 똑같은 모양으로 보이면, 그 도형을 대칭형이라고 한다.

대칭선
거울처럼 한 도형을 두 개의 경상으로 분할하는 직선.

대푯값
자료의 특징이나 경향을 나타내는 수치. 주로 사용하는 종류로는 중앙값, 최빈값, 평균값, 이렇게 세 가지가 있다.

덧셈
몇 개의 수를 합하여 계산하는것으로 + 부호로 나타낸다. 예컨대 2+3=5와 같이 적는다. 수를 더하는 순서는 답에 영향을 미치지 않는다. 2+3=3+2.

도(度)
각의 크기를 측정하는 단위. 기호 °로 나타낸다.

독립 사건
확률에서 서로 영향을 전혀 주고받지 않는 사건.

동류항
대수식에서 x와 y 같은 기호 문자가 같은 항(문자 앞의 계수는 다를 수도 있다). 동류항끼리는 합칠 수 있다.

동위각
두 직선이 다른 한 직선과 교차해서 생기는 각 가운데, 한 직선에서 보아 같은 위치에 있는 두 개의 각. 두 직선이 평행하면 동위각은 서로 크기가 같다.

동치 분수
실제 값은 서로 같지만 분모 및 분자의 숫자는 서로 다른 분수. 예컨대 $\frac{1}{2}$, $\frac{2}{4}$, $\frac{5}{10}$는 동치 분수이다.

둔각
크기가 90°와 180° 사이인 각.

둘레
도형을 한 바퀴 둘러싼 테두리선. 그런 테두리선의 길이를 의미하기도 한다.

등각
모든 각의 크기가 같은 도형을 등각 도형이라고 한다.

등거리
한 점이 두 개 이상의 점에서 같은 거리에 있을 때, 그 거리를 등거리라고 한다.

등식
두 대상이 같다는 수학적 용어.

등확률 사건
일어날 가능성이 똑같은 두 사건을 등확률 사건이라고 한다.

마름모
두 쌍의 대변이 서로 평행하고 네 변의 길이가 모두 같은 사각형.

마이너스
뺄셈 부호. −로 나타낸다.

막대그래프
너비는 같지만 높이는 제각각인 몇몇 직사각형(막대)으로 수량을 나타내는 그래프. 막대 높이가 높을수록 해당 수량이 많은 것이다.

면
삼차원 도형을 구성하는 평면. 모서리로 둘러싸여 있다.

몫
나눗셈에서 피제수에 제수가 들어가는 횟수(정수). 예를 들어 11÷2 에서는 몫이 5이다(나머지는 1이다).

무작위
어떤 일이 특별한 패턴 없이 우연히 일어나는 상태.

무한대, 무한
한계나 끝이 없음. 무한대는 기호 ∞로 나타낸다.

미지각
크기가 명시되지 않아서 크기를 구해야 하는 각.

밀도
단위 부피만큼의 질량. 즉, '밀도=질량/부피'이다.

밑변, 밑면
이차원 도형의 밑변은 맨 아래에 있는 선분이다. 삼차원 도형의 밑면은 맨 아래에 있는 면이다.

바꾸기(환산)
어떤 단위의 수치를 다른 단위의 수치로 바꾸는 일. 이를테면 마일을 킬로미터로 환산할 수 있다.

반비례
두 변수 x와 y가 있는데 한쪽이 2배, 3배 등이 될 때 다른 한쪽은 $\frac{1}{2}$배, $\frac{1}{3}$배 등이 되면 둘은 반비례하는 것이다.

반사
원래 도형의 경상을 만드는 변환의 일종.

반올림
어떤 수의 근삿값을 구할 때 그 수를 가장 가까운 정수로 고쳐 적거나 특정 소수 자리까지만 정리해서 적는 방법.

반원
원에서 지름과 하나의 호로 둘러싸인 절반 부분.

반지름
원의 중심에서 원주 위의 한 점까지의 거리.

방위
나침반에 나타나는 방향. 그 각도는 북쪽에서부터 시계 방향으로 목표 방향까지 재어 보통 045°처럼 세 자리 정수로 나타낸다.

배척·축척/확대·축소도
배척·축척은 어떤 물체를 더 크게 혹은 더 작게 만든 정도이다. 비로 나타낸다. 확대·축소도는 해당 물체를 일정 비율로 키우거나 줄여서 그린 그림이다.

백분율
전체 100에 대한 일부의 비율. 기호 %로 나타낸다.

범위
한 가지 자료에서 최솟값과 최댓값 사이의 폭.

벡터
크기와 방향이 둘 다 있는 양. 그 예로는 속도와 힘 등이 있다.

변수
값이 변할 수 있는 수. 보통 문자로 나타낸다.

변환
위치나 크기, 방향의 변화. 반사, 회전, 확대, 평행 이동은 모두 변환에 속한다.

보각
합하면 180°가 되는 두 각.

볼록
바깥쪽으로 굽어 있는 어떤 형태. 내각이 모두 180°보다 작은 다각형은 볼록 다각형이다.

부등변 삼각형
변의 길이가 모두 다르고 각의 크기도 모두 다른 삼각형.

부등식
두 수 혹은 두 식의 값이 서로 같지 않음을 나타내는 식.

부채꼴
원에서 두 개의 반지름과 하나의 호로 둘러싸인 부분.

부피
삼차원 도형의 내부 공간의 크기. ㎤ 같은 세제곱 단위로 나타낸다.

분모
분수에서 가로줄 아래에 있는 수. 예컨대 $\frac{2}{3}$에서 분모는 3이다.

분수
어떤 수량의 한 부분. $\frac{2}{3}$처럼 한 수 (분모) 위에 다른 수(분자)를 올린 꼴로 나타낸다.

분자
분수에서 가로줄 위에 있는 수. 예컨대 $\frac{2}{3}$에서는 2가 분자이다.

분포
한 가지 자료의 분포는 그 자료가 특정 범위에 걸쳐 분포되어 있는 방식을 말한다.

분포도
점을 여러 개 찍어 두 가지 자료의 상관관계를 보여주는 그래프.

불가능
어떤 일이 절대 일어날 수 없음. 불가능한 일이 일어날 확률은 0으로 적는다.

비
두 수량의 상대적 크기 관계. 2:3처럼

비 기호의 양쪽에 해당 수치를 써서 나타낸다.

비례
두 개 이상의 수량이 일정한 비로 관련되어 있는 상태. 이를테면 어떤 음식의 레시피에서는 한 재료의 양과 다른 재료의 양을 3 대 2로 정할 수도 있다.

빈도, 도수
1. 일정 시간 동안 어떤 일이 일어나는 횟수를 빈도라고 한다.
2. 통계에서 한 계급에 속하는 자료의 개수를 도수라고 한다.

빗변
직각삼각형에서 직각과 마주 보는 변. 직각삼각형에서 가장 긴 변이다.

빚
빌린 돈. 즉 앞으로 갚아야 할 돈의 액수.

뺄셈
한 수에서 다른 수만큼을 덜어내는 계산. 기호 −로 나타낸다.

사각형
네 변과 네 각으로 구성된 이차원 도형.

사다리꼴
길이가 다를 수도 있는 한 쌍의 변이 평행한 사각형.

사분면
원의 $\frac{1}{4}$(사분원). 혹은 x축과 y축으로 분할된 좌표 평면의 네 부분 중 하나.

사분 범위
자료의 분포 상태를 나타내는 척도 중 하나. 제1사분위수와 제3사분위수의 차이를 말한다.

사분위수
통계에서 사분위수는 정리된 자료를 균등하게 네 부분으로 분할하는 점이다. 하한값에서부터 $\frac{1}{4}$ 자리의 변량값을 제1사분위수, $\frac{1}{2}$ 자리의

변량값을 중앙값(제2사분위수), $\frac{3}{4}$ 자리의 변량값을 제3사분위수라고 한다.

사인
직각삼각형에서 특정 예각의 대변과 빗변의 비.

산술
덧셈, 뺄셈, 곱셈, 나눗셈으로 구성된 계산 방법.

삼각법
삼각형의 변과 각의 비를 연구하는 수학 분야.

삼각형
세 변과 세 각으로 구성된 이차원 도형.

삼차원
세로 길이, 가로 너비, 높이가 있는 도형을 삼차원 도형이라고 한다. 삼차원은 흔히 3D로 적기도 한다.

상관관계
한쪽이 변함에 따라 다른 한쪽도 변하면 둘 사이에 상관관계가 있는 것이다.

상수
변하지 않아서 일정한 값을 띠는 수량. 예컨대 방정식 y=x+2에서 2는 상수다.

상자·수염 그림
통계 자료를 수직선(數直線) 위에 나타내는 한 가지 방법. 상자 모양은 제1사분위수, 중앙값(제2사분위수), 제3사분위수의 위치를 가리키는 짧은 세로 선분들을 가로 선분으로 연결해서 그린다. 그리고 양쪽의 수염 모양은 자료 범위의 상한값과 하한값을 나타낸다.

상호 배타적 사건
절대 동시에 함께 일어날 수 없는 둘 이상의 사건.

선
길이와 위치만 있고 넓이와 두께는 없는, 이차원 도형의 구성 요소.

세금
소비세나 소득세 등의 형태로 정부에 납부하는 돈.

세제곱근
어떤 수를 세 개 거듭 곱해서 특정 수가 되었을 때, 그 어떤 수를 특정 수의 세제곱근이라고 한다. 세제곱근은 $\sqrt[3]{}$ 기호로 나타낸다.

세제곱수
어떤 수를 세제곱한다는 말은 그 수를 세 개 거듭 곱한다는 뜻이다. 예컨대 8은 2×2×2=8, 즉 2^3이므로 세제곱수이다.

소득, 수입
벌어들인 돈의 액수.

소수(小數)
0보다 크고 1보다 작은 수.

소수(素數)
약수가 1과 그 수 자신 이렇게 둘뿐인 수. 제일 작은 것부터 열 개를 나열하면 2, 3, 5, 7, 11, 13, 17, 19, 23, 29이다.

소수 자리
소수점 뒤의 숫자 위치.

소수점
2.5에서처럼 정수 부분과 소수 부분 사이에 찍는 점.

속도
어떤 물체가 움직이는 속력과 방향. ㎧ 등의 단위로 나타낸다.

손익 분기점
어떤 사업에서 손익 분기점에 이르려면, 돈을 쓴 만큼 벌어야 한다. 이 점에서는 총수입과 총비용이 같다.

손해
돈을 벌어들인 것보다 많이 쓰면

손해가 발생한다.

수식
숫자나 기호 문자를 연산 부호로
연결한 식.

수열
어떤 규칙에 따라 배열된 수의 열.

수직
수평선과 직각을 이루는 상태.
수직선은 위아래로 뻗어 있다.

수직 이등분선
어떤 선분을 직각으로 만나며 똑같이
둘로 분할하는 직선.

수치
어떤 대상을 측정해서 구한 양이나
길이, 크기.

수평
기울지 않고 평평한 상태. 수평선은
좌우로 뻗어 있다.

순환
어떤 것이 계속 되풀이됨. 예컨대
$\frac{1}{9}$=0.11111……은 순환 소수여서
$0.\dot{1}$로 표기한다.

숫자
수를 나타내는 낱낱의 글자.
예를 들면, 34는 숫자 3과 4로
구성되어 있다.

시계 반대 방향
시곗바늘의 운동 방향과 반대되는
방향.

시계 방향
시곗바늘의 운동 방향과 같은 방향.

실소득
소득에서 세금을 내고 남은 액수.

십진법
10을 기수(基數)로 하는 숫자 체계(숫자
0, 1, 2, 3, 4, 5, 6, 7, 8, 9를 사용한다).

암산
아무것도 적지 않고 머리로만 하는
기초적인 계산.

약수, 인수
어떤 정수를 나머지 없이 나눌 수
있는 정수. 예컨대 2와 5는 둘 다
10의 약수다.

양(陽)
어떤 수가 0보다 크다.
음의 반대말이다.

엇각
두 직선이 다른 한 직선과 만나서 생긴
각 중에서 서로 반대쪽에 있는 각.
두 직선이 평행하면 그런 각들의
크기는 서로 같다.

역산
계산 결과를 계산 전의 수 혹은
식으로 되돌리는 계산. 예컨대
나눗셈은 곱셈의 역산이고
곱셈은 나눗셈의 역산이다.

연꼴
길이가 같은 이웃변 두 쌍으로 구성된
사각형.

연립 방정식
함께 풀어야 하는 두 개 이상의
방정식.

연산
덧셈, 뺄셈, 곱셈, 나눗셈처럼 수에
어떤 계산을 하는 일.

연산 부호, 연산 기호
+, −, ×, ÷처럼 연산을 나타내는
기호.

열(劣)
두 개 이상의 관련 도형 중
상대적으로 작은 도형. 호, 활꼴,
부채꼴, 타원에 적용될 수 있다.

예각
90°보다 작은 각.

예금, 저금
쓰지 않고 따로 모아두거나
투자해놓은 돈의 액수.

오각형
변이 다섯 개, 각이 다섯 개 있는
이차원 도형.

오목
안쪽으로 굽어 있는 어떤 형태. 내각
중 하나가 180°보다 큰 다각형은 오목
다각형이다.

외각
1. 다각형에서 한 변을 밖으로 연장할
때 바깥쪽에 생기는 각.
2. 두 직선이 다른 한 직선과 각각
다른 점에서 만나서 생긴 각 가운데,
두 직선의 바깥쪽의 각.

우(優)
두 개 이상의 관련 도형 중에서
상대적으로 큰 도형. 호, 활꼴, 부채꼴,
타원에 적용될 수 있다.

우각
180°와 360° 사이의 각.

원
테두리 선이 하나뿐인 둥근 평면 도형.
한 중심점에서 일정한 거리에 있는
점들의 집합이다.

원그래프
원을 몇몇 부채꼴로 분할해 종류별
수량을 나타내는 원형 그래프.

원기둥
양 끝에 서로 합동이며 평행한 원이
있는 삼차원 도형.

원뿔
밑면이 원형이고 그 밑면과 그 밖의 한
정점을 옆면이 연결하고 있는 삼차원
도형.

원의 내접 사각형
네 꼭짓점이 모두 한 원의 둘레 위에
있는 사각형.

원주
원의 둘레.

육각형
여섯 변으로 둘러싸인 이차원 도형.

음(陰)
어떤 수가 0보다 작다.
양의 반대말이다.

이등변삼각형
두 변의 길이가 같고 두 각의 크기가
같은 삼각형.

이등분하다
각이나 선분 따위를 둘로 똑같이
나눈다.

이론적 확률
실험이 아닌 수학적 개념에 기초해
계산한, 어떤 사건의 발생 가능성.

이웃한, 인접한
'바로 옆에 있는'이라는 뜻의 용어.
이차원 도형에서 두 변이 서로 옆에
위치하며 한 점(꼭짓점)에서 만나면,
둘을 이웃변(인접변)이라고 한다. 두
각이 한 꼭짓점과 한 변을 공유하면,
둘을 이웃각(인접각)이라고 한다.

이윤
총비용을 지불한 후에 남는 돈의 액수.

이자
돈을 빌린 대가로 치르는 돈, 혹은
돈을 빌려준 대가로 받는 돈. 이자율
(이율)은 보통 백분율로 적는다.

이중 마이너스
마이너스 기호가 두 개 연달아 있는
상태를 이중 마이너스라고 한다.
마이너스 부호 두 개의 곱은 플러스
기호가 된다. 예를 들면 5−(−2)=5+2
가 된다.

이차방정식
x^2+3x+2=0처럼 최고차항이
이차항인 방정식.

이차방정식 근의 공식
어떤 이차방정식이든 해당 상수를
대입해 풀 수 있는 공식.

이차원
세로 길이와 가로 너비만 있는 평면
도형을 이차원 도형이라고 한다.
이차원은 보통 2D로 적기도 한다.

인수분해
1. 어떤 정수를 인수(약수)의 곱의 꼴로
바꿔 나타내는 일. 예컨대
12=2×2×3이다.
2. 어떤 수식을 더 간단한 수식들
(인수)의 곱의 꼴로 바꿔 나타내는 일.
예컨대 $x^2+5x+6=(x+2)(x+3)$이다.

일회전
완전히 360°를 돎.

임금
근로자가 노동의 대가로 받는 돈의
액수.

입체
세로 길이, 가로 너비, 높이가 있는
삼차원 도형.

자료
수치 등으로 구성된 일단의 정보.

자연수
1부터 시작해 하나씩 더하여 얻는
수를 통틀어 이르는 말. 양의 정수
라고도 한다. 1, 7, 46, 108 등이
이에 해당된다.

자취
특정 조건이나 규칙에 따라 이동하는
점의 경로.

작거나 같다
한 수량이 다른 수량보다 적거나 그
수량과 똑같다. 기호 ≤로 나타낸다.

작다
한 수량이 다른 수량보다 적다. 기호
<로 나타낸다.

작도
기하 도형을 정확하게 그리는 일.
보통 컴퍼스와 자를 이용한다.

전개도
접어서 삼차원 도형으로 만들 수 있는
평면 도형.

절편
좌표 평면에서 직선이 x축과 만나는
점의 x좌표를 x 절편, y축과 만나는
점의 y좌표를 y 절편이라고 한다.

접선
어떤 곡선과 한 점에서만 만나는 직선.

정다각형
변의 길이가 모두 같고 각의 크기도
모두 같은 이차원 도형.

정비례
두 수량이 서로 같은 비율로 늘거나
줄면, 예컨대 둘 중 하나를 두 배로
했을 때 나머지 하나도 두 배가 되면,
그 둘은 정비례하는 것이다.

정사각형
모든 각의 크기가 같고(90°) 모든 변의
길이가 같은 사각형.

정삼각형
세 내각이 모두 60°이고 세 변의
길이가 모두 같은 삼각형.

정수
자연수, 음수, 0을 통틀어 이르는 말.
−3, −1, 0, 2, 6 등과 같은 수이다.

정육면체
똑같은 정사각형 면 6개, 꼭짓점 8개,
모서리 12개로 구성된 삼차원 도형.

정점
원뿔의 정점처럼 어떤 대상의 맨
꼭대기가 되는 곳.

제곱근
어떤 수에 그 수 자신을 곱해서
특정한 수가 되었을 때, 그 어떤 수를
특정한 수의 제곱근이라고 한다. 근호

(√)를 써서 √4=2와 같이 나타낸다.

제곱수
어떤 수에 그 수 자신을 곱한 결과값.
예를 들면 $4^2=4×4=16$이다.

좌표
그래프나 지도에서 점의 위치를
나타내는 수. 보통 (x, y)의 꼴로
적는데, 여기서 x는 수평 위치,
y는 수직 위치를 나타낸다.

좌표축
좌표계에서 좌표를 정하고 거리를
재는 데 사용하는 기준선. 가로축은
x축이고, 세로축은 y축이다.

줄기·잎 그림
자료의 분포 상태를 보여주는 그래프
중 하나. 수치를 십의 자릿수와 일의
자릿수로 분할해서 한 직선의 좌우에
갈라 적는다. 그런 그림에서 십의
자릿수들(한 번씩만 적는다)을 적은
왼쪽 부분을 줄기라 하고, 일의
자릿수들(나올 때마다 거듭 적는다)을
적은 오른쪽 부분을 잎이라 한다.

중앙값
통계 자료에서 변량을 크기 순서대로
늘어놓았을 때 그들의 한가운데에
있는 값. 대푯값의 일종이다.

지름
원의 중심을 지나며 원둘레 위의 두
점을 잇는 선분.

지수
해당 수의 거듭제곱 횟수를 나타내는
수. 해당 수의 오른쪽 위에 작은
숫자로 덧붙여 나타낸다. 예컨대
$2^4=2×2×2×2$, 즉 2^4에서는
4가 지수다.

직각
크기가 정확히 90°인 각.

직사각형
두 쌍의 대변이 서로 평행하며 길이도
같고 네 각이 모두 직각인 사각형.

직육면체
직사각형 면 6개(마주 보는 면끼리는
평행하다), 꼭짓점 8개, 모서리 12개로
구성된 삼차원 도형.

진분수
분자가 분모보다 작은 분수. 예를 들어
$\frac{2}{5}$는 진분수다.

짝수
2로 나눠떨어지는 수. −18, −6, 0, 2 등.

쪽매맞춤
도형으로 어떤 표면을 빈틈없이
덮어서 무늬를 만드는 일.

차(差), 차이
한 수량이 다른 수량보다 크거나 작은
정도.

차원
한 점의 위치를 나타내는 데 필요한
수의 최소 개수. 혹은 수치를 측정할
수 있는 방향. 예컨대 입체 도형에는
세 차원이 있다. 세로 길이, 가로 너비,
높이.

차트
그래프, 표, 지도처럼 자료를 이해하기
쉽게 나타낸 시각적인 도표.

최대공약수
둘 이상의 정수를 모두 나머지 없이
나눌 수 있는 정수 가운데 가장 큰 수.
예컨대 12와 18의 최대공약수는
6이다.

최빈값
한 가지 자료에서 가장 자주 나타나는
변량의 수치. 대푯값의 일종이다.

최소공배수
두 개 이상의 정수에 공통되는 배수
가운데 가장 작은 수. 예컨대 4와 6의
최소공배수는 12이다.

최적선
분포도에서 두 변수 간의 상관관계
혹은 추세를 보여주는 직선.

출금액
계좌에서 내어 쓴 돈의 액수.

컴퍼스
1. 자침으로 북쪽을 가리켜 방위를
알려주는 계기. 나침반이라고도 한다.
2. 간격을 조절할 수 있는 두 다리가
있는 제도용 기구. 연필을 한 다리에
끼우고 나머지 한 다리 끝의 바늘을
한 곳에 고정하면 원이나 호를 그릴
수 있다.

코사인
직각삼각형에서 특정 예각의 인접변과
빗변의 길이 비.

크거나 같다
한 수량이 다른 수량보다 많거나 그
수량과 똑같다. 기호 ≧로 나타낸다.

크다
한 수량이 다른 수량보다 많다. 기호
>로 나타낸다.

탄젠트
직각삼각형에서 특정 예각의 대변과
인접변의 비.

통계
자료를 수집하고 제시하고
해석하는 일.

통화
한 나라 안의 화폐 체계. 예를 들어
한국의 통화는 원이다.

투자액
수익을 보기 위해 쓴 돈의 액수.

파스칼의 삼각형
삼각형 모양을 이루는 수 패턴.
각 수는 바로 위 두 수의 합에
해당한다. 맨 위의 수는 1이다.

파이(π)
값이 약 3.14인 원주율을 나타내는
부호로 쓰이는 그리스 문자.

팔각형
변이 여덟 개, 각이 여덟 개인

이차원 도형.

평균값, 평균
여러 수량의 중간값. 모든 수치를
합산한 다음, 그 합을 수치의 총개수로
나눠서 구한다.

평면
완전히 평평한 면. 수평면일 수도
있고, 수직면일 수도 있고, 기울어진
면일 수도 있다.

평행
두 직선이 어디에서나 서로 일정
거리만큼 떨어져 있으면, 그 둘을
평행하다고 한다.

평행사변형
서로 마주 보는 두 쌍의 변이 각각
평행하고 길이도 같은 사각형.

평행 이동
도형을 회전시키지 않고 옮기는 일.

표
몇몇 행과 열로 정리해 나타낸 정보.

표본
한 전체 집단에 대한 정보를 제공하기
위해 그 집단의 일부를 뽑아내어
조사한 결과 혹은 그 일부.

표준 편차
자료가 평균값에서 벗어난 정도를
나타내는 분포의 척도. 표준 편차가
작으면 자료가 평균값 주위에 몰려
있는 것이고, 표준 편차가 크면
자료가 넓게 퍼져 있는 것이다.

표준형
(보통 아주 크거나 아주 작은) 수를 1과 9
사이의 양수 혹은 음수에 10의
거듭제곱을 곱한 꼴로 적는 방식.
예컨대 0.02의 표준형은 2×10^{-2}이다.

플러스
덧셈 부호. +로 나타낸다.

피보나치수열
1과 1로 시작하여 각 항을 앞의

두 항의 합으로 만드는 수열. 처음의
열 개 항은 1, 1, 2, 3, 5, 8, 13, 21,
34, 55이다.

피타고라스의 정리
직각삼각형에서 빗변 길이의 제곱은
나머지 두 변 길이를 각각 제곱해서
합한 값과 같다는 규칙.
공식으로는 $a^2+b^2=c^2$으로 나타낸다.

합
두 개 이상의 수를 모두 더한 결과값.

합동
두 도형의 모양과 크기가 똑같으면,
그 둘은 합동이다.

합성수
약수가 두 개 이상 있는 수. 소수(素數)
가 아닌 자연수는 모두 합성수다. 예를
들어, 4는 약수로 1, 2, 4가 있으므로
합성수이다.

항
수열을 구성하는 각 수. 혹은 수식을
구성하는 각각의 단항식. 예컨대
$7a^2+4xy-5$에서는 $7a^2$, $4xy$, -5를
항이라고 한다.

현
원주 같은 곡선 위의 두 점을 잇는
선분.

호, 원호
원둘레의 일부에 해당하는 곡선.

혼합 연산
덧셈, 뺄셈, 곱셈, 나눗셈 같은 여러
가지 셈을 한 차례에 하는 계산.

홀수
2로 나눠떨어지지 않는 정수. 예를
들면 −7, 1, 65 등이 있다.

확대
도형의 모양은 똑같이 유지하면서
크기만 바꾸는 변환의 일종.

확률
어떤 사건이 일어날 가능성의 정도.

0과 1 사이의 수치로 나타낸다. 절대
일어나지 않을 사건은 확률이 0이고,
확실히 일어날 사건은 확률이 1이다.

환율
환율은 한 나라 화폐 일정액의 가치를
다른 나라 화폐로 평가하면 얼마나
되는지를 나타낸다.

활꼴
원에서 하나의 현과 하나의 호로
둘러싸인 부분.

회전
특정 점을 중심으로 한 도형을 돌리는
변환의 일종.

횡단면
삼차원 도형을 가로로 잘라 생긴 이차원
면.

히스토그램
직사각형 막대의 넓이로 계급별
도수를 나타내는 그래프.

x 절편
좌표 평면에서 직선이 x축과 만나는
점의 x좌표.

x축
좌표 평면에서 가로로 놓인 축.
x좌표를 정하는 기준이 된다.

y축
좌표 평면에서 세로로 놓인 축.
y좌표를 정하는 기준이 된다.

📖 찾아보기

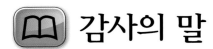

감사의 말

배리 루이스는 언제나 "왜? 어째서?" 하며 질문을 던져준 토비, 라라, 에밀리에게 감사의 마음을 전합니다.

돌링 킨더슬리(DK)는 다음 분들에게 깊이 감사드립니다.
편집 작업에 도움을 준 데이비드 서머스, 크레시다 투손, 루스 오루크존스.
또한 디자인 작업을 도와준 케니 그랜트, 수니타 가히어, 피터 로스, 스티브 우즈넘새비지, 휴 셔멀리.
그리고 용어사전 작업을 맡아준 세라 브로드벤트.

캐롤 보더먼의 온라인 수학 교실에 대해 더 알고 싶으면 다음 사이트를 참고하기 바랍니다.
www.themathsfactor.com

본 출판사는 사진 사용을 기꺼이 허락해준 다음 저작권자들에게 감사를 표합니다.

Alamy Images: Bon Appetit 218bc (tub); K-PHOTOS 218bc (cone);
Corbis: Doug Landreth/Science Faction 171cr; Charles O'Rear 205br;
Dorling Kindersley: NASA 43tr, 93bl, 231br; Lindsey Stock 27br, 220cr;
Character from Halo 2 used with permission from Microsoft: 118tr;
NASA: JPL 43cr

(기호 풀이: b-아래, c-가운데, l-왼쪽, r-오른쪽, t-위)

All other images © Dorling Kindersley
For further information see: www.dkimages.com